JN255248

戦争とトラウマ

不可視化された日本兵の戦争神経症

中村江里
NAKAMURA Eri

吉川弘文館

戦争とトラウマ――不可視化された日本兵の戦争神経症――

◎目次

凡例

一　資料からの引用にあたっては、旧字体を新字体に改めた。また、読みやすさを考慮して、仮名表記は現代の表記法に従い、漢字には適宜ルビを補った。

二　引用文中の一部に筆者が補足的に説明を加える場合は、該当箇所の直後に〔　〕で補った。

三　病名などで現代においては不適切な表現もあるが（例えば「精神分裂病」は「統合失調症」、「精神薄弱」は「知的障がい」と現在呼ばれている）、歴史的な用語として当時の表現をそのまま表記している。ただし「障害」という言葉に関しては、引用以外の部分では可能な限り「障がい」と表記することにした。

四　歴史学では一般的に「史料」と表記するが、本書では他領域やアーカイブズに関わる内容も含まれるため、社会科学やアーカイブズ学で一般的に用いられる「資料」で統一した。

五　医師・医学者の経歴については、泉孝英編『日本近現代医学人名事典』（医学書院、二〇一二年）を参照した。また、政治家の経歴については、衆議院・参議院編『議会制度百年史　衆議院議員名鑑』『議会制度百年史　参議院議員名鑑』（大蔵省印刷局、一九九〇年）を参照した。それ以外のものを参照した場合には、注に出典を示した。

序章　戦争とトラウマの記憶の忘却

1　問題の所在

①　不可視化されてきた日本軍兵士のトラウマ

二〇世紀という「戦争の世紀」を通じて、人々は数々の大規模暴力に直面してきた。こうした圧倒的な恐怖を経験した人々が示す心身の変化を理解するために、今日トラウマは重要な概念となっており、精神医学や心理学では「過去の出来事によって心が耐えられないほどの衝撃を受け、それが同じような恐怖や不快感をもたらし続け、現在まで影響を及ぼし続ける状態[1]」と捉えられている。

しかし、英語圏でもともと体の傷を意味した「トラウマ（trauma）」という言葉が「心の傷」という新しい意味を帯びるようになったのは一九世紀末のことであり、今日のようなトラウマ理解に至るまでには歴史的な変遷があった。また、歴史家のジョゼ・ブルンナーがいみじくも指摘したように、どの国民がいつどのようにしてトラウマの言説の話題にのぼるのかというのは、医学もしくは心理学の問題であるのと同じく、政治や文化の問題でもある[2]。

戦争と兵士の精神疾患の問題は、歴史的には第一次世界大戦期の欧米諸国における「シェル（砲弾）ショック

shell shock」「戦争神経症 war neurosis」から広く知られるようになった。体に目立った外傷がないにもかかわらず、震えが止まらなくなり、手足が麻痺し、声が出なくなる兵士が多数出現し、それらの症状が心理的な原因で引き起こされているのではないかと考えられるようになったのである。その後、深刻な精神的ダメージを負ったヴェトナム帰還兵たちの自殺やアルコール中毒などの増加が社会問題化し、「心的外傷後ストレス障害（Post-Traumatic Stress Disorder: PTSD）」という診断名が誕生したことはよく知られている。

一方、日本社会の中でトラウマやＰＴＳＤに関する共有知が形成されたのは、一九九五年の阪神・淡路大震災と地下鉄サリン事件がきっかけであったと言われている。しかし近代以降の日本において、身の毛もよだつほどの恐ろしい経験をした人々が示す反応に対する関心が全くなかったわけではない。とりわけそれが集団的に発生し、関心を集めたのは、戦時の軍隊内においてである。一九三一年の満州事変から足掛け一五年にわたる戦争（アジア・太平洋戦争）[3]では、これまでにない規模の人々が戦地へと動員された。当時心理的な原因で精神疾患になったと考えられた人々は「戦争神経症」「戦時神経症」[4]（以下煩雑さを避けるため括弧は省略する）と呼ばれ、軍部や国家の関心事となった。後述するように、一九三八年に国府台陸軍病院が精神神経疾患となった軍人の専門治療機関となり、一九四〇年に精神障がい者の長期療養のために傷痍軍人武蔵療養所が設立されたことはその証左であろう。

戦時中は少なからぬ関心を集めた戦争神経症であったが、戦争が終わるとともに忘却されてしまい、現代の日本社会における公的な戦争の記憶の一角をしめるに至っているとは言いがたい。例えば、第一次世界大戦やヴェトナム戦争を描いた映像作品では、帰還兵のトラウマを主題とした作品が数多くあるのに対して、日本でそのような作品が作られるようになったのは、比較的最近のことである。[5]なぜ、日本社会では戦後五〇年以上も戦争神経症は「見えない問題」になってきたのか。本書の目的は、その歴史的背景を探ることにある。

②　海外派遣自衛官のメンタルヘルスへの注目

旧日本軍の戦争神経症をどのように理解するかという問題は、現代の自衛隊のメンタルヘルス対策とも無関係ではない。二〇一四年に多数の国民の反対を押し切る形で集団的自衛権の閣議決定を強行し、二〇一五年には自衛隊の活動範囲の拡大や米軍など他国軍への後方支援を常時可能にするための安全保障法制を制定した現政権のもとで、この問題は今日ますます国民的な関心を集めていると言えよう。池川和哉は「陸上自衛隊のとるべき戦争神経症対策」という論文で、諸外国軍における戦争神経症に比べて旧日本陸軍における戦争神経症がほとんど問題にされなかったことを強調した上で以下のように述べている。

「旧日本陸軍は戦場における精神的弱音を恥としており、多数発生した戦争神経症が隠蔽された」との見方があるが、戦争神経症発生のメカニズムから考えると、「旧日本陸軍では、戦死がこの上ない名誉と考えられていたため、生物として持つ生命維持への恐怖を最小にし、結果として欲求不満を最小にする状況であったため、実際の戦争神経症患者が少なかった」とする方が病態生理に適合すると考察する。(6)

このような「日本軍における戦争神経症の少なさ」を強調する議論は、以下のような点で問題がある。まず、戦争によって心身が受けた被害を単なる数値に還元するだけでは、戦争が一人一人の人生にどのような影響を及ぼしたのかという具体像——戦場で殺し殺される関係に投げ込まれること、戦争とは華々しい戦闘だけではなく、果てしのない行軍や飢えや病との戦いでもあること、徴集によってそれまでの人生を強制的に中断させられ、友人や家族その他親密な人々との生活から切り離されることなど——が見えてこない。さらに、この論文が、戦争神経症は死の恐怖を抑え切れなかった「不名誉な」病であるという価値判断を含むことによって、現実に戦争神経症に苦しむ人々に対する非難を生み出してしまうおそれがあるのではないだろうか。

第二に、戦争被害のデータの質という点では、本書でも明らかにしていくように、戦中・戦後の組織的な資料焼却と隠匿によって[7]、旧日本軍の戦傷病の全体像を示す統計すら残されていないという問題がある。

第三に、第二の点とも関わるが、戦争の歴史叙述や、その根拠となる資料へのアクセスは長らく一般市民に対して閉ざされてきた。戦時中の傷病兵の数は、一般には軍隊にとっての損耗であり、国民の支持基盤を失うおそれのある情報でもあるため、軍によって厳重に管理されていた。例えば、以前筆者はアジア・太平洋戦争時の日本赤十字社による戦時救護班業務報告書を調査したことがあるが、軍患者の統計は「軍命により記載禁止」であった[8]。また、米軍によって押収され、一九五八年に日本側に返却された資料も、返還先の防衛研修所戦史室（現在の防衛省防衛研究所戦史研究センター）が独占し、一般の研究者は一九八〇年代まで所蔵資料を閲覧することができなかった。このような資料上の制約もあり、本書の主題とする傷病兵の研究は、戦争を円滑に遂行するため、そして後の戦争に向けた教訓を得るための研究（戦訓研究）というバイアスがかかった形で、旧軍・自衛隊関係者が独占する状態が長らく続いてきたのである[9]。前記の池川論文は二〇〇二年に書かれたものだが、問題関心としては戦訓研究の一形態と言える。

ちなみに、戦争が兵士の心身にもたらす傷の実相は、現代においてもなかなか軍隊の外には公表されない。近年の例では、アフガニスタン・イラク戦争に派遣された米軍兵士の中では、自殺した帰還兵の方が国外の戦闘で戦死した兵士よりも多いことがよく知られているが、これは二〇〇七年七月に二つの帰還兵の団体がニコルソン退役軍人省長官などを被告として集団訴訟を起こし、ようやく公開された統計である[10]。増加し続ける自殺の防止対策として、米軍医ロンダ・コーナムは「心身ともにより鍛えられた人」を作り出すと述べているが[11]、そもそもそのような精神的葛藤を生み出す戦争・軍隊への根本的な疑問という視座は欠落している。

安全保障法制をめぐる議論においても、自衛官の心身にもたらされるリスクが問題となった。二〇一五年五月二七日の「我が国及び国際社会の平和安全法制に関する特別委員会」における政府側の答弁では、イラク特措法に基づいて派遣された自衛官のうち五四名が帰国後に自殺したが、海外派遣との因果関係を特定するのは「困難な場合が多い」とのことであった[12]。また、自衛隊にはPTSDの専門的な知識を持った指揮官や、メンタルヘルス・ケアの専門的な要員が十分確保されていないという指摘もある[13]。

こうした自衛隊の海外派遣任務の拡大に伴う自衛官のメンタルヘルスの問題には、精神医療や精神保健福祉に関わる人々からも懸念の声が上がっている。精神科医・精神保健福祉士・臨床心理士・看護師らからなる「戦争ストレス調査研究ネットワーク」（猪野亜朗・奥田宏共同代表）は、自衛隊による他国軍への「後方支援」が拡大されると、隊員のPTSDや依存症、自殺者が増えるおそれがあると指摘し、安保法案の廃案を目指す請願への署名活動を行った[14]。また、二〇一七年二月三日に設立記者会見が行われた「海外派遣自衛官と家族の健康を考える会」は、海外派遣の任務拡大による自衛官や家族の健康への影響が懸念される状況を受けて、健康相談会や勉強会を各地で行うことを目的としている。この会には、トラウマ研究・臨床に関わってきた精神科医や、紛争地での人道支援に関わってきたエイドワーカー、自衛官や家族への取材・聞き取りを続けてきたジャーナリストや研究者などが参加しており、幅広い層の関心を集める問題であることを示している[15]。

本書が主な対象とする旧日本軍と現代の自衛隊とでは、その構成員や社会的位置にも大きな違いがあるだろう。しかし、ポスト冷戦期の自衛隊は、アメリカからの要請にこたえる形で海外派遣を徐々に拡大し、教育訓練を

「実戦化」してきた。[16] また、イラク戦争での自衛隊の活動地域はまさに「死」と隣り合わせであったことも指摘されている。[17] このような「殺し、殺される」ような状況は、人間の心身にどのような影響を及ぼすのか。また社会はそのような人々をどのように受け止めてきたのか。本書はこうした現代的かつ普遍的な関心にも応える内容を目指すつもりである。

2 先行研究と本書の位置づけ

① トラウマとモダニティ

以上のような問題関心を背景に、本書ではこれまで日本社会において長らく「見えない問題」であった旧日本陸軍における戦争神経症を事例に、戦時中から戦後にかけての（元）兵士の精神疾患を取り巻く言説や構造と実体を明らかにし、戦争と精神疾患あるいは心的外傷に関する集合的記憶の不在につながる歴史的背景を考察していきたい。

前述の通り、トラウマが医学的議論の対象となったのは一九世紀末以降のヨーロッパでのことであり、そうした流れの中で戦争神経症の兵士が多数出現した第一次世界大戦は大きなインパクトを持つものであった。しかし、こうした事象が歴史学を含む人文社会科学研究において取り上げられるようになるまでにはやはりタイムラグが存在し、一九七〇年代以降、医学史が先行して発展した英語圏の研究を中心に数々の成果が発表されてきた。[18]

そもそも、医学史において戦争や軍隊という主題は長らく欠落していたテーマであった。イギリスの医学史家のマーク・ハリソンは、その理由として、戦争が「例外的」で「社会から切り離された」領域であると考えられてきたことを指摘し、医学も軍隊も社会的な事象として捉えた上で両者の関係性を明らかにする歴史を探求してきた。[19] ハリソンが両者を結びつける上で重視したのが、マックス・ウェーバーのモダニティの概念である。ウェーバーによれば、モダニティの特徴は、官僚制等の組織的・管理的システムの拡大や、行政措置の標準化と慣例化、諸システムを統括する専門知の利用であり、軍隊は典型的な官僚組織であった。[20] また、医学は戦傷病による人的損耗を減らし、戦傷病者の前線復帰の割合を増やすことによって軍隊の効率性を拡大したのである。[21] 二〇世紀の総力戦は、大規模な官僚化と専門知による効率的な「人的資源」の管理が顕著に見られた戦争であり、欧米では第一次世界大戦が、本書が取り上げる日本ではアジア・太平洋戦争がその典型であると言える。本書でも指摘するように、日本は第一次世界大戦時のヨーロッパ、特にドイツの戦争神経症対策から教訓を得ていた。医学や福祉・補償面での対応における両者の共通点と相違点については、各章で指摘したい。

さらに、欧米における戦争神経症研究の深化によって、トラウマは近現代の戦争のみならず社会を理解する上で非常に重要な概念となった。医学史家のマーク・ミケーリとポール・ラーナーによる論集は、第一次世界大戦期のシェルショックだけではなく、ヴィクトリア期の鉄道旅行や労働災害など多様な事例を、トラウマとモダニティという視点から論じたものである。[22] 同論集によれば、一九世紀末以降のヨーロッパにおけるトラウマに関する医学的議論は、近代という時代に特徴的な三つの要素によって形成された。第一に、心理学・精神医学・神経学といった、人間の精神や身体の病理を解明する学問の興隆。第二に、近代における工業・技術の急速な発展が、従来とは質・量ともに異なるリスクを人間の心身にもたらしたこと。そして第三に、補償制度の発達である。アジア・太平洋戦争期の日本軍における戦争神経症は、まさにこの三者が交差した場で問題化されたと言えるだろう。

ミケーリとラーナーの論集のもう一つの特徴は、医療人類学者のアラン・ヤングの研究をふまえ、PTSDを実在のものであるとともに社会的・文化的構築物でもあると見る立場からの歴史研究だということである。[23] この論集においては、現代のトラウマ概念をそのまま過去の歴史に遡及的に投影するような単一で超歴史的なトラウマ概念の使用に対して疑問を提起し、一つの単線的なトラウマの歴史ではなく、複数形のトラウマの歴史を描くことを提唱している。しかし取り上げられている事例はいずれも西ヨーロッパ及び北米のものであり、第二次世界大戦以降は研究の対象としていない。アジア・太平洋戦争期の日本を対象とする本書は、時空間ともに新たな文脈からトラウマの歴史に光を当てることが期待できるだろう。

本書でも、こうした欧米での先行研究をふまえ、トラウマが近現代を生きた人々の経験とそれらを取り巻く解釈や制度の中で特有の重要性を持った問題であるという視角から日本軍の戦争神経症について論じる。このような枠組みを用いることによって、今後欧米と日本の事例の共通性や差異について議論を深める端緒を開くことができればと考えている。

② 日本における戦争とトラウマ研究

前述の通り、日本では一九九五年以降トラウマに関する社会的関心が高まった。阪神・淡路大震災の被災者の治療にも関わった精神科医の中井久夫は、ジュディス・L・ハーマン『心的外傷と回復』(みすず書房、一九九六年〈増補版は一九九九年〉)、アラン・ヤング『PTSDの医療人類学』(みすず書房、二〇〇一年)、エイブラム・カーディナー『戦争ストレスと神経症』(みすず書房、二〇〇四年)の翻訳を通じて、積極的にトラウマやPTSDに関する研究を日本社会に紹介してきた。これらの著作は、精神医学のみならず歴史学・人類学・社会学などの人文社会科学や性暴力被害者支援・災害被害者支援などの場にも影響を与えている。

また、キャシー・カルース編『トラウマへの探究―証言の不可能性と可能性』（作品社、二〇〇〇年）も、ヴェトナム帰還兵やホロコースト生存者（サバイバー）を中心に、トラウマが人文社会科学の思想的基盤に与えた影響を幅広く論じた重要な著作である。同書の訳者である下河辺美知子は、アメリカ文学・アメリカ文化をトラウマという観点から論じている。(24)

これらの研究をふまえ、アジア・太平洋戦争期とトラウマに関する研究も近年増えつつある。二〇世紀の総力戦は軍人よりも民間人に多大な被害をもたらしたが、とりわけ「住民の四人に一人が死亡した」と言われるほど凄惨であった沖縄戦に関しては、近年研究が相次いで発表され、二〇一七年に刊行された『沖縄県史　各論編六　沖縄戦』では、「戦争トラウマ」が同県の県史において初めて取り上げられた。沖縄戦トラウマ研究会『終戦から六七年目にみる沖縄戦体験者の精神保健』（沖縄戦トラウマ研究会、二〇一三年）の研究代表者である當山冨士子は、二〇年前の保健婦時代から戦争PTSDや戦争トラウマ関連の家庭内不和・てんかんなどについて調査を行ってきた。(25)この報告書では、沖縄の高齢者に対する調査の結果、PTSDのハイリスク者が四割にのぼったことや、米軍基地や軍用機の存在によって沖縄戦の記憶が引き出され、現在もなお苦しむ高齢者が多数存在することが指摘されている。(26)

また、當山と同じく沖縄戦トラウマ研究会の一員で心療内科医である蟻塚亮二の『沖縄戦と心の傷』（大月書店、二〇一四年）は、蟻塚が臨床の場で出会った沖縄の高齢者の「奇妙な不眠」が、晩発性PTSD（壮年期においては見られず、晩年になって発症したPTSD）なのではないかと指摘し、長期的な時間を経てもなお生々しく残された沖縄戦の傷跡を明らかにした。その他、沖縄戦で「異形の死」を遂げた者たちの「戦後」という観点から沖縄における慰霊について論じた北村毅『死者たちの戦後誌』(御茶の水書房、二〇〇九年)や、日米の沖縄戦体験者の心の傷に迫った保坂廣志『沖縄戦のトラウマ―心に突き刺す棘』(紫峰出版、二〇一四年)などがある。

また、広島・長崎の原爆被害とトラウマに関しては、中澤正夫『ヒバクシャの心の傷を追って』(岩波書店、二〇〇七年)、太田保之・三根真理子・吉峯悦子『原子野のトラウマ』(長崎新聞社、二〇一四年)など現代の精神医学的観点からの調査や、被爆者の描いた絵画からトラウマとしての原爆体験を読み解いた、直野章子『原爆体験と戦後日本―記憶の形成と継承』(岩波書店、二〇一五年)がある。しかし、北村毅が指摘するように、都市部への無差別爆撃や学童疎開、旧満州・朝鮮半島からの引揚げなどの戦争体験者たち、そして日本の侵略戦争によって多大な被害を受けたアジアの戦争被害者のトラウマについてはこれまでほとんど顧みられておらず、今後充分に検討が重ねられる必要があるだろう[27]。本書が主に対象とするのは日本帝国陸軍の兵士であり、植民地兵士や国内外の民間人のトラウマについては今後の課題であるが、後述するように国府台陸軍病院の軍医たちは戦後日本の精神医学界を牽引したエリート集団であり、戦争による精神的被害に対する理解を促進/阻害した背景を理解する上でも、戦時期の軍事精神医学について検証することは重要である。

また蟻塚亮二は、戦争犯罪研究が明らかにしてきたような加害行為を行った軍人と、その被害者となった民間人のトラウマは質が違うと指摘し、自然災害や戦争被害者、レイプ被害者に対しては、ヴェトナム帰還兵の精神的不調を基準として作られたPTSD概念に代わって、PTSS(Post-traumatic Stress Syndrome)概念を用いることを提唱している[28]。被害者と加害者の痛みを同列に論じることができるのかという問題は極めて重要であるが、加害者が被害者意識を持ち、被害者がむしろ加害者意識や生き残った罪責感を抱いてしまうという転倒した現象は様々なトラウマに関わる著作で指摘されており[29]、単純な「加害者」「被害者」という図式化は、加害の構造の理解や被害者支援を妨げてしまうおそれもあるのではないかというのが筆者の立場である。また、とりわけ兵士に関しては、加害者としての一面もあったと同時に、国家の要請によって戦地へ送られることを強いられる存在であったという意味では被害者としての一面もあった。[30]

さらに、精神科医で医療人類学者の宮地尚子は、支配者や権力者の側の被害者意識とその根底にある恐怖や不安について理解することが、新たな戦争やジェノサイドを防止する上で重要であると指摘している。[31] 戦闘員として期待された人々の恐怖心と、それがどのように受け止められ、捻じ曲げられたのかを考察する本書も、このような加害の構造の理解を深めることに貢献できるのではないかと考えている。

さて、軍人のトラウマを対象とした研究については、国家的な関心を集め、精神医学の専門家による研究が行われた戦時期に比して、戦後はほとんど研究が行われてこなかったと言える。この点で、戦後家族に引き取られることなく、精神療養所に残った元兵士を取材した、清水光雄『最後の皇軍兵士―空白の時、戦傷病棟から』（現代評論社、一九八五年）と吉永春子『さすらいの〈未復員〉』（筑摩書房、一九八七年）はジャーナリストによる先駆的な作品であったと言える。研究書としては、野田正彰『戦争と罪責』（岩波書店、一九九八年）が旧日本軍人への聞き取りの中で戦争神経症について触れているほか、清水寛編著『日本帝国陸軍と精神障害兵士』（不二出版、二〇〇六年）が、戦争神経症を含む「精神障害」兵士について体系的に論じた唯一の著作である。

なお、野田と清水らが分析した国府台陸軍病院の病床日誌（カルテ）は、元軍医であった浅井利勇が戦後になって整理・公開したものである。国府台陸軍病院の病床日誌は、院長であった諏訪敬三郎の尽力によって、終戦時の軍命による焼却をまぬがれた。浅井は諏訪の遺志を引き継ぎ、残された病床日誌八〇〇二冊を複写して、『うずもれた大戦の犠牲者』（一九九三年）で統計的な分析を行った。[32]

野田正彰は、旧日本軍の軍医・兵士・将校・憲兵などへの聞き取りを通じて、彼らが自らの加害行為についてどう認識しているかを明らかにした。『病床日誌』に見られる戦争神経症患者の数は欧米に比してあまりに少ないことから、精神的に傷つきにくく感情が鈍磨した状態と「悲しむ心」の欠如は「日本人の社会的性格」なのではないか、と結論づけている。[33]患者数の単純な比較が持つ問題性は三―四ページで指摘した通りである。また、心的外傷の表出の仕方・受け止められ方については、外的環境からの脅威・圧迫の質や強度と内的な素因（遺伝や過去の生育史・生活環境など）[34]のほか、外傷的な出来事が起こったコンテクスト[35]や体験後の周囲のサポート[36]といったその人の置かれた文化・社会的状況など様々な因子が指摘されており、これらの要素が複合的に関わっていると思われる。そのため、日本人の集合的な「強さ」「傷つきにくさ」を安易に想定することには慎重であるべきではないだろうか。

清水寛・細渕富夫・飯塚希世の研究グループは、国府台陸軍病院の病床日誌の分析を通じて、本来であれば兵役義務を免除されるべき知的障がい者が、とりわけ戦争末期にかけて少なからず戦地に派遣されていた実態や、帝国陸軍により兵士が作られていく過程で彼らが経験した精神的葛藤などを明らかにした。清水らの研究は、これまで軍事史研究では十分に注意が向けられてこなかった「軍隊と障がい者」という領域を切り開いたという点で非常に大きな意義がある。様々な身体的・精神的特徴を有した男子青年たちを、均質化された「兵士」という鋳型にはめこむ徴兵制と、戦争という大規模暴力がもたらした広範な被害を浮き彫りにするものである。筆者もまた清水らの研究から多くの点を学んできたが、なお以下のような課題が残されていると考える。

第一に、戦争神経症の顕在化と深い関連のある総力戦のインパクトが考慮されていないことである。清水らの研究が扱う時期は日本軍の創設期から戦後まで長期にわたるが、近代日本における障がい者への差別の構造と、

「天皇制絶対主義体制の強力かつ巨大な暴力装置」たる大日本帝国陸海軍の本質的性格を明らかにするという点では一貫している。こうした問題が重要であることは筆者も同意するが、一方でこうした国家による民衆への抑圧を強調する議論においては、総力戦体制と「福祉国家」化[37]や軍事援護研究[38]が明らかにしてきたような、総力戦期における動員の拡大と同時にとられるようになった多面的な統合策と精神疾患の関係が考察されていない。

第二に、アジア・太平洋戦争期に関しては基本的に国府台陸軍病院という一陸軍病院の資料に基づいた考察に限定されており、静態的な歴史像になっていることである。そのために、国府台陸軍病院の特質が見えにくくなっており、患者の動態や、戦争と精神疾患をとりまく様々な文化・社会的構造が捨象されてしまっているのである。清水らが研究対象とした国府台陸軍病院は、戦争神経症の専門治療機関であり、当時の精神医学における最先端の知が集結された場として重要な研究対象であることは論を俟たない。しかし本書第Ⅱ部第一章で明らかにするように、国府台陸軍病院に収容されたのは全体の精神神経疾患発症者のうちのごく一部であった。本書では、これまで見落とされてきたような患者の動態や、戦時精神疾患をとりまく様々な文化・社会的構造についても明らかにしていきたい。

3　本書の課題と視角

以上指摘してきた先行研究の成果と課題をふまえ、本書では以下の二つの課題を設定し、戦争とトラウマに関する集合的記憶の不在につながる歴史的背景を明らかにする。

（1）総力戦期において軍隊内の精神疾患への対応にはどのような特徴があるかを明らかにすること
（2）戦時精神疾患の問題を国府台陸軍病院のみに集約せず、より広い文化・社会的構造の中で再考すること

（1）の課題に関して、本書はこれまでの先行研究をふまえ、総力戦が「人的資源」の組織的管理を促すとともに、福祉領域への国家的介入を増大させる側面があったことに着目する。こうした視角は、戦時精神疾患の問題を軍事医学の領域に限定せず、兵員の指揮統率と効率的な配置に関心を抱く軍隊教育や、出征軍人・傷痍軍人遺家族の福利厚生を担う軍事援護という問題領域にも開くものである。このため、本書の第Ⅰ部では、総力戦下で生じた精神疾患に対してどのような国家的対応がなされたのかを明らかにする（第Ⅰ部「総力戦と精神疾患をめぐる問題系」）。

（2）の課題に関して、筆者が示唆を得たのは、精神科医で医療人類学者の宮地尚子がトラウマをめぐる関係者のポジショナリティとその力動を描くために用いた「環状島」のモデルである。宮地は、一般的に受けた被害が大きければ大きいほどその人物は雄弁にその問題について語りうると考えられているが、実際にはトラウマ的出来事からの距離の近さは発話力に反比例すると喝破した[39]。

宮地の指摘は、国府台陸軍病院に送られ医療記録にも残された人々が全体から見ればある意味では特異な位置にあったことに注意を促し、戦地に取り残された者や、軍事医学の対象とはならなかった非戦闘員の戦争被害者の存在を想起させるものである。第Ⅱ部第一章で述べるように、旧軍関係の資料は終戦直後の軍命による焼却・散逸によって多くのものが失われてしまい、戦傷病に関する体系的なデータも現在のところ発見されていないが、こうした戦争とトラウマの地政学が、資料の残り方や戦争の記憶にある種の歪みをもたらすことに注意が必要で

ある。また、このような患者の動態に着目し、国府台陸軍病院の外に目を向けてみると、彼らは必ずしも社会から切り離された存在ではなく、病の表出の仕方や受け止め方には様々な文化や社会の構造が関わっている。このため、本書の第Ⅱ部では、戦争神経症がどのような文化・社会的構造のもとに発現した問題であったのかを明らかにする（第Ⅱ部「戦争とトラウマを取り巻く文化・社会的構造」）。

また、全体に関わる視角としては、本書が対象とするアジア・太平洋戦争期には、軍陣医学[40]における精神医学のプレゼンスがこれまでになく高まったことを指摘しておきたい。例えば日露戦争においても軍隊内の精神疾患は問題化したが、日本の精神医学はまだ創始期であったため精神科医の呉秀三をはじめ治療にあたった人々は嘱託という身分であったのに対し、国府台陸軍病院院長の諏訪敬三郎は陸軍軍医大佐であった。そのため本書では、清水らによる先行研究では軍隊の暴力性を強調するあまり後景に退いていた精神医学の言説を明らかにするため、軍医を重要なアクターと位置づける。

鹿野政直『兵士であること』（朝日新聞社、二〇〇五年）は、軍事史の中で立ち遅れてきた医学の問題に早くから注目し、統帥権と直結した指揮権を有する兵科将校に比べて軍医や軍陣医学は軍内部で低い位置にあったと指摘している。[41]衛生や兵站（後方で軍備の補給や整備を行う部門）の軽視が、アジア・太平洋戦争で数多くの将兵の戦病死（その多くは餓死）につながった[42]ことは重要であるが、本書では軍医たちが医療専門職者としての権限を持つ存在でもあったことに着目したい。医療社会学者のコンラッドとシュナイダーによれば、医療専門職は「病人役割」の公式の認定者であり、ある種の逸脱を病気とみなし、特定の義務からその患者を免除させる権限を持っている。[43]徴兵検査や恩給の判定、あるいは軍事的逸脱行為に対する精神鑑定に至るまで、軍医の判断はその兵士の人生に大きな影響を与えると言っても過言ではないだろう。また、そのような知の枠組みは、本書第Ⅱ部第三章で考察する恩給制度などの社会制度とも関わっており、ときに政治的抗争の対象ともなりうるのである。

4　本書の構成

本書の第Ⅰ部「総力戦と精神疾患をめぐる問題系」では、総力戦下で生じた精神疾患に対してどのような国家的対応がなされたのかを明らかにする。第一章「兵員の組織的管理と軍事心理学」では、欧米における総力戦の衝撃とともに日本の軍隊の中で生まれた軍事心理学と兵員の組織的管理について論じる。第二章「戦争の拡大と軍事精神医学」では、日中戦争の全面化以降増大した精神疾患に対して、軍事精神医学の側がどのような対応を行ったのかを分析する。第三章「戦争の長期化と傷痍軍人援護」では、戦争の長期化とともに整備された傷痍軍人援護の中で、精神疾患がどのように位置づけられたのかを明らかにする。

本書の第Ⅱ部「戦争とトラウマを取り巻く文化・社会的構造」では、戦争神経症がどのような文化・社会的構造のもとに発現した問題であったのかを明らかにする。「目に見えない傷」である「戦争神経症」は、時間と空間の変化に応じて様々な意味を付与される性質の病であった。第一章「戦場から内地へ――患者の移動と病の意味――」では、患者移送の実態を概観した上で、患者の移動と病理を関連づけた当時の医学的解釈を検討し、戦争神経症が不可視化された構造の一端を明らかにする。

第二章「一般陸軍病院における精神疾患の治療――新発田陸軍病院を事例に――」では、これまで焦点が当てられてこなかった、国府台陸軍病院以外の一般の陸軍病院に入院した精神疾患患者の実態について解明するため、新潟県に存在した新発田陸軍病院の事例を取り上げる。

補論「戦争と男の「ヒステリー」――アジア・太平洋戦争と日本軍兵士の「男らしさ」――」では、「ヒステリー」が西洋の歴史において「女の病」とされてきたことに着目し、戦争神経症という「男のヒステリー」に直面した精神医学の側が、戦時及び戦後にどのような言説を編み出していったのかを明らかにする。陸軍病院に勤務する軍医たちは「治療」以外の様々な役割を担っており、恩給の策定業務もその一つであった。第三章「誰が補償を受けるべきなのか？――戦争と精神疾患の「公務起因」をめぐる政治――」では、戦時〜戦後にかけての軍人恩給制度や戦傷病者に対する援護制度における精神疾患の位置について確認する。

以上のような国家の主導する軍事精神医療と傷痍軍人援護は、「戦時」から「戦後」への移行と日本帝国陸海軍の解体とともに終焉を迎えたが、終わらない戦争の記憶に悩まされ続ける人々も存在した。第四章「アジア・太平洋戦争と元兵士のトラウマ――地域に残された戦争の傷跡――」は、神奈川県及び山形県を事例に、戦後の精神病院の入院記録や医師のオーラル・ヒストリーによって、忘却されたトラウマを浮かび上がらせる試みである。

ジュディス・L・ハーマンが指摘したように、「歴史は心的外傷を繰り返し忘れてきた」のならば、戦時期の言説がそもそもあらかじめ忘却されるような構成のあり方であったということになる。以上の課題を明らかにすることを通じて、そのような忘却の構造を解き明かすと同時に、圧倒的な暴力や恐怖にさらされた人々がどのような困難を抱えるのか、また社会はそれにどのように対応してきたのかが明らかとなるだろう。このような歴史に埋もれたトラウマに目を向けることで、紛争やジェノサイド、大規模な災害、性暴力など現代社会の抱える様々なトラウマへの示唆も得られるかもしれない。また一方では、本書の対象とする時代には、現在社会的に認知されているトラウマやＰＴＳＤのような概念は存在しなかったのであり、そのような時代において「心の傷」がどのように表出し、社会に受け止められたのか、といった病の比較文化的考察への可能性も切り拓くことができるだろう。

［注］

(1) 宮地尚子『トラウマ』岩波書店、二〇一三年、三頁。トラウマ反応には抑うつ症状、不安障害、パニック障害、恐怖障害、摂食障害、アルコール・薬物依存、自傷行為・自殺企図、身体的不調など様々なものがあるが、代表的なものとしてPTSDが挙げられる。二〇一三年に改訂された米国精神医学会の『精神疾患の分類と診断の手引き（DSM）』第五版では、PTSDの症状は①過覚醒（過度の緊張や警戒が続く）、②再体験（事件の記憶や感覚などが甦る）、③回避（トラウマ体験と関連するものを持続的に避ける）、④否定的認知・気分に分類されている。

(2) ジョゼ・ブルンナー、多賀健太郎訳「傷つきやすい個人の歴史―トラウマ性障害をめぐる言説における医療、法律、政治」『思想』九七二号、二〇〇五年四月、一四頁。

(3) 本書では、満州事変から敗戦までの一連の戦争を「アジア・太平洋戦争」と表記し、一九四一年一二月八日以降の戦争を指す場合には「狭義のアジア・太平洋戦争」と表記する。

(4) 国府台陸軍病院の軍医であった斎藤茂太の回想によると、「『戦争が原因でおこる』神経症という印象を一般に与えるおそれがあるという陸軍省当局の意向に遠慮して、わざわざ『戦時』神経症などとよんだ」ということである（浅井利勇『うずもれた大戦の犠牲者』国府台陸軍病院精神科病歴分析資料・文献論集記念刊行委員会、一九九三年、五七頁）。

(5) 第一次世界大戦のシェルショックの兵士を扱った映画として、『ライアンの娘』（一九七〇年／デヴィッド・リーン監督）、『ウェールズの山』（一九九五年／クリストファー・マンガー監督）、『ダロウェイ夫人』（一九九七年／マルレーン・ゴリス監督）など。ヴェトナム帰還兵のPTSDを扱った映画として、『ディア・ハンター』（一九七八年／マイケル・チミノ監督）、『地獄の黙示録』（一九七九年／フランシス・フォード・コッポラ監督）、『プラトーン』（一九八六年／オリバー・ストーン監督）、『フルメタル・ジャケット』（一九八七年／スタンリー・キューブリック監督）、『フォレスト・ガンプ／一期一会』（一九九四年／ロバート・ゼメキス監督）など。アジア・太平洋戦争時の日本兵の戦争神経症や沖縄戦のトラウマを扱った作品としては、NHK連続テレビ小説『カーネーション』（二〇一一年）や、映画『野火』（二〇一四年／塚本晋也監督）のほか、以下のドキュメンタリー作品が制作されている。NHKハイビジョン特集『日中戦争―兵士は戦場で何を見たのか』（二〇〇六年九月一四日放映）、NHKドキュメンタリーWAVE『オキナワ　リポート～兵士をむしばむ戦争神経症～』（二〇一一年七月三〇日放映）、NHK　ET

V特集『沖縄戦　心の傷〜戦後六七年　初の大規模調査〜』（二〇一二年八月一二日放映）。また、トラウマという観点ではないが、TBSドキュメンタリー『未復員 PART1〜3』（一九七〇、七一、八四年）は、戦後も精神医療施設で生活を送った元兵士のことを取り上げた先駆的な作品である。

(6) 池川和哉「陸上自衛隊のとるべき戦争神経症対策」『陸戦研究』第五八一号、二〇〇二年、一一頁。

(7) 吉田裕「敗戦前後における公文書の焼却と隠匿」『現代歴史学と戦争責任』青木書店、一九九七年、一二七―一三〇頁。

(8) 例えば、ジャワ島における日本赤十字社の救護活動についてまとめた『自昭和十七年二月九日至昭和二十一年七月十一日　日本赤十字社第三二九救護班総報告』一四頁には、「軍患者取扱ひに関しては秘密に属する」と書いてある。また、緬甸派遣第百十八兵站病院に配属された日本赤十字第四八六班救護員看護婦長がまとめた『自昭和十八年十一月至昭和二十一年五月　総報告書』一一八頁には、「軍患者に関する参考書類は命に依り焼却す」と書かれている。これらの資料は情報公開請求によって個人識別情報をマスキングした状態で公開され、筆者は二〇一一年一月二七日に日本赤十字社情報プラザにて資料を閲覧した。

(9) 吉田裕「戦争史研究と医学・医療問題―軍事史と医学史の接点を探る」『一五年戦争と日本の医学医療研究会会誌』第七巻第一号、二〇〇七年、一―七頁。

(10) 反戦イラク帰還兵の会、アーロン・グランツ、TUP訳『冬の兵士―イラク・アフガン帰還米兵が語る戦場の真実』岩波書店、二〇〇九年、一八七―一八九頁。二〇一二年一月の米国退役軍人省のデータでは、戦地での死者は六三二四人（三〇九人の自殺者を含む）であるのに対し、三八五七一一人が何らかの精神疾患で治療を受けている。「常識を求める帰還兵の会」がウェブ上で公開している、アフガニスタン／イラク戦争の被害報告参照（http://veteransforcommonsense.org/2012/01/20/new-veterans-for-common-sense-impact-report-is-now-available/〔二〇一七年一〇月一日閲覧〕）。

(11) 「（焦点インタビュー）兵士の自殺防止に取り組む米軍医、ロンダ・コーナム氏」『朝日新聞』二〇一〇年二月一一日付朝刊九頁。

(12) 第一八九回国会衆議院我が国及び国際社会の平和安全法制に関する特別委員会会議録第三号（二〇一五年五月二七日）、志位和夫委員の質問に対する真部朗政府参考人（防衛相人事教育局長）の答弁。

(13) 防衛システム研究所編『自衛隊のPTSD対策』内外出版、二〇一二年、四〇、一〇〇頁。

(14) 「安保法案反対、精神科医が署名募る　自衛官自殺増を懸念」『琉球新報』二〇一五年八月二八日ウェブ公開（http://ryukyushimpo.jp/news/prentry-248000.html〔二〇一七年二月二七日閲覧〕）。

(15)「海外派遣自衛官と家族の健康を考える会」のウェブサイトは、https://kaigaihakensdf.wixsite.com/health（二〇一七年二月二七日閲覧）。

(16) 布施祐仁『災害派遣と「軍隊」の狭間で―戦う自衛隊の人づくり』かもがわ出版、二〇一二年、六四―七四頁。

(17) 瀧野隆治『自衛隊のリアル』河出書房新社、二〇一五年、二〇―二七頁。

(18) 欧米における戦争神経症の研究は多数存在するため、以下代表的な著作を挙げる。アメリカの南北戦争については、Eric J. Dean, *Shook over Hell: Post-traumatic Stress, Vietnam, and the Civil War* (Cambridge: Harvard University Press, 1997). イギリスの第一次世界大戦及び戦間期の戦争神経症については、以下参照。Peter Jeremy Leese, *Shell Shock: Traumatic Neurosis and the British Soldiers of the First World War* (London: Palgrave Macmillan, 2002); Joanna Bourke, "Effeminacy, Ethnicity and the End of Trauma: The Sufferings of 'Shell-Shocked' Men in Great Britain and Ireland, 1914-39", *Journal of Contemporary History*, 35, no. 1 (2000): 57-69. 高林陽展「戦争神経症と戦争責任―第一次世界大戦期及び戦間期英国を事例として」（『季刊戦争責任研究』第七〇号、二〇一〇年一二月、五三―六一頁）、高林陽展「第一次世界大戦期イングランドにおける戦争神経症―近代社会における社会的排除／包摂のポリティクス」（『西洋史学』二三九号、二一七―二三六頁）、高林陽展『精神医療、脱施設化の起源―英国の精神科医と専門職としての発展 一八九〇―一九三〇』（みすず書房、二〇一七年、第三章）。ドイツの事例については、Paul Lerner, *Hysterical Men: War, Psychiatry, and the Politics of Trauma in Germany, 1890-1930* (Ithaca: Cornell University Press, 2003); Ruth Kloocke et al., "Psychological injury in the two World Wars," *History of Psychiatry*, 16, no. 1 (2005): 43-60. 北村陽子「社会のなかの『戦争障害者』―第一次世界大戦の傷跡」（川越修・辻英史編著『社会国家を生きる―二〇世紀ドイツにおける国家・共同性・個人』法政大学出版局、二〇〇八年、一三九―一七〇頁）、北村陽子「第一次世界大戦と戦争障害者の男性性」（姫岡とし子・川越修編『ドイツ近現代ジェンダー史入門』青木書店、二〇〇九年）、北村陽子「戦間期ドイツにおける戦争障害者の社会的位置」（『社会科学』八七号、二〇一〇年、五五―七五頁）。二〇世紀の軍事精神医学に関しては、Ben Shephard, *A War of Nerves: Soldiers and Psychiatrists 1914-1994* (London: Pimlico, 2000).

(19) Roger Cooter, Mark Harrison and Steve Sturdy eds., *Medicine and Modern Warfare* (Amsterdam: Rodopi 1999), 1.

(20) マックス・ウェーバー、阿閉吉男・脇圭平訳『官僚制』恒星社厚生閣、一九八七年。

(21) Cooter, Harrison and Sturdy, *Medicine and Modern Warfare*, 3.

(22) Paul Lerner and Mark S. Micale, *Traumatic Pasts: History, Psychiatry and Trauma in the Modern Age, 1870-1930* (New

York: Cambridge University Press, 2001), 6-7. なお、本書脱稿後に以下の翻訳書が出版された。マーク・ミカーリ、ポール・レルナー、金吉晴訳『トラウマの過去—産業革命から第一次世界大戦まで』みすず書房、二〇一七年。

(23) アラン・ヤングは、『PTSDの医療人類学』（みすず書房、二〇〇一年）において、PTSDはヴェトナム帰還兵をモデルに成立した疾患概念であったという政治的背景に対して批判的な立場から、PTSDそのものが西洋の文化に特有の症状群であると指摘した。

(24) 下河辺美知子『歴史とトラウマ—記憶と忘却のメカニズム』作品社、二〇〇〇年。

(25) 沖縄戦トラウマ研究会『終戦から六七年目にみる沖縄戦体験者の精神保健』沖縄戦トラウマ研究会、二〇一三年、一一五頁。

(26) 同前、一三三頁。

(27) 北村毅「戦争の心理的影響に対する医療人類学的アプローチ〜沖縄戦の記憶と精神障がい〜」『病院・地域精神医学』五四巻四号、二〇一二年七月、六頁。アジアにおける戦争被害については、吉見義明『従軍慰安婦』（岩波書店、一九九五年）が、元「慰安婦」女性のPTSD被害について触れているほか、野田正彰『虜囚の記憶』（みすず書房、二〇〇九年）が強制連行や性暴力などの被害を受けた中国人に対して聞き取りを行っている。

(28) 蟻塚亮二『沖縄戦と心の傷』大月書店、二〇一四年、一三三—一三四頁。

(29) 例として、ホロコーストの生存者で作家のプリーモ・レーヴィは、「灰色の領域」という言葉を用いて、善悪二分法で強制収容所の人々を理解することに警鐘を鳴らし、生還した者が抱える「恥辱」について指摘した（プリーモ・レーヴィ、竹山博英訳『溺れるものと救われるもの』朝日新聞社、二〇〇〇年〔朝日新聞出版から二〇一四年復刊〕）。また、DV被害者の治療を行ってきた臨床心理士の信田さよ子は、「被害者は加害者意識に苦しみ、加害者は被害者意識に満ちて暴力を正当化するという逆転現象は、DV問題にかかわる際の常識といっていい」と指摘している（信田さよ子『加害者は変われるか？—DVと虐待をみつめながら』筑摩書房、二〇〇八年、一〇九頁）。

(30) 内海愛子・石田米子・加藤修弘編『ある日本兵の二つの戦場—近藤一の終わらない戦争』社会評論社、二〇〇五年。鹿野政直『兵士であること—動員と従軍の精神史』朝日新聞社、二〇〇五年。

(31) 宮地尚子『トラウマの医療人類学』みすず書房、二〇〇五年、三二頁。

(32) 浅井利勇（一九一一—二〇〇〇）は、日本の精神科医・精神医学者。一九三七年、東京慈恵医科大学卒業、東京帝大大学院入学（陸軍省より二年間派遣）。三七年七月より終戦まで国府台陸軍病院勤務。四六年、千葉県東金市に浅井医院を開業し、五九年に医療法人静和会浅井病院開院。戦後は中国との交流にも努めた（『浅井利勇を偲ぶ』非売品、二〇〇一年）。なお、浅井の回想によれば、国府台陸軍病院病床日誌の原本は、戦後保管場所の問題が生じたため、国立国府台病院（現・国立国際医療研究センター国府台病院）から、国立下総療養所（現・独立行政法人国立病院機構下総精神医療センター）に移された。

㉝ 野田正彰『戦争と罪責』岩波書店、一九九八年。

㉞ 和田秀樹「外傷性精神障害の精神病理と治療」『精神神経学雑誌』第一〇二巻第四号、二〇〇〇年、三三八―三四〇頁。

㉟ ベセル・A・ヴァン・デア・コルク、アレキサンダー・C・マクファーレン、ラース・ウェイゼス編、西澤哲監訳『トラウマティック・ストレス　PTSDおよびトラウマ反応の臨床と研究のすべて』誠信書房、二〇〇一年、九頁。

㊱ 宮地前掲書、二〇一三年、二三頁。

㊲ 総力戦体制と「福祉国家」化については、以下参照。鐘家新『日本型福祉国家の形成と「十五年戦争」』ミネルヴァ書房、一九九八年。美馬達哉「軍国主義時代―福祉国家の起源」佐藤純一・黒田浩一郎編『医療神話の社会学』世界思想社、一九九八年。高岡裕之『総力戦体制と「福祉国家」―戦時期日本の「社会改革」構想』岩波書店、二〇一一年。

㊳ 軍事援護については、以下参照。山本和重「満州事変期の労働者統合―軍事救護問題について」『大原社会問題研究所雑誌』三七二号、一九八九年、三〇―四四頁。加瀬和俊「兵役と失業（一）―昭和恐慌期における対応策の性格」『社会科学研究』第四四巻第三号、一九九二年、一二一―一五〇頁。佐賀朝「日中戦争期における軍事援護事業の展開」『日本史研究』三八五号、一九九四年、二七―五六頁。郡司淳『軍事援護の世界―軍隊と地域社会』同成社、二〇〇四年。一ノ瀬俊也『近代日本の徴兵制と社会』吉川弘文館、二〇〇四年。

㊴ 宮地尚子『環状島＝トラウマの地政学』みすず書房、二〇〇七年。

㊵ かつて日本の軍事医学は「軍陣医学」という独特の呼称を持っていたが、その大立者であった小泉親彦は、『軍陣衛生学』（金原商店、一九二七年）の中で、「衛生学に国境はないが、軍陣衛生学には厳然たる国境が存在する」と述べた。

㊶ 鹿野前掲書、二三三頁。

㊷ 藤原彰『餓死した英霊たち』青木書店、二〇〇一年。

㊸ P・コンラッド、J・W・シュナイダー、進藤雄三監訳、杉田聡・近藤正英訳『逸脱と医療化―悪から病へ』ミネルヴァ書房、二〇〇三年、四六二頁。

第Ⅰ部

総力戦と精神疾患をめぐる問題系

第一章　兵員の組織的管理と軍事心理学

第一次世界大戦（一九一四―一八年）は、軍備の近代化と総力戦への移行という戦争形式及び戦争形態の両面における画期的な変化をもたらした。

日本は連合国側の一員として参戦したものの限定的な参加の仕方であったため、他の参戦諸国と異なり総力戦への対応が緊急の問題として浮上することはなかったが、来るべき将来の戦争に備え、大戦の研究調査に取り組むことになった。とりわけ軍指導者は大戦の推移とそこから得られる教訓に多大な関心を寄せた。このような経緯で、ヨーロッパの参戦諸国の戦時体制を研究調査し、総力戦に対応する国内の動員方法及びその実態についての把握を目的とした臨時軍事調査委員が、一九一五年一二月二七日に陸軍省内に設置された。臨時軍事調査委員の業務内容は八班に分かれ、第四班として「衛生・軍馬衛生」が活動した。[1]

臨時軍事調査委員の調査・研究の集大成である『欧州交戦諸国の陸軍に就て』（一九一七年一月刊行の第一版）では、国民動員・工業動員の実態、国民教育、婦人活動の状況が詳細に報告され、国家総動員体制の確立の必要性が説かれた。また、第四版では「国民動員」と「工業動員」とを併せて初めて「国家総動員」と総称し、第一次世界大戦を明確に国家総動員戦と規定した上で、これに対応すべく国家総動員のための統括機関設置の必要性が唱えられた。[2]しかし、臨時軍事調査委員の種々の研究調査が収められた、陸軍省編『臨時軍事調査委員月報』

（陸軍省、一九一六年）に掲載された内容を見ると、第一次大戦期の欧米の軍隊で広く見られた戦争神経症（いわゆる「シェルショック」）に焦点を当てた研究は見当たらない。

一方で、この時期は日本の軍隊において心理学の軍事的応用がようやく求められ始めた時期であったことにも注目する必要がある。この時期に見られた軍事と心理学の結びつきは、軍部と心理学両方の側から説明できる。すなわち、軍部の側からすれば、あらゆる分野の関連を要請する総力戦という衝撃が、軍事以外の分野への問題関心の広がりを促し、また、効率化及び適材適所の人材配置を基礎とした国家総動員の構想が心理学への関心を呼んだと軍事史家の黒沢文貴は指摘する。(3) 一方、心理学史の研究によれば、当時の心理学で熟成しつつあった「作業能力とその発現に関する研究」を行う実験心理学は、産業の能率化にも利用されており、心理学の側にも「売り物」にできる技術が揃っていたのである。(4)

本章では、まず陸海軍における心理学の応用実践を概観し、続いてその中から特に陸軍で注目されていく戦場心理研究について明らかにしていく。

1　軍隊と心理学

（1）　海軍と心理学研究

心理学の他分野への応用に積極的だった松本亦太郎によると、「心理学の応用を日本の社会が求め始めたのは大正五、六年〔一九一六、一七〕頃から」のことであり、「大戦〔第一次世界大戦〕に刺激された社会各方面の活動が斬る要求を喚起した」という。松本の所属していた東京帝国大学の心理学研究所が最初に相談を受けたのは海軍からであった。一九一五年、無線電信・砲術などの特殊作業に実験心理学を応用するために「実験心理学応用調査会」が組織され、心理学者の松本亦太郎と田中寛一が顧問を務めることになった。松本は海軍の嘱託を受け、海外の軍隊における心理学の応用を調査することとなった。その後、東京に海軍技術研究所が設立され、実験心理学の研究が引き継がれることとなった。(5)

以上のような海軍における心理学研究の黎明期から一九三一年までは、心理学者は海軍に常勤せず、海軍士官が東京帝国大学などの心理学科に国内留学し、実験の協力が必要ならば心理学者の方が海軍へ出向くという形をとっていた。この時期には前述の松本・田中の他に、寺沢巌男、増田惟茂、城戸幡太郎、淡路円治郎らが関係していたが、一九三一年には軍縮の影響を受け、こうした研究人員が一人に削減された。(6)

さらに、この時期には世界恐慌の影響で大学卒の学生が就職難に見舞われており、逆に心理学関係者の側が軍事施設へ出向くようになった。こうして、満州事変後の一九三二年には海軍技術研究所内に「理学研究部実験心理班」が新設され、心理学専攻者が常勤するようになり、兼子宙（ひろし）が海軍初の常勤心理学者となった。また、一九三三年に海軍砲術学校に新設された「実験心理研究室」には、研究所員として鶴田正一が迎えられた。翌年、「実験心理研究室」は海軍技術研究所の出先機関となり、一九四三年には「実験心理研究部」へと昇格した。(7)

一九四一年以降は、心理学専攻者を文官のほか海軍予備士官としても採用できるようになり、さらに一九四二年以降、茨城県土浦の海軍航空隊など一二ヶ所の予科練航空隊で適性検査が実施されるようになったことから、海軍で勤務する心理学関係者の数が大幅に増えた。(8) 終戦時の全海軍航空心理関係職員は、心理学関係者が六一名、補助員一一一〇名、下士官・兵三八〇名、計一五五一名であり、海軍技術研究所を含めると、心理学関係専攻者一一八名、補助員を含めて総計一七〇五名にまで膨れ上がったようである。[9]

海軍技術研究所の研究内容は、基本的には兵員の適性検査が主なものであった。例えば、一九二七年の『海軍技術研究所現状一般附録』を見ると、「実験心理の部」が一九二六年に行った研究として、四等兵性能検査の成績比較、一九二七年に行った研究として、航空機搭乗者選抜に関する研究、電信兵志願者や工業員の適性検査、作業方式の比較研究などが紹介されている。[10]

海軍においては、特殊技術の向上やそれに適した人材の選抜という目的から、心理学の理論が必要とされた側面が陸軍よりも強かった。[11]しかし、戦争が激化し、より広い層から兵員を選抜するとなると、ある程度選抜の基準を低くし、足りない部分を教育訓練で補わざるをえない。そこで、砲術学校の射手や測距手、通信学校の送受信など教育訓練の研究も行われたようである。[12]

（2）陸軍と心理学研究

海軍に少し遅れる形ではあるが、戦間期の陸軍においても、心理学との結びつきが見られるようになっていた。すなわち、陸軍将校の養成を目的として、陸軍士官学校の教育課程には、一九二〇年一〇月から教育学が、一九二一年四月から心理学が設置されたのである。[13]将校に教育学及び心理学の素養が必要とされるようになったのは、以下で見ていくように、軍隊内部での指揮・統率の問題が深刻化したからであった。

第一次世界大戦におけるドイツ軍の敗北及び帝政ロシアの崩壊は、日本軍に大きな衝撃を与えた。なぜなら、両軍の崩壊は、食糧不足など生活の窮乏を背景とした国民の精神的・心理的結合の弛緩と思想悪化が原因であると考えられたからである。それは、日露戦争後から続く国民・軍隊内の「精神的弛緩」と、大戦の影響を受けた大正デモクラシー期の「新思想」の流入ともあいまって軍部を動揺させるに至り、国民の精神動員が大きな課題となって軍部の前に立ち現れた。(14)

このような状況に対処すべく、一九二〇年には軍隊教育令が、一九二一年には軍隊内務書が改正され、この時期には陸軍の教育体系が大幅に変動した。この改正の中での最も大きな変更点は、盲目的・奴隷的な服従ではなく、「自覚ある服従」あるいは「理解ある服従」が兵士たちに求められたことである。(15)一九二〇年、各兵科団長及び参謀の会合の場で、陸軍大臣田中義一は、改正軍隊内務書の軍紀及び服従に関する変更についてその趣旨を説明した。

蓋し欧州大戦に於ては自覚なき服従は何等の価値なきことを実証せり人智人心発達し権利義務の観念発達せる壮丁に対しては強圧的の軍紀服従を要求するよりも軍紀の軍隊成立上絶対必要なる所以を理解せしめ服従は実に軍紀維持の要道たるを徹底的に自覚せしめ以て合理的に教育指導するを有効且必要なりとす(16)

軍隊内務書「改正理由書」によると、服従観念を強要するような強圧的な軍隊は、戦況が順調で各機関が完備した軍隊ならばその価値を発揮するかもしれないが、「戦況一度予期に反し統率の機関亦欠陥を来すに至れは忽ち服従に強靭性を喪ひ茲に外来の刺激在りて一種厭ふへき動機を与ふることあらんか不測の結果を招致する」おそれがあるという。(17)これは明らかに、軍紀が厳正なドイツ帝国及びロシア帝国の軍隊が、第一次世界大戦において革命による内部崩壊に終わったことが意識されているだろう。

以上のような欧州大戦における状況に加え、「国民教育の伸暢に伴ふ壮丁素質の向上」の一方で、「自主的精神の萎靡責任観念の衰退等時弊の萌芽」が見られるという現状に鑑みて、軍隊内務の簡略化により「各自の自覚に委し得へき事項は勉めて之を削除し独断活用の範囲を拡大」し、壮丁各自の自覚を促すという狙いもあった。(18)また、外出制限の緩和など兵営生活や内務班における私的自由をある程度認めることによって、[19]「権利義務の観念発達せる壮丁」の増加にもうまく対処できるような条項が含まれていた。

さらに、改正軍隊内務書では、「欧州戦乱以来社会状態及(および)国民思潮の変遷頗る著しき」社会状況に「適応」できるような、統率能力のある将校が望まれた。軍隊内務書が改正された一九二一年の師団長会議での口演において、田中陸相は、労働者のみならず農業従事者にも「不健全なる思想」が広まり、果ては青年将校にまで「時代思潮に迎合して政治上の得失を論議し軍隊誹謗の意見を公表」するような者がいることに注意を促した上で、このような「悪思想」を抱く者を「善導」するために、「青年将校をして時勢の推移を知悉し高等教育を受けたる兵卒の言辞を能(よ)く理解するに必要なる知識を有せしむるのみならす更に進て之を理解指導し毫も疑念なからしむるに足るへき十分の修養に勉めしめ」ることを要請した。[20]

このように、改正軍隊内務書は市民社会への適応と軍隊内務の緩和・簡略化をめざすだけではなく、下士官兵に対する思想・イデオロギー対策をも重視していた。しかし一方で、政治・社会問題に関心を持つ壮丁に対応できるような将校が望まれる中で、教育学・心理学を含む一般常識の涵養が将校に要請されるようになった[21]ことにここでは注目したい。

それでは、軍隊におけるどのような問題に対応することが心理学に求められたのか。井田磐楠(いわくす)「我陸軍に心理学を施設するの意見」を参考にして具体的に見ていこう。井田がとりわけ関心を払うのが、心理学の中でも実験心理学及び戦争心理学と呼ばれる分野である。実験心理学が海軍において応用されたのは第1節（1）で述べた通りであるが、戦争心理学は陸軍に特有であった。

実験心理学とは、従来の心理学のように「人間を単に性質の上より区別して質的に其差別を認むる」のではなく、「精神的の機能を分量的に而も其個人差を測定せんとする」ことに特徴がある。また、戦争と心理学の関係については、古くから心理学者あるいは軍人が個々に研究してきたものの、心理学者は軍事に通じておらず、軍人は心理学の知識が不十分なために、組織的な研究が行われてこなかった。したがって井田は、「戦争心理学とも名付くへきものを一個人の研究に委することなく根本的に或制度の下に軍人に依りて研究せしむることの必要なることを痛切に感する」として、戦争心理学研究の必要性を訴えている。(22)

それでは、井田はなぜこの二つを重視するのか。井田が挙げた「軍隊に於て必要なる心理学の組織的研究項目」は、大きく分けて「甲、兵員の指揮統率上将校一般に必要なる心理学」と「乙、軍隊の能率増進に関する心理学的研究」の二種類があり、井田が重視する戦争心理学は前者に、実験心理学は後者に分類されている。(23)すなわち、井田は、戦争心理学については指揮統率上の問題から、実験心理学については軍隊の能率増進に関する問題から関心を抱いているのである。

では次に、具体的な研究事項を見てみよう。**資料1**（三二―三三ページ）を見ると、心理学概論と特殊軍事心理学の二つに大別されており、後者はさらに「（一）戦時及戦争中の心理」と「（二）平時の軍隊心理」の二つに分けられる。そして（一）が戦争心理学、（二）が実験心理学に対応しているが、（一）戦争心理学に関しては次節で検討していくので、ここでは（二）実験心理学においてどのような研究が目指されたのか簡単に確認しておこう。

実験心理学は、前述のように「軍事的能率を増進する」ために注目されたのであった。その基本となるのが「適材適所」という考えであり、これを実現するために、**資料1**で、井田は兵員に対する知能・技能調査や特殊作業者に対する調査などを挙げている。

実際の陸軍における心理学の応用を見ても、まずは軍隊精神検査から始まったようである。そのきっかけとなったのは、当時渡米していた東京帝国大学教授松本亦太郎らによって、第一次世界大戦中の米軍で実施された集団式知能検査の内容が日本に紹介されたことであった[24]。この米軍における知能検査は日本陸軍及び心理学関係者の注目を集め、砲兵少佐内山雄二郎と陸軍士官学校教授西澤頼應は、通信手を対象に知能検査を実施し[25]、検査の成績と軍隊における成績の序列との相関関係を明らかにしようとした[26]。

また、この軍隊における知能検査とは別に、当時心理学が力を入れていた個人差及び個性の研究という流れ[27]からも軍隊の性能検査が行われた。この検査の中心となったのが、東京帝国大学文学部心理学研究室である。同研究室の淡路円治郎は、軍隊性能検査について述べた論稿の中で、「個人を、その性能の諸多の方面に関して検査し、その諸性能の絶対的長短を分ち、以て個性の特徴又は構造を明にし、或は、各人を、一定の性能を標準として、相互に比較し、その相対的優劣を定め、かくて得失又は適否を別つことは、個性研究並に適材配置にとつて、極めて重要」である、とまず述べている。しかし、児童の知能検査は従来多少なりとも試みられて「相当に信頼すべき尺度」が現れてきているが、「成人の諸性能に関しては、我邦にては、未だ何等の設定の試をも見なかつた」ため、「一般日本人の代表的集団」について検査することをかねてより願っており、この学術的要望は、東京帝国大学航空心理部[28]においても共有されていたという[29]。

そこで、「一般日本人の代表者的集団」として選ばれたのが、軍隊の兵員であった。その理由として、①多数の兵員が集団生活を営む軍隊では、一度に多数の人数を検査できること、②各人が同一の生活状態にあるため、検査の環境的条件を斉一にできること、③規律が遵守されているので、検査指示を徹底できること、④徴兵に際して性能上なんら選択淘汰が加えられていないので、知能優秀者に偏ることもなく、日本人の成人の性能分布を如実に呈示しうることが挙げられている[30]。

(2) 目標に接近して弾著する遠近弾の知覚に起因する誤観測の研究
(3) 長短音の配列の相違を弁別する機能の鋭鈍の研究
(4) 距離測量の誤測に関する研究
(5) 航空心理及自動車操縦に関する根本的心理研究
(6) 射撃上の心理研究
(7) 動作の時間的関係の研究
(8) 教練，撃剣，銃剣術，体操及馬術に関する心理的研究
(二)（ママ）団体としての軍隊心理

出典：井田磐楠「我陸軍に心理学を施設するの意見」『偕行社記事』548号，1920年4月，63-65頁より作成．なお，作成の都合上部分的に省略・改変した箇所がある．

また、この頃淡路らは、東京市社会局が開設した少年職業相談所からの依頼で、各主要職業の性能的分析をする必要があったのだが、軍隊においては「多種多様の職業に従事したりしものが多数に存し、（中略）加之（しかのみならず）、各職業の従業者の数は、極めて多く、相当信頼すべき標準を期待する」ことができたからである。このように淡路らの軍隊性能検査は、あくまで「一般日本人の性能基準」を設定するために開始されたのであるが、この検査で得られた基準は軍事上の種々の目的にも役立ち得るものであり、「陸軍当局の歓迎する所となった」ようである[31]。

このように、第一次世界大戦におけるアメリカの知能検査に刺激され、日本軍においても心理学関係者の協力を得て知能検査が行われたのだが、いずれも単発的な検査に終わり、継続して行われるということはなかった。これは、陸軍では海軍ほど特殊化・細分化された技能を持つ兵員を選抜する必要がなかったためである。陸軍においても海軍のような航空適性検査は行われたが、導入されたのは非常に遅く、一九三五年七月に陸軍航空技術研究所が設置されてからであった。むしろ陸軍で必要とされたのは、兵員の精神的全体像をふまえた上での教育・訓練への心理学の応用であった[32]。戦争や軍隊生活が個人的・集団的兵員に及ぼす心理的作用を熟知した上で指揮統率にあたれば、落伍者や訓練時間を減らすことができるからである。この点に関しては、先の井田磐楠が挙げていた「戦争心理学」に関する研究が参考になると思われるので、次節で検討していきたい。

資料1　軍隊に於て必要なる心理学の具体的研究事項の要旨

甲，心理学概論

将校一般に要すへき心理学上の智識にして其内容は概ね左の如し但し（二）乃至（六）は特殊軍事心理学の概念を授くるを主旨とす

（一）個人心理の一般

（イ）兵卒の精神生活を理解し且つ之を誘導する為め一般心理の研究

（ロ）軍人として必要なる諸性質即ち剛膽，勇気，注意，敏速，忍耐，沈着等の心理的研究

（ハ）軍紀服従に対する心理的研究

（ニ）兵卒の情欲，快楽，悲哀等の研究

（ホ）考科表調整に関し心理的研究

（二）動作研究

（イ）睡眠に関する研究

（ロ）教練，技術等の練習に就ての心理関係

（ハ）航空心理一般

（三）智能検定

（四）変態心理

（五）動物心理

（六）社会心理

乙，特殊軍事心理学

（一）戦時及戦争中の心理

所謂戦争心理にして主として陸軍大学校の研究範囲に属すへきものなり其研究一例左の如し

（イ）戦時に際し社会一般心理変態の戦争に及ほす影響

（ロ）戦時に於ける個人心理及軍隊心理の戦闘に及ほす影響

（ハ）戦場に於ける数量と時間観念に対する心理

（ニ）夜間戦闘と其心理

（ホ）戦術及戦略的判断に影響する我国民性或は軍隊指揮官の性行との関係

（ヘ）戦術及戦略的判断に影響する他民族の心理及敵将帥の性行

（ト）攻撃，防禦，奇襲等の心理的研究

（二）平時の軍隊心理

主として実験心理学に関連するものにして各兵科の学校に於て研究すへきものなり其一例左の如し

（イ）徴兵，軍隊編成に関する問題

（ロ）進級に関する問題

（ハ）軍隊に於ける特殊作業の研究

(1) 両耳の感覚の鈍麻に起因する音の方向の研究

2　戦場心理・戦争心理研究

（1）内山雄二郎『戦場心理学』

陸軍では、心理学・教育学・倫理学・社会学を研究するために、二年もしくは三年間、将校を東京帝国大学及び高等師範学校等に派遣する制度が戦間期にできあがった。[33] この制度によって、一九二七年四月から一九三〇年三月まで、東京帝国大学文学部において教育学・心理学の聴講を命ぜられ、系統的な心理学研究を行ったのが、当時砲兵少佐だった内山雄二郎である。内山はその成果として一九三〇年に『戦場心理学』を上梓し、「従来の様な戦術学的方法」だけではなく、「心理学的の観察、研究、組織」に基いた戦争心理学及び戦場心理学によって「極めて複雑な」「戦場に於ける将卒の精神生活」を捉えなければならない、と主張している。[34]

内山の研究の背景には、前述の通り陸海軍が心理学者や医学者に嘱託して心理学の軍事的応用について研究させ、さらに内山をはじめとして陸海軍将校を帝国大学に派遣して心理学等を専攻させたという当時の軍学の双方向的な交流がある。同書には東京帝国大学心理学研究室の文学博士（松本亦太郎・桑田芳蔵）や教育総監部本部長（林仙之）、参謀次長（岡本連一郎）、陸軍省軍務局長（杉山元）などから序文が寄せられている。例えば、内山の恩師として序文を寄せた松本亦太郎は、戦場心理学の発達が遅れた理由として、戦場における精神現象は戦場に参加し自ら軍隊生活を送った軍人でなければ考察できず、心の考察は心理学的方法によらなければ学問的価値がないが、軍人は概して心理学的方法に習熟していなかったことを指摘している。[35] このような顔ぶれからもわかる通り、戦争・戦場心理学への関心は、内山のような一部の将校にとどまるものではなく、少なくとも陸軍全体にもある程度認められ、軍学共同でその研究が進められたものと考えられる。

同書がユニークなのはそれだけではない。将校向けに書かれたこの著書の中では、幹部に戦場心理教育が必要であることが訴えられる。なぜなら、そのような教育が被教育者の独学に任されているに留まらず、教育者の側が「常に伝説的武勇と社会学的詭弁とによりまして、戦場に於ける勇怯の問題に就ては誤つたる観念を鼓吹して」いるからである。また内山は、教官たちが「戦場に於ては兵卒は行軍のために困憊し、不順なる気候の下に凍へ、粗悪の食物や不十分なる睡眠に気力を殺がれ、長時間に亘る敵火の下に於ける待機的緊張のために気力を喪失せる後突撃を決行しなければならないと云ふ事実を忘れて居る」かのように見え、「兵卒の勇気が弱変した場合には、当局者は其精神的障碍の原因と云ふ様な事は少しも考へないで直ちに如何に之を制裁すべきか等と考へる」のだが、そのような事をしても全く意味はなく、「精神的障碍」の原因究明こそが部隊の統率のためには必要なのだと主張している[36]。

このような内山の考えからすれば、戦争において臆病であったり精神的に不調をきたしたりすることは、必ずしも兵士個人の性質にのみ原因が帰せられるわけではなく、環境などの外的要因の影響も大きいことになる。この点で内山の研究は、総力戦という新しい戦争に適応しようとした試みの一つと言えるのではないだろうか。

（2）『偕行社記事』における戦場心理の報告

内山の『戦争心理学』がどの程度多くの将校に読まれたかは定かでないが、満州事変から日中全面戦争へと拡大していく中で、「戦場心理」を冠した論文が、陸軍将校の研究・親睦組織「偕行社」の機関紙である『偕行社記事』にたびたび登場し、実戦での経験が報告されている。

管見の限り、『偕行社記事』において「戦場心理」について最初に報告された論文が、上海事変の後に第九師団司令部がまとめた「上海附近の会戦より観たる戦場心理に就て」（一九三二年）である[37]。

この報告書は上海派遣軍において組織した「戦蹟研究委員」による研究の摘録であり、全一三章（第一章「戦場に於ける指揮官と部下との心理的交渉」、第二章「敵弾下に於ける心理」、第三章「掩護物の戦場心理に及ぼす影響」、第四章「戦場心理と必勝信念」、第五章「夜暗と戦場心理との関係」、第六章「追撃退却に於ける戦場心理」、第七章「部隊の位置による戦場心理の差異」、第八章「損傷と戦場心理」、第九章「疲労と戦場心理」、第十章「戦場心理と平時との関係」、第十一章「友軍の弾丸に対する心理状態」、第十二章「其他戦場に於ける諸現象」、第十三章「空中現象に関する戦場心理」）にわたって様々な状況における戦場心理について論じている。

また、これらは戦争神経症の誘因となる不安や恐怖を伴う状況を網羅していると考えられるので、以下ではいくつかの状況について簡単に紹介していきたい。

①　上官や戦友など味方の側に犠牲者が出た場合（第一章・第八章）

多数の犠牲者が出た場合は士気沮喪が著しく、特に統率者を失った部隊は統制力を失うおそれがあると注意が促されている。しかし、友軍の犠牲者は兵士の復讐心をかきたてる場合もあった。例えば、元関東軍憲兵であり、戦後撫順戦犯管理所での認罪運動を経て、帰国後は中国帰還者連絡会の一員として加害証言を続けた土屋芳雄は、上官として慕っていた中尉が敵弾に撃たれて亡くなるのを目撃し、「絶対にカタキをとってやる」という復讐心が芽生えたと述べている[38]。強い精神的絆で結ばれた戦友や上官の死の目撃というトラウマ体験は、戦闘遂行を困難にするという攻撃の阻害要因にもなりえたが、反転して「敵」への強い憎悪をかきたて、攻撃の促進要因にもなったのである。

② 敵弾の飛来（第二章）

『偕行社記事』上で戦場心理を「告白」した将校の多くが、敵弾に対する恐怖、特に初陣者にはその傾向が著しいことを認めている。この報告も例外ではなく、「初陣者にして敵弾を恐るるの心理状態は必ずしも卑怯者と看做して軽視するは軽率なり」として、「常人の必ず経験すべき戦場心理の一段梯として」指導するために、「初陣者は之を一団として戦はしむることなく必ず敵弾の洗礼を受けたる者の間に伍」すなどの工夫をするよう提唱している。[39] すなわち、敵弾に対して恐怖を感じるか否かを、生来の勇怯というよりもいわゆる「砲弾の洗礼」を受けたかどうか、という入隊後の経験で判断しているところが注目される。

戦闘経験の少ない兵士が増加する日中戦争以降の戦闘の現場においては、このような体験的に身についた判断（例えば弾の音で遠近を判断するなど）が次第に兵士を戦場での生活に慣れさせることに一役買っていたようである。しかし、後述のように、恐怖が認められたのはあくまで初陣の段階までであって、戦闘の回数を重ねるに従って精神が「陶冶」されていく、ということが大前提であった。

③ 夜襲時（第五章）

夜の暗闇が兵士の不安を増大し、さらに夜は自分の姿が上官や戦友から見えにくいために、昼間勇敢な兵士も臆病になりやすいと指摘している。また、重傷を負った兵士の悲痛な叫びが戦闘中のものの士気をくじくと注意を促している。[40]

④ 前線と後方（第七章）

これは他の報告でもよく指摘されているが、前線よりも後方部隊の方が戦闘の悲惨な光景から受ける精神的影響が大きく、恐怖観念を伴うという。[41]

戦争体験者の語りにおいても、前線での激しい戦闘においては恐怖心を抑圧しないと戦闘ができなくなってしまうが、負傷したり友軍が劣勢になると、それまで感じていなかった恐怖心が出現してくるという話が出てくる。日米両軍の元兵士に聞き取り調査を行った河野仁は、自身が負傷するまでは戦闘中に恐怖を全然感じなかったが、弾に当たった途端、恐怖に襲われた古参曹長の話や、「バンザイ突撃」をするまでは無我夢中であったが、突撃に失敗して後退するときに非常な恐怖心を感じた上等兵の話を紹介している。[42]

また、日中全面戦争開始直後に召集を受け、一九三七年一二月の南京攻略から翌年春の徐州会戦開始までの中国戦線の状況をまとめた早尾乕雄（とらお）（当時予備陸軍軍医中尉）は、戦闘間と戦闘休止間とでは行われる犯罪が異なると指摘している。すなわち、休止と共に犯罪件数が増加し、内容は巧妙化し、重犯者も増加するというのである。[43]

以上の第九師団による報告の他に、『偕行社記事』は戦場心理に関する論稿を積極的に掲載した。一九三六年には『偕行社記事』に掲載された戦場心理に関する論稿を集めた『初陣の戦場心理』が出版された。同年三月号特報には七名の将校の論稿を紹介した「戦場心理の考察」という特集が組まれ、日中戦争が始まった翌年一九三八年六月号特報には「戦場心理の体験実話」と題された特集が組まれた。

この中でも、現実の戦場で恐怖を感じる、生身の人間としての兵士について触れていて興味深いのが、陸軍歩兵大佐・菅忠三郎の「戦場に於ける心理状態の研究」と陸軍中将・志岐守治の「戦場心理に就て」である。以下、この二つの報告について紹介しておこう。

菅の報告は日露戦争中の戦場体験（当時の肩書きは歩兵少尉・歩兵第二十五連隊小隊長）をもとにしたいわゆる

「戦訓研究」であるが、その中では様々な「戦場における兵役忌避者」が出てくる。まず、不発砲者である。菅は他の歴戦者の話を引いて、「戦争数日に亘り、昼夜止まざる時は体力自然に衰弱し来り、時としては射撃しつゝ睡るものあり、或は弾を装塡する真似をして頭を壕中に隠すものあり、防禦の時往々水平射撃を行はず上空に向つて射撃し銃声のみを発せしむるものあり。時としては死し居るや、生き居るや不明なる者あり、旅順攻囲戦夜中部隊混淆せる際等特に多かりし」と述べている。また、戦況が悪化すると兵士は弾丸の欠乏を訴えるが、戦闘後に散兵壕の中を見ると発射していない弾丸が棄てられていることが多いので、将校は必ず確認するよう注意を促している。さらに菅は、負傷して後送される兵士を羨んだり、死傷者が出た場合に後送を申し出る者の中には怯者が混じっている場合があるのでこれも注意するよう戒めている[44]。

このような不発砲者は、通常戦争映画などでは出てこないが、歴史上稀なことではなかった。軍事心理学者のデーヴ・グロスマンは、米陸軍准将S・L・A・マーシャルの研究を引いて、「第二次世界大戦の米軍兵士のうち発砲した者は一五ないし二〇パーセントだったと結論した」と述べ、「かれらはいざという瞬間に良心的兵役拒否者になったのだ。同類たる人間を殺すことができない自分に気づいたのである」と指摘している[45]。

次に、一九三五年三月号附録に掲載された陸軍中将志岐守治の「戦場心理に就て」も、日清・日露戦争の時の経験に基づく「戦訓研究」である。志岐論文の冒頭には、「戦場は所謂美談のみの集団ではない、左に掲ぐる記事の如き反面も現出することは其真相である、（中略）従て斯の如き戦場心理の率直なる告白乃至修辞なき観察を戦場往来の体験者の貴重なる声に聴くことは修養の一方法として併せ推奨すべきことなりと思惟する」との編者による推薦文が寄せられている[46]。志岐は、戦場では隣の部隊との連絡を緊密にすべきであるのに、現実にはそうはいかない、と言う。それはなぜかというと、隣の部隊まで偵察に行くには敵弾を潜って行かなければならず、これを兵士が嫌がって連絡が疎かになるのではないか、と指摘し、平時から注意して訓練するよう促している[47]。また、志岐によると、敵までの距離が遠い散兵線の前進は、敵に接近した時の突撃よりも難しい。まだそれほど敵に接近していない時に、敵から猛烈に銃丸を浴びせられた後、「前へ」という号令がかかっても、兵はおろか、小隊長も中隊長も立たないのである。それは、「此距離で斯ふ倒れては、敵に接近するまでには全滅する計りだ、進めるものか、全滅してはなにもならぬ」という考えが浮かぶからであり、「仮令死を期して戦に臨んでゐても誰も犬死を欲しない、名誉心があるからだらう」と志岐は推測している[48]。

以上の菅や志岐の報告に登場する兵士に着目すると、時代状況としては「死」を当たり前の前提として受け入れざるを得なかったとしても、生への欲求を断ち切ることができずに葛藤し、たとえ死ぬにしても、せめて「名誉ある死に方」を選びたい、ともがく主体としての兵士個人の姿が浮かび上がってはこないだろうか。

しかし、菅や志岐も含め、これらの「戦場心理」の報告者たちは、このような兵士に同情を寄せているわけでは決してない。あくまで、軍隊教育を行う上での「要注意兵」なのであり、恐怖は「名誉心」と「責任観念」によって克服すべき対象であった。すなわち、軍隊の論理では恐怖を克服できない兵士は「不名誉」で「無責任」であるということになるのである。

また、「戦場心理」の論者たちは明確には触れていなかったが、「戦場における兵役忌避者」の中には、前述のデーヴ・グロスマンが指摘したような「殺人への抵抗感」も含まれていたと考えられる。グロスマンは、殺人への抵抗感を減らし、加害行為を可能にするプロセスとして、①権威者の要求、②集団免責、③犠牲者との物理的・心理的距離の三つを指摘している[49]。

殺人への抵抗感を減じるために日本の軍隊が組織的に行った訓練として、「実的刺突」が挙げられる。これは初年兵教育の中で行われた訓練で、生きている中国人を標的にして、銃剣で刺し殺すという非人道的な訓練であり、初年兵にとっては人を殺せるようになるための「洗礼」の場であった。[50]

前述の土屋芳雄は、刺突直後に「虫を殺すのも嫌な百姓だった」自分が、「ついに殺ってしまったのか」と自分を責める思いだったが、「なに、相手は中国人、チャンコロじゃねえか。オレは世界一優秀な大和民族なんだ。まして、天皇陛下と同じ上官の命令ではないか。一人や二人、いや、国のためならもっと殺せる」と考えることで自分を支え、「鬼に転げ落ちていった」と回想している。[51] ここには、上官の命令＝天皇の命令という絶対的な「権威者」の要求や、「チャンコロ」という蔑称による犠牲者との心理的距離という合理化のプロセスがよく表れている。

また、日中戦争に従軍した井上俊夫によれば、刺殺の命令を実行できない者は「腰抜け」と呼ばれ上官に暴力をふるわれていた一方で、こうした命令を率先して遂行することが進級につながる面もあり、実的刺突は兵士たちの競争意識を刺激する場でもあった。さらに井上は、刺突後に「これも俺が男らしい男になるための、試練に違いない」と自らを納得させようとした。つまり、〈苦難を乗り越えること＝男らしい〉という合理化によって、実的刺突への抵抗感を払拭したのである。[52]

（3）教育総監部における研究

陸軍における戦場心理・戦争心理研究の動きとしてもう一つ注目されるのが、陸軍各兵科の教育を司る教育総監部における研究の流れである。前述の通り、陸軍砲兵少佐の井田磐楠は、「兵員の指揮統率上将校一般に必要なる心理学」として「戦争心理学」の必要性を主張したが、教育総監部が戦場心理・戦争心理研究に着手したのは、井田論文から約二〇年後の一九三八年に戦場心理班が設けられてからのことである。

発足当時の戦場心理班は、当時東京帝国大学教授の桑田芳蔵が顧問を務め、兼任の将校一人と心理学専攻者二人というごく小規模なものであった。当時高木貫一とともに教育総監部付嘱託として戦場心理班の任務について いた梅津八三によると、戦場心理班の目的及び任務は、兵科の教育に心理学的見地からなにかの示唆を与えられないかを調査するために、班員が直接戦地に出かけて資料を集めるということであった[53]。

この調査は三度行われ、第一回は一九三八年一二月〜一九三九年二月にかけて漢口を中心とする江北・江南地域、第二回は一九三九年六月〜九月に華北各地域、第三回は同年一〇月〜一二月にかけてハイラル地区において行われた。

調査は班員が用意した質問用紙への記入による調査と聞き取り調査の二種類があったようである。調査票記入者は、任務・階級に偏りのないように部隊内から選ばれ、自分の所属する部隊が経験した軍事行動の時期・場所・内容を調査票に記入した上で、四〇近くにのぼる質問について回答した。質問事項については、その行動間における①被調査者自身の健康状態、②気候・天候・地形などの自然条件、③それまでにうけた教練や戦場経験、④その時の装備や補給、⑤部隊内（同僚・部下など）の言動（上官の言動についての質問項目は、印刷ができあがった後に、省かれることとなった）、⑥他部隊の言動、⑦銃後の言動、⑧信仰・呪物、⑨敵方の言動などのそれぞれに関して、記入者の士気の高揚・消沈に影響を及ぼしたり、記入者に行動の成功・失敗・錯誤を起こさせたりした状況についてできるだけ具体的に回答するというものであった。梅津によると、使用した調査票の数は一万五千前後であるが、残念ながら戦場心理班の事務所が戦災にあい、終戦時の資料「処分」命令もあって、この貴重な調査の内容を知る機会は失われてしまった[54]。

梅津によると、「そのうち、世界の情勢に急激な変化がおこり、その影響がわれわれの仕事にもおよ」び（恐らく一九四一年の狭義のアジア・太平洋戦争開戦のことであろう）、一九四二年夏に高木貫一は海軍の仕事に移った。その後の戦場心理班の活動は不明だが、高木貫一の異動と同じ頃である一九四二年六月一九日付の教密第八八一号で、教育総監山田乙三より陸軍大臣へ軍陣心理学研究業務のため、教育総監部に陸軍教授五名を臨時に増加配属するよう申請が出され、同月二九日付の陸密第一八六三号にて申請を許可する旨回答が出されている。[55]

その理由は、「支那事変及大東亜戦争に現はれたる戦場心理を始め軍隊心理の諸現象を調査研究し之を今後に於ける軍隊教育に活用」するためであった。また、「従来嘱託を以て充てありしものを高等文官となし此の種業務の躍進を図らんとするものなり」とも記されており、海軍ほどではないかもしれないが、陸軍における心理学関係者の活動の場が広がっていることを窺わせる。

戦場心理班での研究・調査とともに、教育総監部は軍隊教育の実践の場でも戦場心理学の見地を取り入れようとしたようである。そして、その重要性は軍隊教育を担う将校に対して説かれるようになる。『偕行社記事』に掲載された教育総監部陸軍歩兵大尉渡邊彰の「軍隊教育者として戦場心理考察上の参考」は、教育総監部が軍隊教育と戦場心理の関係をどのように捉えていたかを考える上で興味深い論稿である。

渡邊は、戦場心理について「戦場に於て「ある」所の心理、「あるが儘」の軍人軍隊の精神作用に外ならない。従つて其処には美もあれば醜もある。善もあれば悪もある。可もあれば勿論不可もある」と述べる。仮にこれらの二項対立の前者を戦場の「理想」、後者を「現実」と呼ぼう。渡邊は、従来の軍隊教育者が戦場の理想のみを考えて、最も大切な戦場の現実を忘れがちであり、そこに軍隊教育上の重大な欠陥があると指摘する。[56]第2節（1）で紹介した内山雄二郎のように、理想論のみに終始する従来の軍隊教育に警鐘を鳴らしていることは興味深い。

しかし、渡邊の主張はそれだけにとどまらなかった。渡邊は、戦場心理は、唯の現実に属するものであるから、これのみが全てでないことは勿論であり、「戦場心理万能に陥つてはならない」と強く戒めている。渡邊の目指すところは、あくまで「次に来るべき規範への誘導」であり、「典礼要求事項の具現へ達せしむる」ことであった。(57)

では、戦場の「理想」と「現実」は、具体的にどのような状況を指すのか。一九三八年、戦場心理班ができると同時に、教育総監部が補充隊における中隊長及び中隊附将校に向けて配布した『精神教育資料第五八号　戦場心理と精神教育』を見てみよう。

戦争神経症と関連して興味深いのが、「恐怖」について言及された箇所である。例えば「戦場の古参者と新参者」という項では、第一次世界大戦では「恐怖症に襲はれて中には発狂状態になる様な者」が出たことを紹介し、「勿論(もちろん)我が軍に於てはそれ程の心配はなからうが」と断りつつ、初年兵に対しては「顔の蒼くなり、身体の震へたりする事は、気にかけなくてよい。安心して初陣に臨んでよい」と優しく語りかけ、指揮官に対してすら、「決して無理に強がつて見たり、姿勢を大きくしたりしてはならないし、また部下から笑はれると言ふ様な事ばかり気にして焦燥に陥つてはならない」「最初は誰だつて不安恐怖の心理に震へるのは或程度やむを得ないことなのだ」という論調が見られる。(58)

また、「恐怖」の項では、戦場美談と戦場心理研究の違いにまず触れた上で、「現代戦に於いては、白兵の外に銃砲弾、瓦斯(ガス)其の他の殆(ほとん)ど不可抗力的の危険に直面せしめられるからして、如何(いか)に大胆な人と雖(いえど)も全く恐怖から免れる事は出来ないであらう」としている。(59)

将兵たちの恐怖や不安を呼び起こすものは生命に対する危険であるが、戦闘は連続的危険の連鎖ではない。そのため、将兵の勇怯は、場所や状況、時間帯によっても変わるので油断してはならない／悲観することはない、という考えは、戦場心理を語る論者に共通して見られるが、まさにこの可変性にこそ、軍隊教育の価値が認められることになる。

しかし、このような恐怖をコントロールできなければ戦闘員としての役目も果たせなくなるのだから、このまま放置しておくわけにもいかない。教育総監部は恐怖に対して一見寛容に見えるが、「動揺の中にも、吾々軍人として是以上動揺されてはならなぬと言ふ限界がある。此の限界内に動揺を喰ひ止めねばならない[60]」と釘をさし、「今次事変に於て、支那軍の中には十五六歳の幼少兵や女学生すら交って極めて勇敢な活躍をなして居る事を考へねばならぬ。精鋭なる国軍に於て二十歳から四十歳迄の而も働き盛りの者が勇敢無比の戦闘をなし得ないとしたら、之こそ支那軍の幼少兵や女学生にも劣るものであり、末代迄の恥辱と言はねばならない[61]」と「女・子ども」にも劣るものとして「臆病者」を強く戒めてもいるのである。

そして、教育総監部が、日本人の「民族的なる武勇の資質」と合わせて、恐怖を克服するのに重要であると説くのは、結局のところ「精神教育就中軍紀、軍人精神、必勝の信念の陶冶」であり[62]、日本軍の精神主義の域を出ることはなかった。

小括

以上見てきたように、欧米における総力戦の衝撃とともに日本の軍隊の中で生まれた軍事心理学の流れには、大きく分けて二つの潮流があった。一つは兵員を「適材適所」に配置するための諸検査に応用するためのもの、そしてもう一つが、指揮統率上必要とされた「戦場心理」研究である。前者は「正常」な兵士を対象としており、後者は「正常」から「病理」への移行期にある兵士をも含むと位置づけられよう。すなわち、ある程度までの不安恐怖は、（とりわけ初年兵に対して）「誰もが経験すること」とされたが、その限界を越えた者が、次章の軍事医学の対象となったと考えられる。

［注］

(1) 纐纈厚「臨時軍事調査委員会の業務内容―『月報』を中心にして」『政治経済史学』一七四号、一九八〇年一一月、四五―四七頁。なお、纐纈は「臨時軍事調査委員会」と表記しているが、黒沢文貴『大戦間期の日本陸軍』（みすず書房、二〇〇〇年）が正式の呼称はあくまで「臨時軍事調査委員」であると指摘していることから、本書でも「臨時軍事調査委員」と表記する。

(2) 纐纈前掲論文、五九―六〇頁。

(3) 黒沢前掲書、九一―九二頁。

(4) 古澤聡司「戦前・戦中日本における心理学（者）と社会」心理科学研究会歴史研究部会編『日本心理学史の研究』法政出版、一九九八年、四四―四九頁。

(5) 松本亦太郎「日本に於ける心理学の発達」『岩波講座　教育科学　第一冊』岩波書店、一九三一年、四六―四七頁。古沢前掲論文、五一―五五頁。

(6) 鶴田正一「海軍における心理学的研究」『応用心理学研究』第五号、一九八〇年、二七―三三頁。

(7) 高砂美樹「戦争と心理学」佐藤達哉・溝口元編著『通史　日本の心理学』北大路書房、一九九七年、二九二、二九五―二九六頁。

(8) 同前、二九六頁。

(9) 古澤前掲論文、五五頁。

(10) JACAR（アジア歴史資料センター）Ref. C04015495900、昭和二年「公文備考　官職七　巻七」（防衛省防衛研究所所蔵）。

(11) サトウタツヤ「戦前期・戦時期体制と日本の心理学―優生学・軍事・教育との関わりを中心に」『立命館人間科学研究』第四

号、二〇〇二年一一月、三三―四七頁。

(12) 古澤前掲論文、五四頁。

(13) 遠藤芳信「日本陸軍と心理学研究」『人文論究』第四一号、一九八一年三月、三頁。同論文によると、陸軍士官学校において心理学を担当した西澤頼應（一九二〇年一二月より陸軍士官学校教授）によって、一九二二年四月に『心理学教程』が編纂された。この教程は心理学研究の入門的内容を取り扱っているが、戦闘行動や軍隊教育と心理学との関係も取り扱っていた。

(14) 黒沢前掲書、八七―八八頁。

(15) 遠藤芳信『近代日本軍隊教育史研究』青木書店、一九九四年、七九―八〇、二三五―二三六頁。

(16) 教育総監部編『精神教育より観たる軍隊内務』一九三五年、二四七頁。

(17) 同前、二四〇頁。

(18) 同前、二三七―二三八頁。

(19) 同前、二四二頁。

(20) 同前、四五六頁。

(21) 「一部の将校に精神化学を専攻せしむるの必要に就て」（一九二一年三月）『教育総監部第二課歴史　大正10・1―11・10・19』（防衛省防衛研究所所蔵）。

(22) 井田磐楠「我陸軍に心理学を施設するの意見」『偕行社記事』五四八号、一九二〇年四月、六一―六二頁。なお、心理学の研究及び教育が行われる陸軍の施設についても、井田は（一）心理学概論、（二）実験心理学、（三）戦争心理学のそれぞれについて提案している。

（一）　心理学概論については士官学校で教授する。

（二）　実験心理学については、（イ）歩兵学校・騎兵学校・両砲兵射撃学校・工兵学校・戸山学校・航空学校、（ロ）航空隊・自動車隊・電信隊等に研究将校を置き、（ハ）軍医学校に研究所及び講座を新設し、（ニ）獣医学校内に動物心理に関する研究部並びに講座を新設する。

（三）　戦争心理学については、陸軍大学校内に講座を新設して戦争心理を一般学生に教授し、同校卒業生若干名を専攻学生として将来戦争と心理との関係を研究させる。

教官については、（イ）士官学校の教官は陸軍部外の学者を充て、知識の発達とともに漸次本科将校を任命できるようにする、

(ロ)各兵科の将校には本科将校を教官とする、(ハ)陸軍大学校卒業の専攻将校及び軍医学校の軍医若干名は、帝国大学で心理学研究に任ずることを要す、としている。

(23) 井田前掲論文、六二―六三頁。

(24) 遠藤前掲論文、三頁。

アメリカでは、心理学を戦争に応用することを目的に、一九一七年四月、国立調査会内に心理学委員会が組織された。なお、心理学委員会ができると同時に、米国心理学会の評議員会は心理学と戦争の関係を種々の方面から取り扱うため一三の委員会の会長を指定任命した。知能検査を実施したのはヤーキース率いる「徴募兵の心理学的検査に関する委員会」であった。これら委員会の活動については、齋藤茂三郎「軍事に応用された米国の心理学」(『心理研究』九二号、一九一九年八月、一〇三―一一二頁)参照。

(25) 内山雄二郎「精神検査に就きて」『偕行社記事』第五六六号、一九二一年一〇月。同「通信手選定のため実施したる精神検査に関する報告」『偕行社記事』第五七〇号、一九二二年二月。西澤頼應「通信兵の選抜に実施したるメンタルテスト」『心理学研究』第八巻第六輯、一九三三年一二月。

(26) 遠藤前掲論文、一二―一三頁。

(27) 佐藤達哉「実際的研究の機運　現場と心理学」佐藤達哉・溝口元前掲書、一七三頁。

(28) 航空心理部は、第一次世界大戦で軍用航空機が注目を集めていた一九一八年に東京帝国大学の付属機関として設置された航空研究所の一部門である。松本亦太郎・増田惟茂・淡路円治郎などの東京帝国大学関係者をはじめ、田中貫一など東京高等師範学校関係者も嘱託として加わっており、飛行と視知覚の関係についての実践的研究や、飛行士選抜のための検査を作成していた(高砂前掲論文、二九二―二九四頁)。

(29) 淡路円治郎「軍隊性能検査(一般日本人の性能基準に関する研究)」(『心理学研究』第一巻第二・三輯、一九二六年、一―二頁。なお、淡路らの軍隊性能検査については、遠藤前掲論文一三―一九頁でかなり詳細に紹介されている。

(30) 同前、二―三頁。

(31) 同前、三―八頁。

(32) 古澤前掲論文、五五―五七頁。

(33) 黒沢前掲書、二三四頁。

(34) 内山雄二郎『戦場心理学』偕行社、一九三〇年、序文一四頁。
(35) 同前、序文一―二頁。
(36) 同前、二―三頁。
(37) 第九師団司令部「上海附近の会戦より観たる戦場心理に就て」『偕行社記事』七〇一号附録、一九三三年二月、一―二二頁。
(38) 朝日新聞山形支局『聞き書き　ある憲兵の記録』朝日新聞社、一九九一年、六三頁。
(39) 第九師団司令部前掲論文、五頁。
(40) 同前、一〇頁。
(41) 同前、一二頁。
(42) 河野仁『〈玉砕〉の軍隊、〈生還〉の軍隊』講談社、二〇〇一年、一四七、一五七―一五八頁。
河野によると、米軍においては戦闘で恐怖を感じるのは人間として当然とされ、むしろ恐怖をいかにコントロールするかが重要であると兵士に教育するのに対し、日本軍では心理的防衛機制により恐怖心そのものを否定してしまう「否認」あるいは無意識な「抑圧」が恐怖に対する典型的な対処法であった。また、河野は、恐怖を感じるのは「生」に執着するからであり、初めから「生」を諦め「死」を前提とする「玉砕思想」にも「否認」と同様の潜在的機能があったのではないか、と興味深い指摘も行っている（同書、一四八、一五八―一五九頁）。しかし、河野も指摘している通り、彼らは恐怖を感じていなかったわけではなく、意識下に抑圧された恐怖が、何らかの形で将兵の心身に影響を与える可能性はあるだろう。
(43) 早尾乕雄「戦場神経症並に犯罪に就て」高崎隆治編『軍医官の戦場報告意見集―十五年戦争重要文献シリーズ第一集』不二出版、一九九〇年、三六―三七頁。
(44) 菅忠三郎「戦場に於ける心理状態の研究」（「戦場心理の考察」の中の一篇）『偕行社記事』特報九号、一九三六年、五三、五六頁。
(45) デーヴ・グロスマン、安原和見訳『戦争における「人殺し」の心理学』筑摩書房、二〇〇四年、六一、七七頁。
(46) 志岐守治「戦場心理に就て」『偕行社記事』七二六号附録、一九三五年、七頁。
(47) 同前、八―九頁。
(48) 同前、九―一〇頁。
(49) グロスマン前掲書、三〇二―三一一頁。

(50)　実的刺突については、中国での戦犯裁判のために藤田茂（敗戦当時陸軍第五十九師団師団長・陸軍中将）が提出した供述書の中で、藤田が「兵を戦場に慣れしむる為には殺人が早い方法である。即ち度胸試しである。之には俘虜を使用すればよい」と教育指示を行ったと述べている（新井利男・藤原彰編『侵略の証言―中国における日本人戦犯自筆供述書』岩波書店、一九九九年、三二頁）。また、映画『日本鬼子（リーベンクイズ）』（松井稔監督、二〇〇〇年）の中でも、実的刺突が行われたことを元兵士たちが証言している。

(51)　朝日新聞山形支局前掲書、五六―六一頁。

(52)　井上俊夫『初めて人を殺す―老日本兵の戦争論』岩波書店、二〇〇五年、一五二―二八五頁。

(53)　梅津八三「陸軍時代」高木貫一編著『ある心理学者のあゆみ』同書出版会、非売品、一九六三年、七八頁。

(54)　同前、七九―八一頁。

なお、高木・梅津らの調査はこの三回のみであるが、一九四〇年一月二七日、斉藤部隊参謀長国武三千雄宛てに、教育総監部より戦場心理調査の依頼があったため以下の要領で調査するよう依命通牒が出されている。

①第一次帰還部隊は召集解除後残留員に就き調査、②第二次帰還部隊は復員地帰還直後帰還人員の大部に就き調査、③調査に方りては教育総監部より主任者を直接各隊に派遣し戦場心理調査表（調査事項を記入すべき用紙）を携行せしめらるるにつき細部は同官より指示せらるる筈

（JACAR（アジア歴史資料センター）Ref. C04121783900、昭和一五年「陸支密大日記　第五号2／3」（防衛省防衛研究所所蔵）

実際にこの調査が行われたかは明らかでないが、もし実際に調査され、資料が残っているとしたら、数少ない復員者を対象とした心理学的調査であり、大変興味深い。同年春に増員された心理学専攻者、宇津木保は高木・梅津とともに調査票の整理にあたっていたようなので、少なくとも彼ら三人は調査を行っていないと考えられる（梅津前掲文、八〇―八一頁）。

(55)　JACAR（アジア歴史資料センター）Ref. C01000443400、昭和一七年「陸亜密大日記　第二六号3／3」（防衛省防衛研究所所蔵）。

(56)　渡邊彰「軍隊教育者として戦場心理考察上の参考」『偕行社記事』七六五号、一九三八年六月、三一―三二頁。

(57)　同前、三六頁。

(58)　教育総監部編『精神教育資料第五八号　戦場心理と精神教育』一九三八年、三二―三四頁。

(59)　同前、四八頁。

(60) 同前、六五頁。
(61) 同前、三九頁。
(62) 同前、四九頁。

第二章

戦争の拡大と軍事精神医学

軍隊あるいは戦争と精神疾患の関係は、本書が主に対象とするアジア・太平洋戦争期以前から日本の軍事医学の中で問題化されていた。日露戦争（一九〇四―〇五年）のデータを集めた陸軍省編『近代日本歴史統計資料六日露戦争統計集　第七巻　衛生、経費、教育』（東洋書林、一九九四年〈陸軍省編『明治三十七八年戦役統計』一九一一年の復刻版〉）や、日露戦争前後の陸軍省編『陸軍省統計年報』の患者統計には、「神経系病」という病類の中に「精神病」という項目が存在する。(1)　また、日露戦争終結後約二〇年を経て刊行された、陸軍省編『明治三十七八年戦役陸軍衛生史』（一九二四年）の第五巻（伝染病及主要疾患）では、「精神病」は一つの独立した項目として立てられている。さらに、陸軍軍医学校では、一九〇六年以降軍陣内科学の一部として精神病学が開講された。

軍隊における精神病はなぜ問題化されるのか。それは、一九一二年陸軍軍医学校卒業式における「御前」講演(2)「軍隊に於ける精神病の原因及影響」に明確に表れているように、たとえ少数であっても軍隊の士気や統率を乱す存在だからである。この講演によれば、確かに軍隊は「生活の激変」を伴うものであり、「精神病の好培地」であるが、実際には、普通の生活ならば何も問題のなかった「精神変質」や「精神薄弱」のような「素因ある兵卒」がそのような状況下に置かれて発症してしまうのである。さらに、精神病が軍隊に及ぼす影響を考える上で問題となるのは、数というよりもむしろ「兵卒の精神病に罹るも未た覚知せられさるや命令の実行は確実を欠き或は擅恣離役、抗命、逃亡等の犯行を敢てするの徒を出す」ような事態が「伝染病」の如く軍全体に広まることの脅威であった。(3)

このような、「平時においては何ら問題なく生活しているが、戦場で精神病になる兵士」は、しばしば「精神中間状態」あるいは「変質者」と呼ばれた。陸軍軍医三等正・円山広俊によれば、「精神中間状態」とは、「普通人でもなく又精神病者でもなく、普通人と精神病者の中間のもの」であり、精神を智（智力）・情（感情—愛情、情緒等）・意（意思—行為）の三つに分けた場合、そのうち一部が欠けている状態である。さらに円山は、「精神中間状態」の者は心神を喪失していないため監禁もできず、軍隊にも混入してくるので、軍隊においては逃亡・自殺・詐病・窃盗などの問題を起こし、社会にも「害毒」を垂れ流しているのだ、と危険視している。(4)

この「精神中間状態」という概念に端的に表れているように、厳格な徴兵検査を通過したはずの兵士の中に紛れ込んでしまった「精神疾患予備軍」が、入隊後に精神疾患を発症すると考えられていたのである。日中戦争以降は、これまでにない大規模な兵力動員が行われた時代であり、(5)そうした「予備軍」の存在が問題化したと考えられる。以下では、そのような精神疾患患者に対して軍事医学の側がどのような対応をとったのかを明らかにしていこう。

1　日中戦争以降の治療方針と治療体系

一九三七年、中国全土に戦争を拡大した日本軍にとって、傷病兵の治療体系を整えることは必要不可欠であり、その中には、精神・神経疾患の治療も含まれていた。当時陸軍省医務局課員（のち医務局医事課長）であった金原節三の日誌によれば、一九三七年八月二〇日の患者後送計画で、治療一ヶ月以上に亘るものは内地還送とする方針が立てられた。(7)また、一九三八年五月三一日の「還送患者及朝鮮又は台湾よりの内地転送患者等取扱規則の件達」第二条では、還送・転送すべき患者は「治療上必要ある者及除役見込の者とす」と定められている。(8)すなわち、内地へ還送された患者は、治療の長期化や除役が見込まれる者であったということをここでは指摘しておきたい。

このような中で、一九三七年秋、小泉親彦陸軍省医務局長は、(9)第一次大戦時のドイツ視察の経験から従来の医療態勢では不十分であると考え、戦傷病の研究や診療体系の総合対策を立てたが、その一環として、精神神経疾患に罹患した患者のための特殊病院設立を計画した。(10)こうして、以下の陸支密第七〇号によって、一九三八年一月一二日以降、千葉県市川市の国府台陸軍病院が、戦争神経症の治療のための特殊病院となった。(11)

陸支密

副官より陸軍一般へ通牒案

陸支密第七〇号　昭和拾参年壱月拾弐日

内地陸軍病院入院中の戦争神経症其他一般精神病患者を当分の間国府台陸軍病院に於て収療することに定められたるに付依命通牒す

理由

一、十一月二十五日現在内地陸軍病院入院中の戦争神経症患者八十名其他一般精神病患者六十九名計一四九名を算す

二、之等患者を一病院に集め斯学に造詣深き専門軍医をして最善の診療を施すの要あるに由る

三、国府台陸軍病院は全国の中央に位し周囲閑静にして好適なり[12]

この決定に先立つ一九三七年一二月二八日より、国府台部隊の演習場であった西練兵場に本院を建築する工事が着工され、この工事と同時に旧病院は第一次精神科病室（里見病室）に改造されることとなった。本院の落成は翌年三月一九日、里見病室の改造が終わったのは四月二〇日であったが、最初の精神病患者を里見病室に迎えたのは、まだ改造工事が行われていた二月四日のことであった。国府台陸軍病院が発足した当時、患者定員は本院が八五〇名、里見病室が一五〇名で計一〇〇〇名であった。[13]

また、国府台陸軍病院には精神科の他にも内科・外科・眼科・耳鼻科・皮膚泌尿器科・歯科の各科の軍医がおり、戦時中の在職者名簿に掲載された軍医の総数は一八一名（うち精神科五二名）であった。[14] 国府台陸軍病院の軍医であった斎藤茂太の回想によれば、国内有数の精神科医が揃えられ、毎月のように研究会や症例報告会が行われていた国府台陸軍病院は、「国府台医科大学」と呼ばれるような独特のアカデミックな雰囲気を持っていた。[15] 筆者は、戦後国立国府台病院で戦争神経症の患者を診察し、国府台陸軍病院に入院していた患者の追跡調査を行った目黒克己にインタビューを行ったが、目黒によれば、国府台陸軍病院に集められた軍医たちは、「この人だけは戦死させてはいけない」と集められたエリート中のエリートであり、戦後の精神医学界を牽引した人々であった。[16] また、軍医の間にも公式には階級関係があるが、国府台の軍医たちの関係は学閥や上下関係から比較的自由だったようであり、斎藤は「なんと軍隊らしからざるところか」と驚いたという。[17] もっとも、後で見ていくように、軍医と患者の上下関係は、治療上むしろ重視されていた。

発足当初の国府台陸軍病院は、主として狭義の精神病（精神分裂病・躁鬱（そううつ）病など）のみを収容していたが、戦争の長期化に伴う患者の増加、中でも頭部戦傷及び神経症の増加という新たな問題に迫られた。このため、一九三八年六月に、神経症病棟として本院内に第五内科が創設され、同年一〇月に頭部戦傷病棟の第一外科が創設された。また、里見病室の収容力不足を補うため、翌年四月に本院の東南側に創設され、一九四〇年に増築された第二精神科（新病室）には、一般精神疾患に加え、精神疾患を合併した結核・伝染病や、将校患者を収容するようになった(18)。

以上が国府台陸軍病院の概要であるが、東京への空襲が本格化する一九四五年三月以降には、国府台陸軍病院の疎開先として長野県諏訪郡富士見村に青柳分院が建設された(19)。また、この頃には国府台陸軍病院への患者の送院が困難となり、本土が分断されるおそれがでてきたため、京都及び大分県竹田には精神科専門の陸軍病院が新設された(20)。しかし、これらの病院が機能したのは終戦までのわずかな期間であった。

従来陸軍における医学の中心は、陸軍軍医学校及び東京第一陸軍病院（現・国立国際医療センター）などであったが、戦時には、外地からの還送患者は広島・大阪・小倉等の第一収容病院を経由した上で所属部隊付近の陸軍病院に送られており、これは精神疾患についても同様であった。しかし、国府台陸軍病院が精神神経疾患治療の中心的役割を担うようになってからは、外地患者は広島・大阪・小倉陸軍病院等から直接国府台陸軍病院へ、内地患者も必要に応じて全国の陸軍病院から国府台へ転送されるという診療体系が整備されたという(21)。なお、戦時中の軍内診療体系図は**図1**、還送患者主要移送経路図は**図2**の通りである。ただし筆者の調査では、外地で発病した患者の中で、国府台陸軍病院を経由せずに所属部隊附近の陸軍病院に入院したケースも確認された。このような事例については第Ⅱ部第二章で改めて論じたい(22)。

さきの金原節三日誌は一九三七年一〇月〜一九三九年二月の部分が欠如しているためその間の陸軍省医務局の動きは不明だが、一九三九年四月八日の局長会議伝達では、板垣征四郎陸軍大臣が「北原中佐事件(23)に鑑み人事の

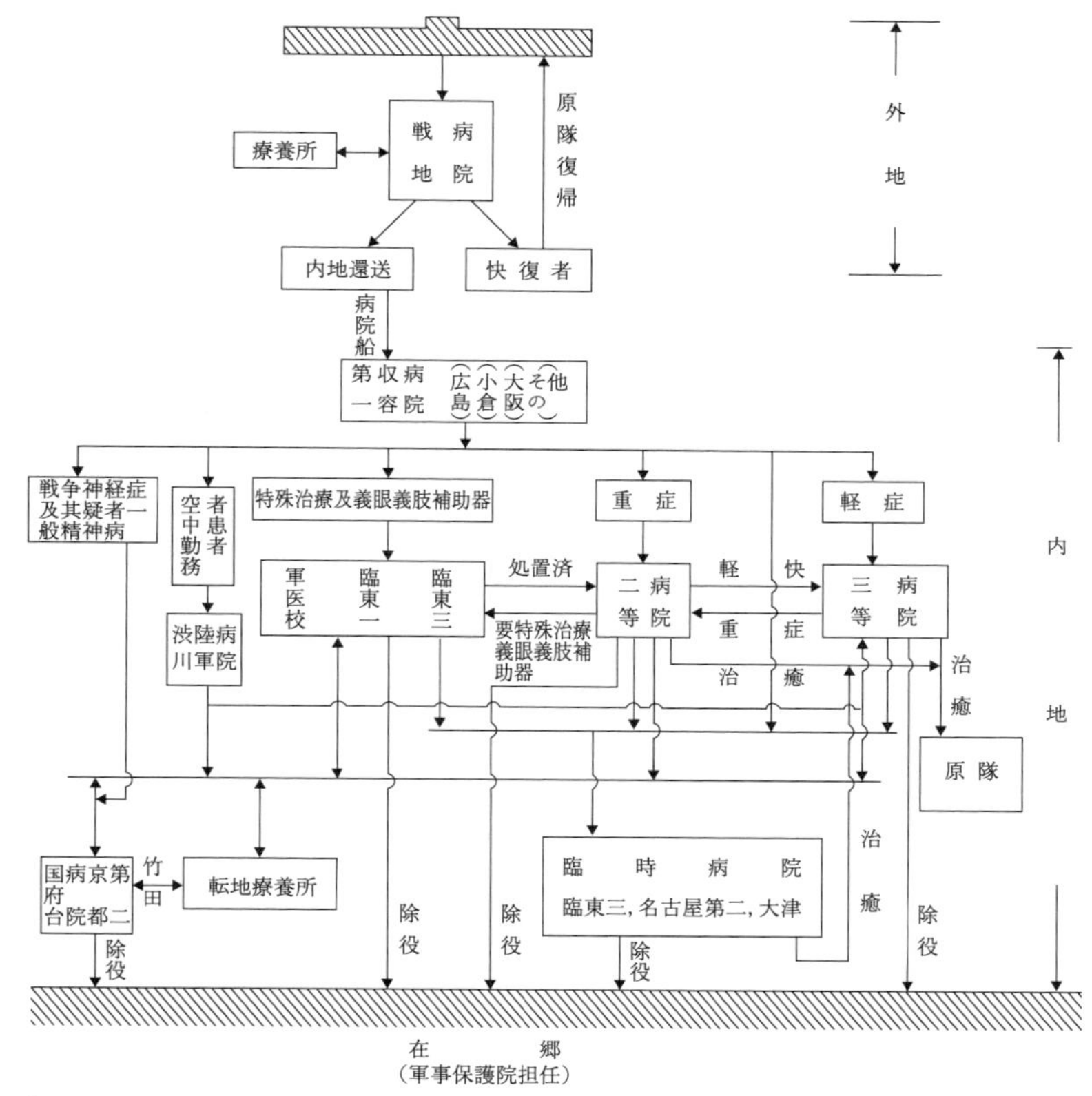

備　考

1. 本体系は戦争間持続してきた．但し昭和20年4月以降各軍管区毎に独立して本系統による診療を行ないえる如く改正した．
2. 第1収容病院とは次の如き任務を有する．
   1）患者の揚陸より病院収容まで輸送並びに護送業務
   2）収容した患者の厳密なる検疫業務
   3）患者の病症精査並びに処置
   4）患者の病症に応ずる輸送先病院の決定
   5）患者に付属する諸書類，並びに物品等の整理交付等業務
   6）患者の輸送業務実施
3. 本図中重症，軽症患者が転送せらるる2等病院及び3等病院は患者の原籍地付近のものが選定せられたものである．
4. 臨時病院とは，主として機能検査，職業準備教育等を実施する病院とする．

図1　軍内診療体系図

出典：陸上自衛隊衛生学校修親会編『陸軍衛生制度史〔昭和編〕』原書房，1990年，39頁をもとに筆者作成．

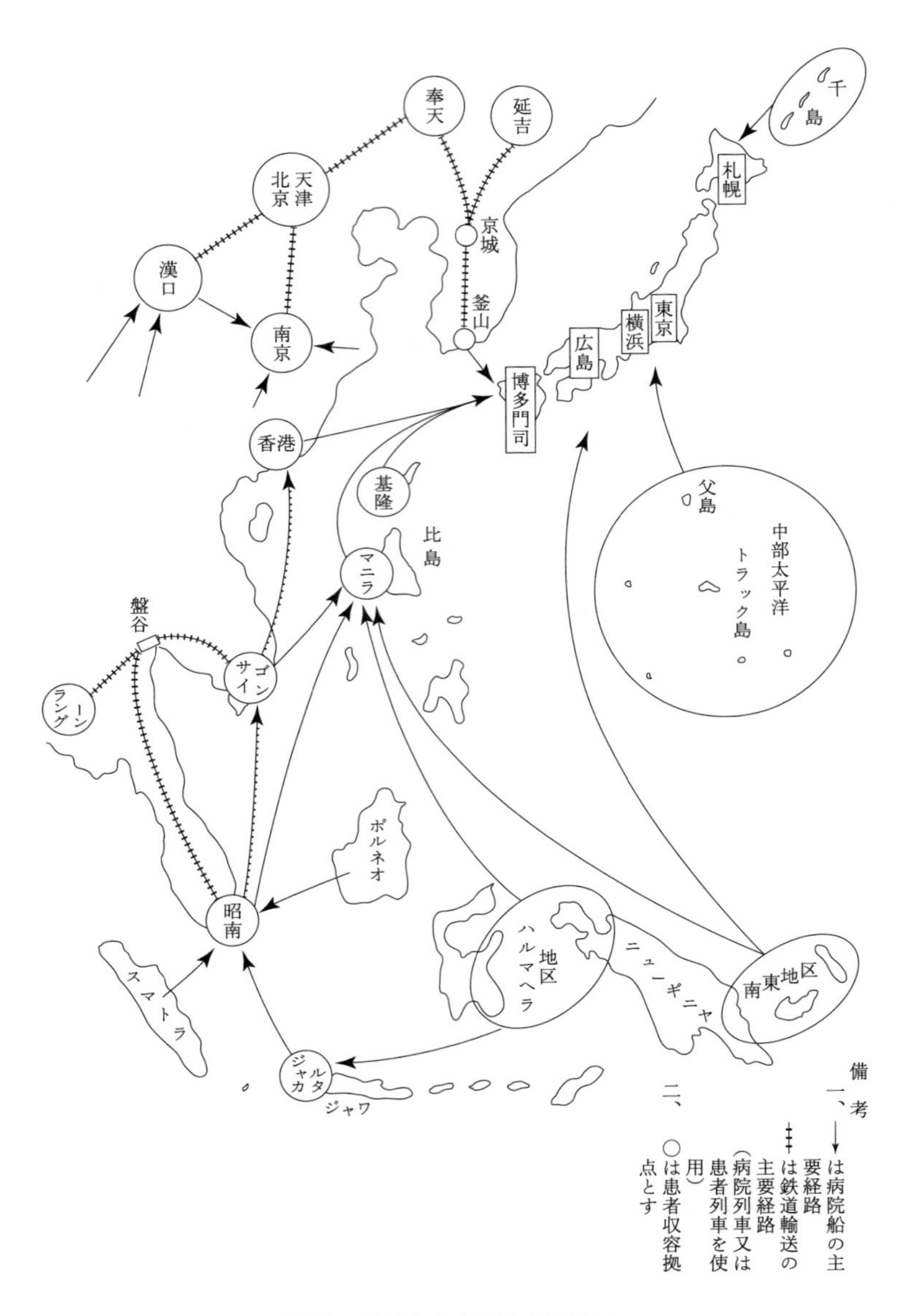

図2　還送患者主要移送経路図

出典：陸上自衛隊衛生学校修親会編『陸軍衛生制度史〔昭和編〕』原書房，1990年，40頁．

取扱につきては特に注意を要す。医務局長の話によれば、いわゆる戦争神経症の発生は少しとのことなるも、事実をよく調査検討せよ」と発言している[24]。北原中佐の場合は進行麻痺〔梅毒スピロヘータにより脳実質が侵されるため起こる精神疾患〕であったが、軍隊内で生じる精神神経疾患、中でも戦争神経症は軍部にとっても無視できない問題であったことがわかる。

また、日米開戦が迫った一九四一年七月〜九月の陸軍省医務局では、精神病患者の増加を見越した計画が立てられていた。すなわち、七月二六日の局長会報で報告された治療方針に関する打合せでは、精神病を含む特殊疾患（両眼盲・結核など）のような「集結収容」が必要な患者の治療日数を調査し、収容施設の検討を行った上で医務局の治療方針案を作ることとされている[25]。九月八日の山本課員による病院船視察報告では、今後は結核に加えて精神病患者の還送率も増加するだろうと報告された[26]。

2 「戦時神経症」の定義

続いて、当時の軍医たちが戦争神経症をどのように理解していたのかを確認しよう。陸軍軍医大佐で医学博士の梛野巌（なぎのいつき）は[27]、日中戦争全面化後の一九三七年一一月二一日北海道医学会で開催された講演において、第一次世界大戦で注目を浴びたKriegsneurose（ドイツ語で「戦争神経症」）に対して、「戦時神経症」という訳語を提唱した。梛野は、神経症患者が戦線から離れるほど重篤化し、後方部隊や休暇で帰郷中にも発症することもあることから、わざわざ「戦争」ではなく「戦時」神経症という呼称をつけたのである[28]。

「戦時神経症」とは診断名ではなく戦時に発生した「官能性神経症」の総称であり、具体的な疾患名としては神経衰弱とヒステリーが該当した。癲癇などの中枢神経系の器質的疾患は「解剖的に発見し得る病的変化のあるものにして通例不治の疾患」であるのに対して、官能性疾患は「解剖的に変化を発見し得ざる疾患にして治癒可能」と考えられた[29]。

続いて梛野は、「戦時神経症」の大部分を占めるのがヒステリーであり、除役や恩給上の問題を引き起こしていると注意を促した。梛野はヒステリーを「固定せる限局せる身体症状を呈するもの」と定義し、麻痺・知覚過敏症・震顫・歩行障害・言語障害・聴覚障害などの症状を挙げている[30]。また、その他の症状として戦場の光景に関する「幻覚」を挙げていることから、ヒステリーには現代においてトラウマ反応[31]と考えられているものが含まれていたと考えて差し支えないだろう。

「戦時神経症」の原因は先天的・後天的素質であり、「患者の多数は平時に於て既に神経質、神経衰弱的、困苦欠乏及激務に堪へざるもの、或は敏感のもの」であると梛野は言う。健康者でも「不断の精神緊張」や「厳格なる軍紀に対する嫌忌」、「同僚が安全地帯に置かれたるものに対する嫉妬」などによって精神の抵抗力が弱まり、榴弾破裂・猛襲や頭部の負傷、伝染病などを直接の起因として多少の神経症状を発することはあるが、間もなく回復する。それが回復せずに症状がそのまま続き、固定したものが「戦時神経症」であると梛野は言い、その原因は「帰郷願望」であると指摘する[32]。このため、治療はこうした願望を打ち砕くことが目指され、出来る限り前線に近い場所で行い、患者の「良心」と「名誉感」に訴え、「上官の威厳」が最も重要であると梛野は述べた[33]。

次節で紹介する国府台陸軍病院院長の諏訪敬三郎[34]や、終戦直前の一九四五年三月に「戦時神経症に関する綜説」という報告書を陸軍省に提出した内村祐之[35]と秋元波留夫[36]は、梛野が誘因として挙げた頭部損傷や伝染病などの身体的原因のある神経症と、ヒステリーや神経衰弱などの心因性の神経症を区別していた[37]。しかし、本書で明らかにしていくように、「戦時神経症」の原因を患者の素因や「願望」に還元し、できる限り多くの患者を戦場へ戻し、恩給を節減することを治療の目標としていたという点は、戦時中一貫していたと言える。

このような、戦争神経症の原因を患者の素因や「願望」に還元する解釈のあり方は、特に第一次世界大戦期のドイツの精神医学に影響を受けたものだった。前述の内村と秋元による綜説では、第一次世界大戦期の各国の戦争神経症の経験が紹介されているが、ドイツは英米に対して約二倍、フランスに対して約三倍のページが割かれている。戦時中日本の軍医が入手できたのは、第一次大戦時のドイツの精神医学の文献に限定されていた[38]。

ドイツの精神医学界では、一八八〇年代にビスマルクが社会保障制度を整備して以降、年金を詐取しようとする「年金ヒステリー」に対する警戒心が強く、戦争神経症の患者に対してもそうした疑いの眼差しが向けられることとなった[39]。また、「戦争障害者は第一級市民である」というスローガンを掲げたナチ党政権下においても、精神障がいと認定された戦争障がい者は援護対象から外され[40]、一九四四年には、戦争との因果関係を示唆する戦争神経症という用語の使用すら禁じられた[41]。アジア・太平洋戦争期の日本においても、戦争との因果関係を否定する姿勢は、上述の「戦時神経症」という呼称や、以下で見るような国民向けのプロパガンダの中で特に顕著に見られた。

3　「皇軍」における戦争神経症の存在の隠蔽

以上のような国府台陸軍病院を中心とする精神・神経疾患患者の治療体系が整えられた一方で、「皇軍」における戦争神経症の特殊な位置づけにも注意しなければならない。

まず、陸軍省編『満州事変陸軍衛生史』における「戦時神経症」認識を確認しておこう。『満州事変陸軍衛生史』は、一九三五年八月に刊行が始まり、一九三九年二月までに全一〇巻が完成した。この中では、『明治三十七八年戦役陸軍衛生史』では存在しなかった「戦時神経症」という項目が、「其他の神経系病」の中に立てられ、戦時において危険に対する不安、恐怖から脱出したいという願望が潜在的に自己保存の本能を喚起し、戦時神経症を発症するという考えがジークムント・フロイト（Sigmund Freud 1856–1939）の説として紹介されている。しかし、以下のように心因性の神経症は軍隊の士気頽廃・国民精神の堕落としてみなされるものであった。

されと思ふに、戦時に於ては将校、下士官、兵員たるを問はす、各自の感情思想は部隊としての団結的精神に融合せられ、意識的個性の如きは全然没却せらるるなり。故に戦場に於ける一員の行動は、畢竟軍隊精神の発露なり。而して軍隊精神の基く所、実に国民精神に胚胎す。されは若し如上の心因に発病するものあらんか、そは軍隊の士気頽廃と国民精神の堕落とこそ言ふへけれ。夫れ一旦緩急あらは義勇公に奉し、身命を顧みさるは我か国民性なり。寡兵克く衆に対し而も疾風神速向ふ所無敵、之本満州事変に於ける戦績なり。如斯軍隊何そ恐怖、不安に萎靡するものあらんや。[42]

こうして、満州事変以降の皇軍意識の高唱と「日本精神」の強調[43]の流れの中で、日本軍には恐怖・不安が原因で戦争神経症になる将兵はいるはずもないとされたのである。

さらに、とりわけ日中戦争の初期において、陸軍省医務局や国府台陸軍病院関係者による戦争神経症の隠蔽の動きが見られる。一九三八年一〇月二六日陸軍省医務局医事課長・鎌田調は、貴族院における口演で「世界戦争に於て欧米軍に多発致しましたる戦争神経症なる精神病は幸にして一名も発生致しませぬことは、皇国民の特質士気の旺盛なることを如実に示すものでありまして、皇軍の誇と致す所であります[44]」と述べた。

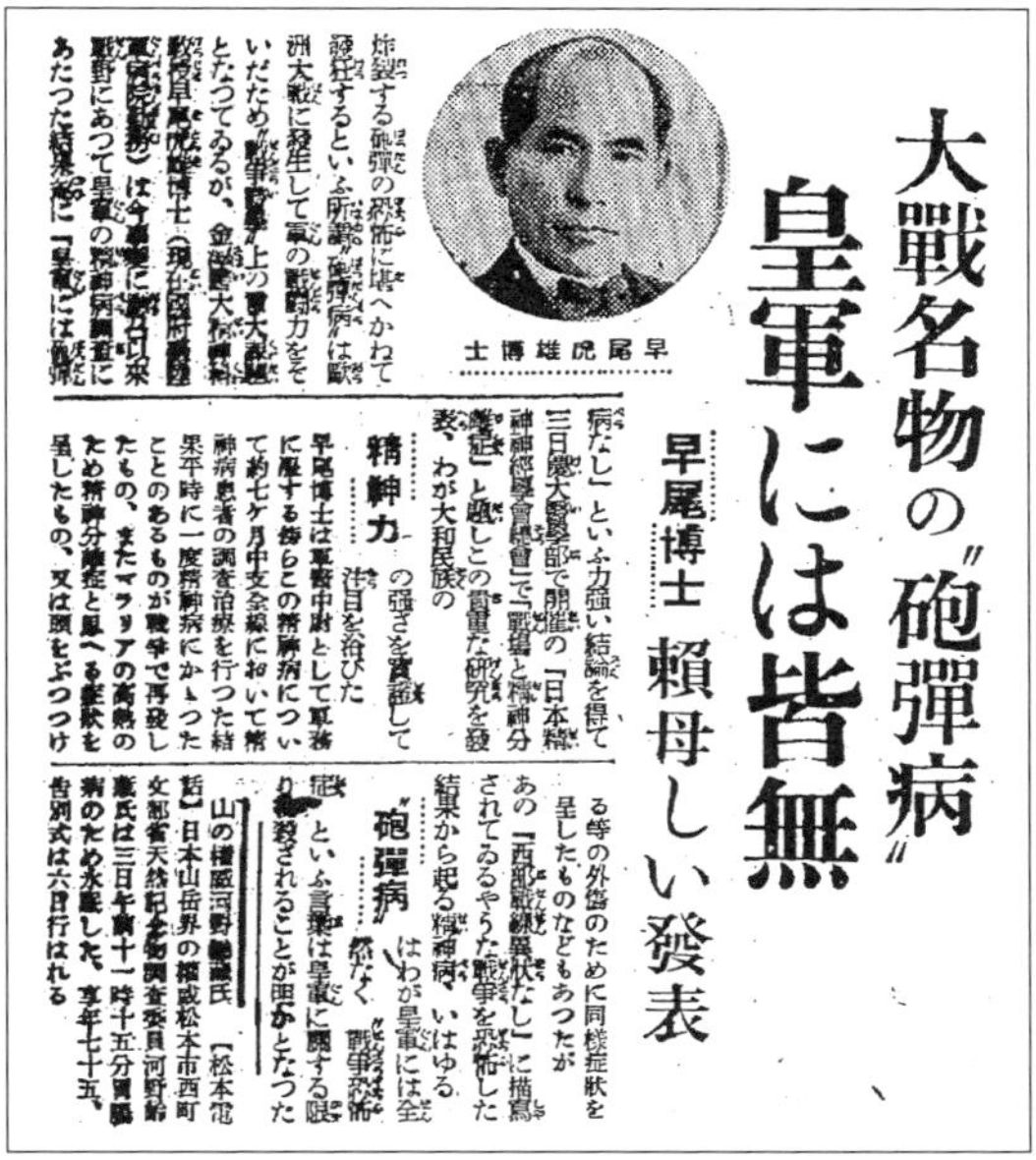

大戰名物の〝砲彈病〟
皇軍には皆無
早尾博士　頼母しい發表

早尾虎雄博士

図3　『読売新聞』1939年4月5日付

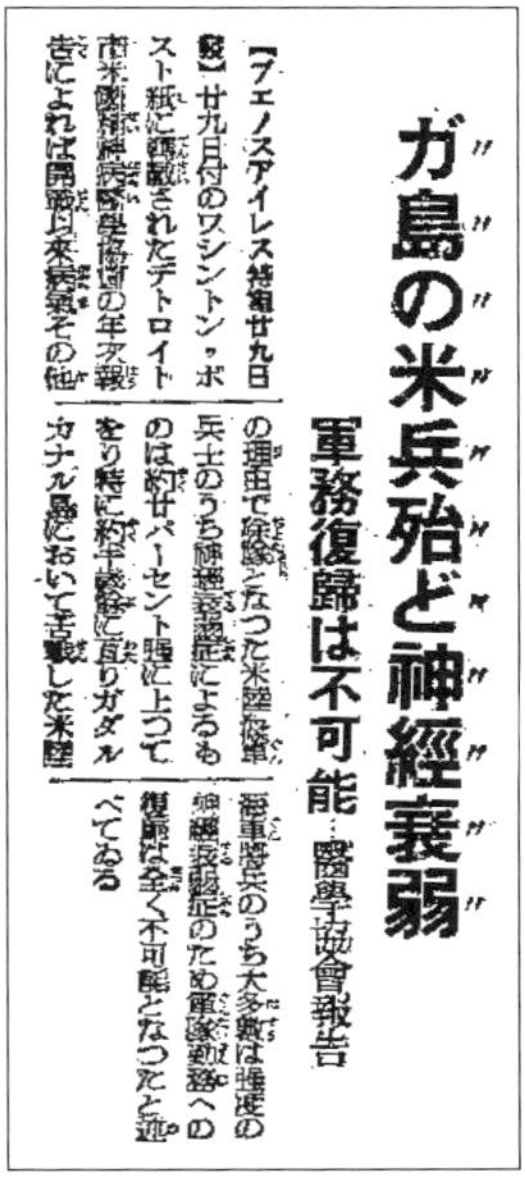

ガ島の米兵殆ど神經衰弱
軍務復歸は不可能　醫學協會報告

【ブエノスアイレス特電廿九日發】廿九日付のワシントン・ポスト紙に轉載されたデトロイト市米國精神病醫學協會の年次報告によれば開戰以來病氣その他の理由で除隊となつた米陸海軍兵士のうち神經衰弱症によるものは約廿パーセント強に上つてをり特に約半數に亘りガダルカナル島において苦戰した米陸海軍將兵のうち大多數は強度の神經衰弱症のため軍隊勤務への復歸は全く不可能となつたと述べてゐる

図4　『読売新聞』1943年7月1日付夕刊

また、一九三九年四月五日付『読売新聞』は、国府台陸軍病院に務めていた軍医・早尾乕雄（とらお）[45]の言葉を引いて「皇軍に砲弾病なし」と報道した。一方で、日米開戦後は、米軍における精神的損耗がプロパガンダとして利用された[46]（図3・4参照）。その結果として、日米の戦争神経症に対する日本兵の認識は非対称なものであった。一九四四年二〜三月に米軍の捕虜となった日本兵のうち二五％は米軍の精神的損耗について知っており、日本のニュース速報やラジオ放送などでは常に「日本人の強い闘争心」と「アメリカ人の弱い闘争心」の違いが強調され、そのために米軍で高い確率で精神的損耗が起きているとみなされていることが指摘された[47]。これに対して、同時期に別の日本人捕虜に対して行われた尋問に基づくレポートでは、日本人捕虜はほとんど日本人の精神的損耗について知らなかったと報告されている[48]。

ただし、「日本は医学が発達しているし、軍人は人間に過ぎないのだから、あらゆる不測の事態が考慮されなければならない」ため日本軍には精神科医がいると信じている捕虜もおり、「精神障害のリハビリテーションのための休憩キャンプが日本にある」という噂もあった。[49] 永井荷風『断腸亭日乗』の一九三七年一〇月四日の日記には、「或人のはなしに、戦地において出征の兵卒中には精神錯乱し戦争とは何ぞやなど譫語（せんご）を発するものも少からず。それらの者は秘密に銃殺し表向は急病にかかり死亡せしものとなすなり。〔以下六行弱抹消〕」と、前線で精神病になった兵士の噂が登場する。[50] 日中戦争の開戦直後にすでにこうした噂が民衆の間では囁かれていた。

また、帰還兵の精神的変調を表す言葉として、「戦地ボケ」という言葉が用いられていたようである。一九三七年九月に出征し、四一年六月に中国から帰還した漆原敬之は、『如水会々報』一九四三年二月号に「『戦地ボケ』に就て」というエッセイを寄せた。彼は軍服を脱いだ自分が「どうも自分らしくない」と感じ、内地に戻ってからも「無感情に近い心理状態」であった。人に戦地の殺伐な話をする気にはなれず、内地の人々との感情の隔たりを感じていた。一方、戦友と戦地の話をしている時が「本当の自分のやうに思はれる」という。[51] 彼の場合、「戦地ボケ」が続いたのは約三ヶ月で、神経衰弱を疑いつつも特に精神科は受診していないようである。医学的に解釈される「疾病（disease）」とは異なる、「病い（illness）」の語り[52]の一つとして興味深い例である。

国府台陸軍病院の院長であった諏訪敬三郎は、一九三九年七月の『文藝春秋』に「戦争と精神病」という論考を寄せ、以下のように述べた。すなわち、戦場における精神的疾患とみなされているものの大半は、すでに戦場に赴く前に発病しているもの、あるいは発病すべき条件を十分に備えており、精神的疾患の最大原因は素因（ある種の病気にかかりやすい遺伝的素質、又は発育障害による病的体質等）であるとした。また、大戦当時各国を悩ませた戦争性ヒステリーなるものも、本態は平時の神経症と何等変わりなく、意識下の自己保存欲と戦争勤務との葛藤の結果の「疾患への逃避」であり、病的不良素質者に発病するものが多いと述べた上で、以下のように「皇軍の精神的卓越」を強調した。

戦争性ヒステリーの本態と見なされる無意識的願望の表現、或はその反応等は生命の危険、又は物質的報酬等を対象としたものではないか。聖戦の征くところ、皇軍将士の純忠の魂が意識下の本能に於てすら、かかる個人的願望利己的報酬への期待を許さなかつたことを知るのは、決して私一個の歓喜ではないと確信するのである。(53)

諏訪は戦後すぐに「今次戦争に於ける精神疾患の概況」という論文で陸軍の精神疾患について総括しているが、その中には終戦までに国府台陸軍病院に入院した患者数の一覧表がある（表1参照）。これによると、一九三七年一二月から一九四五年一一月までに国内外から国府台陸軍病院に入院した精神神経疾患患者の総数は一万四五〇〇名を超えている。(54)

この中で諏訪が戦争と本質的に関係の深いものとして挙げているのが、脳損傷〔頭部戦傷による精神疾患〕・症状精神病〔伝染病など身体疾患による精神疾患〕・心因性疾患〔ヒステリー、反応性精神病、神経衰弱など心理的な原因で起こると考えられる精神疾患〕である。順番に見てみよう。

まず、脳損傷に伴う傷害が一〇・四％と比較的多いのは、「戦時当然の現象」であるとしている。恐らく被弾のリスクが高いためであろう。次に症状精神病については、「熱帯性疾患特に重症マラリアの多発に伴い外地では非常に多かった。併しその性質上内地に還送されたのは一部に過ぎなかった」という事情を考えれば、三・五％という割合は、諏訪にとって驚くほど高い割合であった。(55) なお、戦況の苛烈化に伴い外地からの戦傷病者の還送が滞った点については第Ⅱ部第一章でも取り上げたい。

最後の心因性疾患であるが、これは、戦時中の精神神経疾患の中で一番議論の的になる――つまり疑いや軽蔑の眼差しを向けられた――戦争神経症の一群である。この戦争神経症の中で特に諏訪が注目しているのがヒステリーであり、「時期による増減は著しくないが、平均して一一・五％であり、相当の高率である」としている。

ヒステリーとは病因ではなく症候学にもとづくものであり、感覚・認知あるいは運動の機能の部分的あるいは全面的な制御の喪失（例えば麻痺・筋萎縮・緘黙症・聴覚障害・歩行障害・震え・不眠・記憶障害など）が診断の根拠であった。そのため、疾病症状の意図的なニセモノづくりである詐病の疑いが常にかけられた(56)。しかしながら、中国で多くの精神神経疾患患者を診療した軍医の早尾乕雄が「一人たりとも詐病を知らずして内地へ還送したならば甚しき恥辱であり其の思想上に及ぼす影響は少くないので敢然此の為めには容謝（ママ）なくあたつた」と記したように、詐病者を内地へ還送することは前線の軍医たちのプライドにかけても許してはならないことであった(57)。したがって、内地に還送された戦争神経症は、基本的には詐病とは区別されるものと国府台陸軍病院の軍医たちは捉えていた。しかし、とりわけ神経症病棟では「自覚症を主として、他覚的所見を伴わざる疾患」や「症状に矛盾ある患者」の存在が、治療・除役・恩給策定といった激務に追われる軍医の頭を悩ますようになり、治療にお

1945年	合計	
%	実数	%
6.3	1,086	10.4
0.5	61	0.6
	16	0.2
0.3	37	0.4
0.2	8	0.1
3.5	368	3.5
2.1	277	2.7
1.4	91	0.9
1.4	157	1.5
0.2	19	0.2
0.8	49	0.5
0.4	89	0.9
4.9	608	5.8
0.2	20	0.2
4.4	556	5.3
0.2	26	0.2
	10	0.1
39.1	4,384	41.9
4.1	393	3.8
3.5	363	3.5
12.9	1,199	11.5
1.2	267	2.6
5.5	739	7.1
13.9	622	5.9
2.0	112	1.1
1.2	76	0.7
0.2	4	
1,623	10,454	

表 1　国府台陸軍病院における精神・神経疾患一覧
（1937 年 12 月 1 日〜1945 年 11 月 30 日まで）

	1938年	1939年	1940年	1941年	1942年	1943年	1944年
	%	%	%	%	%	%	%
1. 頭部戦傷（外傷） 外傷性癲癇	11.0	12.4	11.4	11.2	12.4	10.9	9.6
2. 中毒精神病	0.8	0.6	0.9	0.7	0.4	0.6	0.4
（1）酒精中毒	0.8	0.1	0.2	0.1	0.2	0.1	0.1
（2）麻薬中毒		0.5	0.5	0.5	0.2	0.4	0.3
（3）其の他の中毒			0.2	0.1		0.1	
3. 症状精神病	0.5	5.8	3.3	2.6	3.2	4.0	4.1
（1）マラリア精神神経障碍		5.3	2.7	1.7	2.5	3.3	3.0
（2）其の他の症状精神病	0.5	0.5	0.6	0.9	0.7	0.7	1.1
4. 脳病精神病	0.3	1.5	1.4	1.8	1.6	1.5	1.8
（1）脳腫瘍	0.1		0.1	0.1	0.1	0.2	0.4
（2）脳出血及軟化		0.1	0.2	0.3	0.6	0.6	0.6
（3）其の他	0.1	1.4	1.1	1.4	1.0	0.6	0.8
5. 黴毒精神病	9.4	7.5	3.1	5.1	6.9	5.5	6.1
（1）脳黴毒	0.3	0.2		0.4	0.2	0.2	0.3
（2）進行麻痺	9.0	7.2	3.0	4.3	6.2	5.0	5.5
（3）其の他	0.1	0.1	0.1	0.4	0.5	0.3	0.2
6. 退行期精神病	0.5		0.2		0.1	0.1	0.1
7. 精神分裂病	37.9	41.2	42.9	41.2	45.0	43.9	42.3
8. 癲癇（なるこれぷしい）	3.7	2.3	3.3	4.9	4.5	3.9	3.3
9. 躁鬱病	4.8	4.4	2.5	3.5	3.3	3.3	3.4
10. ヒステリー	13.7	8.7	14.1	12.5	8.7	11.3	11.1
11. 反応性精神病	1.7	3.4	3.8	1.7	2.4	2.4	3.9
12. 神経衰弱	13.7	8.9	9.0	8.5	7.2	5.8	4.2
13. 精神薄弱	0.9	2.9	3.0	5.2	2.9	4.7	7.9
14. 精神病質	0.8	0.5	0.3	0.9	0.6	0.9	1.7
15. 脊髄及神経疾患	0.3	0.1	0.7	0.4	1.0	1.1	0.5
16. 其の他						0.1	
17. 計（実数）	628	941	970	1,387	1,455	1,573	1,876

出典：諏訪敬三郎「今次戦争に於ける精神疾患の概況」『医療』第 1 巻第 4 号，1948 年 4 月，17 頁.
引用者注 1：数字やパーセンテージに数カ所誤りがあるが，原文のママ.
引用者注 2：原表では 3（2）が「其の他の症病精神病」，13 が「神経薄弱」，14 が「神経病質」となっているが，論文中ではそれぞれ「症状精神病」，「精神薄弱」，「精神病質」と表記されており，陸上自衛隊衛生学校編『大東亜戦争陸軍衛生史　巻 6』（陸上自衛隊衛生学校，1968-69 年）に上記論文が再録された際にはそのように修正されていたため，本表でも「症状精神病」「精神薄弱」「精神病質」と修正した.

いては患者の「意志」や「願望」が問題となったのである。この点については第Ⅱ部第一章及び第三章で詳述しよう。

そしてさらに諏訪が注意を促しているのが、「神経症の性質上明瞭に病名を附せられるのは、症状の顕著な一部に限られると云う事実」である。すなわち、「病名をつけずに取扱われる軽症者」や「単に神経症的傾向あるに過ぎないもの」が案外多いのであり、「明瞭な病像を呈し戦時神経症と診断されるのは単に氷山の水面上に現われた小部分に過ぎず、水面下に潜んで居る方が遥かに厖大」であったと諏訪は指摘している[58]。

ところで、諏訪は以上のような疾患だけでは戦時精神疾患増加の理由は説明できないとしており、「精神薄弱」（知的障がい）と「精神病質」に注目している[59]。特に「精神薄弱」についてはその増加が著しいことは**表1**から明らかである。清水寛が明らかにしたように、知的障がいを含む精神障がい者（現在はこの両者は区別されているが、当時は知的障がいは精神障がいに含まれていた）は、男子国民の兵役義務が制度化されていく近代国民国家の形成過程では兵役を免除されていたが、日本軍によるアジア・太平洋地域への侵略戦争の拡大化・長期化にともなって兵力の大量動員が行われた結果、次第に軍隊の中に取り込まれていき、軍隊に適応できない兵士として顕在化することになった[60]。

諏訪論文に戻れば、諏訪もまた同様の指摘を行っている。すなわち、

近代戦では兵力が非常に厖大であり、又戦争の長期化に伴う消耗もあり徴集率は次第に上昇する。他方国民体力も低下するので入隊者の素質は逐次不良とならざるを得ない。又(また)選兵に就(つ)いても精神検査の困難性と精神医学に関する一般の認識不足等の為徹底を欠き当然排除さるべき程度の精神異常者の一部が部隊内に混入するのも避け難い。従って之等(これら)の者が入隊後軍隊生活に順応困難となって発見せられ一見精神病が新に発生

したかの如く思われる[61]。

さらに諏訪は、以下のように、戦時精神疾患の増加を引き起こしたのは精神薄弱・精神病質のような「帯患入隊者」の存在だと総括した。

以上のように戦時精神疾患増加の主なる理由は大体二つに分けられると思うが、戦争と本質的に関係の深いのは前者即ち脳損傷、症状精神病、心因性疾患であろう。併しながら数、質等の点から実際上重要なのは後者即ち精神薄弱、精神病質等を主とする帯患入営者であつて、特に非行犯罪との関係を考えれば益々その感を深くするのである[62]。

このように、国府台陸軍病院の院長であった諏訪の言説を戦時中と戦後で比較してみると、戦時に発生した精神疾患の最大の原因は素因であると考えていた点で、諏訪の考えは基本的に戦後も変化しなかったと言えるだろう。

小括

以上見てきたように、日中全面戦争開始後、国府台陸軍病院は精神神経疾患のための特殊治療機関としての役割を与えられたものの、当初は陸軍省医務局や病院関係者自身によって戦争神経症の存在は注意深く国民の目から隠されていた。このことは、第Ⅱ部第一章で見るように、全体的な精神神経疾患発症数にしめる内地還送者数の少なさともあいまって戦争神経症が国民的関心事になることを妨げた一因であったと考えられる。高林陽展によると、第一次世界大戦期のイングランドでは、戦争神経症患者が一般の精神病院に収容されることで彼らの尊厳が傷つけられるのではないかという懸念から議会内外で議論が行われ、最終的には「軍務患者計画」によって戦争神経症患者は救貧患者とは区別され私費患者待遇で精神病院に入院することになった[63]。本章で見てきたように、議会やメディアで戦争神経症患者の隠蔽がなされた日本とは異なる対応がなされたと言えるだろう。

また、国府台陸軍病院の院長であった諏訪による戦後の総括に端的に表れているように、当時多くの精神疾患患者を観察する立場にあった精神医学者たちは、戦時の軍隊で精神疾患を発症した者の大部分が、「帯患入隊者」すなわちもともとその人物は精神病者であった、あるいはその「素質」があったのだ、と位置づけ、犯罪と関連づける見方をしていた。

このように軍隊における精神疾患の原因を兵士個人の脆弱性・逸脱性に帰する見方は、過酷な戦場の状況や軍隊内務班における「私的制裁」などが兵員の精神に及ぼす深刻かつ長期的な影響を見過ごし、ひいては戦争と精神疾患に関する軍部の責任を免責する論理につながったと考えられる。またこうした問題が戦後日本社会において広く認識されることを阻む一要因にもなったのではないだろうか。

［注］

（1）日露戦争前後（一八九八年〜一九〇三年及び一九〇六年）の『陸軍省統計年報』の精神神経疾患のデータについて注目すべきは、精神神経疾患は病因別患者数では低位に位置しているにもかかわらず、死亡数・除役数で見ると高位をしめていることである。この点に関しては、大濱徹也がいちはやく指摘をしている（大濱徹也「鉄の軛に囚われしもの―解説・兵士の世界」大濱徹也編『近代民衆の記録 八 兵士』新人物往来社、一九七八年、五一―五二頁参照）。しかし、大濱の示す表は一九一二年〜一九二七年の平均値をとったものであり、出典も明記されていない（病類が同じであることから、大濱も『陸軍省統計年報』をもとに作成したものと思われる）。

（2）講演者名は不明。陸軍軍医学校では、その年の優秀な卒業生が天皇の前で講演を行うという習慣があった。

（3）『復刻版　陸軍軍医学校五十年史』不二出版、一九八八年（初出は一九三六年）、二五三―二五四頁。

(4) 円山広俊「変質者（中間状態）に就て」『偕行社記事　普通号』第五一五号、一九一七年六月、一一六―一二四頁。

(5) 陸海軍の総兵力を見ていくと、満州事変が勃発した一九三一年に約二八万人、日中戦争が開始した翌年の一九三八年には早くも一三〇万人を超え、狭義のアジア・太平洋戦争が勃発した一九四一年には約二四〇万人、敗戦時には約七一六万人にも達した。敗戦時に満一七歳以上四五歳以下で当時日本国籍のあった男子総数は約一七四〇万人だったため、その四割以上が軍に動員されていたことになる（大江志乃夫『徴兵制』岩波書店、一九八一年、一四三―一四四頁）。

(6) 金原節三は一九三七年八月に陸軍省医務局医事課員になり、四一年一一月～四三年九月まで医事課長を務め、戦後は陸上自衛隊衛生学校の学校長となった。現在、防衛省防衛研究所が『金原節三業務日誌』（一九三七年八月三日～一九四三年九月一一日）と、それをもとに戦後まとめた『陸軍省業務日誌摘録』（一九三九年三月一二日～一九四三年九月一一日）を所蔵している。

(7) 『金原節三業務日誌　前篇其の一』（昭和一二年八月三日～九月二八日）。

(8) 昭和一三年五月三一日、陸普第三二三三号「還送患者及朝鮮又は台湾よりの内地転送患者等取扱規則の件達」（『陸軍省大日記』昭和一三年「來翰綴（陸普）第一部」、防衛省防衛研究所所蔵）。なお、同達によれば、還送とは「帝国外より帝国内に転送する」ことであり、転送とは「朝鮮又は台湾より内地に転送する」ことである。

(9) 小泉親彦（一八八四―一九四五）は陸軍軍医（衛生学）。厚生省誕生（一九三八年一月）に尽力した。一九〇八年東京帝大卒（陸軍依託学生）。見習士官、〇九年（二等軍医）、三二年四月近衛師団軍医部長兼軍医学校教官（化学兵器研究室長）、三三年八月軍医学校長、三四年三月（軍医総監）兼医務局長、三七年二月（軍医中将）、同年一一月大本営野戦衛生長官、三八年一二月予備役編入、四一年七月厚相（～四四年七月）、貴族院議員（勅撰　四四年七月～四五年九月）。四五年九月、戦争責任を理由に自決。

(10) 諏訪敬三郎「日華事変第二次大戦時代の概況」諏訪敬三郎編『第二次大戦における精神医学的経験―国府台陸軍病院史を中心として』（国立国府台病院創立二〇周年記念刊行）国立国府台病院発行、非売品、一九六六年、一頁。

(11) 国府台陸軍病院（現在の国立研究開発法人国立国際医療研究センター国府台病院）の歴史は、一八八五年六月に発足した教導団病院にまでさかのぼる。その後一八九九年一二月に国府台衛戍病院となり、一九三六年に衛戍病院から陸軍病院となった。しかし、戦時における精神神経疾患に対応する専門病院となったのは日中戦争以降のことである。

(12) ＪＡＣＡＲ（アジア歴史資料センター）Ref. C04120172200、昭和一三年「陸支密大日記第四号」（防衛省防衛研究所所蔵）。

(13) 諏訪前掲論文、三頁。

(14) 諏訪編前掲書、二七一―二七四頁。
(15) 斎藤茂太「国府台の人びと〔軍医時代の回想〕」浅井利勇編著『うずもれた大戦の犠牲者―国府台陸軍病院・精神科の貴重な病歴分析と資料』国府台陸軍病院精神科病歴分析資料・文献論集記念刊行委員会、一九九三年、五六頁。斎藤茂太（一九一六―二〇〇六）は日本の精神科医で随筆家としても知られている。一九三九年明大文学部卒、四二年九月昭和医専卒。慶大精神科入局（植松七九郎教授）。軍医として四四年二月～四五年一一月まで国府台陸軍病院勤務。五〇年斎藤神経科病院（斎藤茂吉院長）を継承。
(16) 二〇一三年六月一九日に目黒克己氏の自宅で行われたインタビューによる。目黒氏の経歴と研究については第Ⅱ部第四章で詳述する。
(17) 斎藤前掲論文、五九―六〇頁。
(18) 諏訪前掲論文、五頁。
(19) 青柳分院については、新井尚賢「青柳分院について」諏訪編前掲書、五二―五四頁参照。
(20) 野崎直澄「京都第二陸軍病院について」（諏訪編前掲書、七二―七四頁）、桜井図南男「竹田陸軍病院小史」（諏訪編前掲書、七四―七九頁）参照。
(21) 第一収容病院及び東京第一陸軍病院には最初から精神科があったが、各地基幹病院にも精神科病室が併設されるようになった。外地には主要病院及び上海・大連など還送業務を行なう病院には精神科があった。
(22) 第Ⅱ部第二章で取り上げる新発田陸軍病院の他の例として、一九四四年から弘前陸軍病院で軍医として勤務していた津川武一は、戦地から送られてきた精神病患者の診療にあたった（津川武一「戦争精神病の人たち」『シリーズ現代史の証言④帝国軍隊従軍記』汐文社、一九七五年、一七三―一八九頁参照）。彼はこの時の体験をもとにした小説を戦後発表している。
(23) 一九三九年三月二三日、当時現役の歩兵中佐であった北原武夫が、満州から内地転勤を命ぜられて帰任のため乗車した特急列車の中で、民間人七名を殺傷した事件。『朝日新聞』一九三九年七月二一日付朝刊によれば、北原中佐は一九三八年暮れ頃より「専門医でなければ病状が判らない程度の進行性麻痺症」に罹っており、軍法会議では「心神喪失の状態の下に行はれた」という理由で不起訴となった。
(24) 金原節三『陸軍省業務日誌摘録　前篇其の一の（イ）』（昭和一四年三月一二日～五月三〇日）。
(25) 金原節三『陸軍省業務日誌摘録　前篇其の四の（イ）』。

(26) 金原節三『陸軍省業務日誌摘録　前篇其の四の（ハ）』。

(27) 梛野巌（一八九一―一九八二）は陸軍軍医（内科）。一九一六年東京帝大卒。二六年軍医学校教官、新京衛戍病院長、三九年三月北京陸軍病院長、四〇年八月東部軍軍医部長、四一年一二月北支那方面軍軍医部長、四二年四月（軍医中将）、四四年三月南方軍軍医部長。戦後は東京で開業医となる。

(28) 梛野巌「戦時神経症」『診断と治療』第二五巻第一号、一九三八年、八頁。

(29) 同前、四頁。

(30) 同前、五―六頁。

(31) トラウマ反応については、序章一八頁注(1)参照。

(32) 梛野前掲論文、七―八頁。

(33) 同前、九―一〇頁。

(34) 諏訪敬三郎（一九〇一―一九七五）は陸軍軍医（精神科）。一九二七年東京帝大卒（陸軍依託学生）。東京第一衛戍病院に勤務、陸軍軍医学校を最優秀の成績で卒業、三〇年四月より東京帝大大学院（精神科専攻）。三四年～三六年仏独留学。三八年一月には小泉親彦より一任され、国府台陸軍病院に精神科開設（四〇年～四五年一一月まで院長）。四五年一二月以降は改組された国立国府台病院の院長となるが、公職追放により四七年九月に退職。その後は中村古峡創設の中村病院院長を務めながら、千葉県の地域精神医療や精神衛生に関わった。諏訪の経歴については以下参照。加藤正明ほか「諏訪敬三郎先生をかこんで」『精神医学』第一四巻第六号、一九七二年六月、四―一九頁。加藤正明「日本の精神医学一〇〇年を築いた人々⑪諏訪敬三郎」『臨床精神医学』第八巻第九号、一九七九年九月、八七―九二頁。

(35) 内村祐之（一八九七―一九八〇）は日本の精神科医・精神医学者。一九二三年東京帝大卒。精神科入局（呉秀三教授）、東京府立松沢病院医員、二四年二月北海道帝大助手（精神医学）、二五年四月～二七年三月在外研究員として独留学、二八年四月教授、三六年五月東京帝大教授、兼都立松沢病院長（三六年六月～四九年二月）。戦時中には海軍省の依頼でラバウルの航空部隊の精神医学的調査を行った。四七年四月東大教授、脳研所長（四二年五月～、官制化五三年四月～五八年三月）、医学部長（五三年八月～五七年四月）、五八年三月停年退官。

(36) 秋元波留夫（一九〇六―二〇〇七）は日本の精神科医・精神医学者。一九二九年東京帝大卒。北海道帝大精神科入局（内村祐之教授）、大学院特選給費生、助手、三五年四月講師、府立松沢病院医員、三七年一二月東京帝大講師（～四二年一月）、四〇年一二月金沢医大教授、附属病院長（五〇年三月～五一年三月）、五三年四月金沢大教授、五八年四月東大教授、六六年三月停年退官。退官後、国立武蔵療養所長（六六年四月～七七年三月）、東京都立松沢病院長（七七年一一月～八三年八月）。

(37) 内村祐之、秋元波留夫「戦時神経症に関する綜説」（一九四五年三月）一二頁（清水寛編『十五年戦争極秘資料集　補巻　二八　資料集成・戦争と障害者〔第一期〕』第四冊、不二出版、二〇〇七年、二七八頁）。この報告書は戦争末期に出され、機密扱いであったので、多くの軍医の目に触れることはなかったようである。

(38) 加藤前掲論文、九一頁。

(39) Paul Lerner, *Hysterical Men: War, Psychiatry, and the Politics of Trauma in Germany, 1890–1930* (Ithaca: Cornell University Press, 2003). 特に第八章参照。

(40) 北村陽子「戦間期ドイツにおける戦争障害者の社会的位置」『社会科学』八七号、二〇一〇年、五九頁。

(41) Ruth Kloocke et al., "Psychological injury in the two World Wars," *History of Psychiatry* 16, no. 1 (2005): 50–55.

(42) 陸軍省編『満州事変陸軍衛生史　第六巻　戦病』一九三七年、第三七篇　第一四章「精神病及神経系病」六三九頁。

(43) 吉田裕『日本の軍隊』岩波書店、二〇〇二年、一八二―一八六頁。

(44) 『昭和十一～十六年　医事課長口演綴』防衛省防衛研究所所蔵。

(45) 早尾乕雄（一八九〇―一九六八）は陸軍軍医、精神科医・精神医学者。一九一四年東京帝大卒（陸軍給費生）。同年一二月現役見習軍医として歩兵第一八連隊に入隊、一五年六月陸軍二等軍医、一六年一二月依願休職、一七年六月予備役。同年七月東京帝国大学医学部副手、精神病学教室勤務、東京府巣鴨病院医員、一〇月東京帝国大学医学部助手。一九年一月より東京帝国大学医学部眼科学教室で眼底検査を専攻、同年八月医学部副手。一九二〇年一月より文部省嘱託で欧米留学、二一年六月帰国、同年七月東京府立松沢病院医員。二三年四月金沢医科大学附属医学専門部講師（五月教授）、同大学附属医院精神科医長。二五年六月東京府立松沢病院医長、七月東京帝国大学医学部講師、二七年三月金沢医科大学教授、三〇年一月～一一月ヨーロッパ出張、三二年五月～三四年五月金沢医科大学附属医院長、三五年五月～六月満州国出張。一九三七年一一月～三九年一一月応召、陸軍の依頼により上海・南京などで戦場心理の研究に従事したほか、三八年～三九年に国府台陸軍病院で勤務。召集解除後は金沢医科大学教授の職に戻るが、一九四一年六月辞職。戦後の経歴は不明な点が多いが、GHQ行刑課、聖路加病院神経科、東京地方裁判所での仕事や、関東医療少年院長、聖路加短期大学教授などを務めた。早尾の詳細な経歴や戦時中の戦場報告については、早尾乕雄著、岡田靖雄解説『十五年戦争極秘資料集　補巻三二　戦場心理の研究』（全四冊、不二出版、二〇〇九年）参照。

(46) 図4のほか、「マラリアに悲鳴　精神病も殖える一方」『朝日新聞』一九四三年九月五日付夕刊、「敵米の人的資源半数以上が落第　千人につき六百人の精神病」『朝日新聞』一九四四年八月九日付　など。

(47) G-2, Japanese Morale Report from Captured Personnel and Material Branch A-153, 22 July 1944, p. 1, box 1307, entry 31, RG 112, NARA. 以下、同シリーズのレポートは、"G-2 Report A-XXX" と記す。

(48) G-2 Report A-134, 10 May 1944, p. 1, box 1307, entry 31, RG 112, NARA.

(49) G-2 Report A-153, p. 3; G-2 Report A-182, 23 January 1945, p. 1, box 1308, entry 31, RG 112, NARA.

(50) 永井荷風著、磯田光一編『摘録　断腸亭日乗（下）』岩波書店、一九八七年、二五頁。

(51) 米濱泰英『一橋人からの陣中消息―如水会員の日中戦争』オーラル・ヒストリー企画、二〇一五年、三一二―三一六頁。

(52) アーサー・クラインマン、江口重幸・五木田紳・上野豪志訳『病いの語り―慢性の病いをめぐる臨床人類学』誠信書房、四―一二頁。

(53) 諏訪敬三郎「戦争と精神病」『文藝春秋』時局増刊一七巻一四号、一九三九年七月、一四八頁。

(54) 諏訪敬三郎「今次戦争に於ける精神疾患の概況」『医療』第一巻第四号、一九四八年四月、一七―二〇頁。なお、表1では精神神経疾患患者の総数が一万四五四人となっているが、病名別の合計実数は一万四四九人で年度別の合計実数は一万四五三人で計算が合わない。清水寛らもこの点を指摘しており、浅井が諏訪の統計を『うずもれた大戦の犠牲者』に再掲する際に一万四五三人としていることからこの数字を採用している。したがって、筆者もこの数字に従うこととする。

(55) 同前、一八頁。

(56) アラン・ヤング、中井久夫ほか訳『ＰＴＳＤの医療人類学』みすず書房、二〇〇一年、六二、七〇―七三頁。

(57) 早尾乕雄「戦場心理の研究　総論〈秘〉」（一九三八年五月）早尾乕雄著、岡田靖雄解説『十五年戦争極秘資料集　補巻三二　戦場心理の研究』第一冊、不二出版、二〇〇九年、六七―六八頁。

(58) 諏訪前掲論文、一九四八年、一八頁。

(59) 「精神病質」はかつての精神医学で広く用いられていた概念で、歴史的にも学派の違いによっても違いがあるが、（1）精神病と正常との中間概念、（2）病気とは関係なく、正常から逸脱した状態の二つに大きく分類される（加藤正明編『縮刷版　精神医学事典』弘文堂、二〇〇一年、四六〇頁）。

(60) 清水寛「軍隊と知的障害者～付・精神障害元兵士の戦後史の一断面～」『季刊　戦争責任研究』第三九号、二〇〇三年春季号、二—三頁。

(61) 諏訪前掲論文、一九四八年、一九頁。

(62) 同前、一九頁。

(63) 高林陽展「第一次世界大戦期イングランドにおける戦争神経症—近代社会における社会的排除／包摂のポリティクス」『西洋史学』二三九号、二〇一〇年、五〇—五三頁。

第三章　戦争の長期化と傷痍軍人援護

近代以降日本が行ってきた対外戦争は、自国の軍隊においても多数の戦傷病者を生み出したが、彼らの社会における位置は、その呼称とともに変遷してきた。総力戦においては、かつて「廢兵」として国家からほとんど支援が得られなかった戦傷病者たちを、「白衣の勇士」「傷痍軍人」として称揚し、彼らを戦時労働力として再統合する力が働いたことを軍事援護研究は明らかにした[1]。そして、このような戦争で「名誉の傷痍」を負った人びとの称揚は、一般の障がい者とは明確に差別化される形でなされた[2]。

しかしながら、そこで主な研究対象となっている「傷痍軍人」とは身体に傷を負った人びとであり、心の傷が傷痍軍人援護でどのような位置をしめていたのかについてはほとんど明らかになっていないと言ってよい。一方、戦争・軍隊と精神疾患に関する研究を切り拓いた清水寛らの研究[3]では、主に精神神経疾患の専門治療施設であった国府台陸軍病院のカルテを分析しているが、こうした軍事医学での治療の次の段階となる傷痍軍人援護については検討がなされておらず、また精神神経疾患の中にある様々な差異が捨象されている。本章では、日中戦争下の傷痍軍人援護における精神神経疾患の位置づけを確認し、戦時下の「福祉国家」[4]化において「平準化」の一方で行われた排除や差異化の力学を明らかにしていきたい。

中国大陸への派兵増加に伴い結核による除隊が増えたことを受けて、一九三七年三月、従来の軍事救護法を改正して軍事扶助法が制定された。これによって、それまでの軍事救護法よりも扶助の対象が拡大され[5]、内容の充実がはかられた。中国全土に戦争が拡大すると、一九三七年一一月内務省社会局に臨時軍事援護部が設置され、一九三八年四月に厚生省外局として設置された傷兵保護院が、臨時軍事援護部から独立して傷痍軍人保護事務を担うことになった。さらに、一九三九年七月には臨時軍事援護部と傷兵保護院を合併して軍事保護院が設置され（厚生省外局、総裁は元侍従武官長・関東軍司令官・陸軍大将の本庄繁）、傷痍軍人・軍人遺家族・帰還軍人の援護事業を統合的に行うこととなる[6]。

また、一九三八年一月には傷痍軍人保護対策審議会の答申が出され、その後の傷痍軍人保護の方向性が定められた。すなわち、優遇、医療保護、傷痍軍人の精神教育、職業教育・職業保護、一般国民の教化の五つである[7]。以下では、これらの五つの項目のうち医療保護、職業保護、一般国民の教化に焦点を当てて、その中で精神神経疾患がどのように位置づけられていたのかを見ていきたい。

1　医療保護

（1）傷痍軍人療養所の開設

日中戦争が中国全土に広まると、多数の戦傷者に加えて、結核・精神疾患などの慢性疾患に罹患した兵士が増え、陸海軍病院で治療した後に長期療養をするための施設が求められるようになった。傷痍軍人療養所が新たに開設される前は、長期療養が必要な患者に対しては既存の療養所・病院・旅館等で療養する委託療養と居宅療養が行われていたようである。各地方長官宛の傷兵保護院業務局長依命通牒「傷痍軍人の委託療養に関する件」（一九三八年五月一三日発業第一号）では、結核・胸膜炎・精神障がいなどのために除役見込み確実な者に関しては、当該病院長（海軍の場合は所管海軍人事部長）と連絡をとり、除役後速やかに適当な療養所や病院に入院することが求められている。(8) また、開放性結核・精神疾患等の「収容委託を適当とする疾病」に罹った者については居宅療養をなさずに委託療養を為すものとされている(9)（各地方長官宛、傷兵保護院業務局長依命通牒「傷痍軍人の居宅療養に関する件」一九三八年六月六日発業第五号）。

精神障がい者の収容については、一九三八年の傷痍軍人保護対策審議会の答申において「精神障碍者の治療収容に付ては一般精神病患者とは取扱を異にする必要あり精神障碍者収容の療養所を特設するか又は一般病院中に委託して特別なる取扱を為し得るやう考慮すること(10)」と一般の精神病患者との区別が明言された。こうした区別は、後述の通り元軍人と一般の精神病患者の待遇の差や、精神障がい者用の傷痍軍人療養所の新規創設につながったと考えられる。

一九三八年一二月一六日には、各地方長官宛傷兵保護院業務局長依命通牒として「傷兵保護院療養所設置に関する件」（傷兵保護院発業第三九号）が出された。この通牒では「結核性疾患者（胸膜炎を含む）温泉療養を要する患者、精神障碍者は療養所設置後之に入所せしむる方針なるを以て療養所長と連絡を執り現在委託療養及居宅療養中の者を漸次療養所に入所せしむる様取計はれたきこと」とあり、傷痍軍人療養所での一元管理が想定されているが、第Ⅱ部第四章で明らかにする通り、傷痍軍人療養所開設後も一般の精神病院への入院や自宅での療養は行われていた。(11)

傷兵保護院及び軍事保護院は、終戦までに四六の療養所を開設したが、そのうち三七は結核用であり、さらに一九四〇年には厚生省予防局から五つの国立結核療養所が移管された[12]。精神神経疾患は結核に次いで重視され、二つの精神療養所と一つの頭部療養所が開設された。その他には脊髄療養所一、らい療養所一、温泉療養所一〇が開設された。

続いて傷痍軍人療養所への入所資格を確認する。傷痍軍人武蔵療養所の所長であった関根真一[13]によると、傷痍軍人療養所へ入所する資格を有していたのは、陸海軍病院での診断の結果兵役免除と判断され、なお引き続き療養を必要とする者であった[14]。この定義は他の傷痍軍人療養所にも当てはまるものではあるが、若干異なる点もあったので確認しておこう。

傷兵保護院時代の一九三八年一二月一六日に制定（同年一二月二二日、一九三九年二月二五日、一九三九年四月一五日改正）された「傷兵保護院療養所入所規程」（厚生省告示第一六五号）第一条では、「傷兵保護院療養所に入所せしめ得る者」は以下の二種類であると定めており、この時点では結核と精神障がいが中心であったことがわかる。

一、軍人として恩給法の規定に依る公務傷病の為退職したる者にして其の退職の原因と為りたる傷痍疾病又は其の傷痍疾病に基因する疾病の為左に掲ぐる療養を必要とするもの

（イ）結核性疾患（胸膜炎を含む）の療養　（ロ）温泉療養　（ハ）精神障碍の療養

二、軍人として故意又は自己の重大なる過失に因るに非ずして服務に関連し結核性疾患（胸膜炎を含む）に罹り又は精神障碍を受け之が為退職したる者にして其の退職の原因と為りたる傷痍疾病又は其の傷痍疾病に基因する疾病の為前号（イ）又は（ハ）の療養を必要とするもの[15]

そして、一九四四年八月二九日陸亜普一一二二号「傷痍軍人療養所入所（依託治療）手続に関する件」では、

傷痍軍人療養所の入所資格が表2のように定められている。「結核性疾患者」及び「精神障碍患者」と「中枢神経障碍患者」の入所資格の違いに着目してみると、前者には「公務に基因」に加えて「服務に関連」があるが、後者は「公務に基因」のみであり、結核と精神障がいの方が対象者を広くとっていたということがわかる。このような対象の違いは、ほぼ全種類の療養所が開設された一九四〇～四一年の頃から変わらなかったようである。[16]なお、傷痍軍人療養所開設前に委託療養及び居宅療養の対象となっていたのは、「軍人又は之に準ずべき者にして戦闘又は公務に因り傷痍を受け若は疾病に罹り之が為恩給法に依り増加恩給、傷病年金又は傷病賜金を受け又は受くる見込確実なる者（将校及准士官を含む）」と「戦闘又は公務」によるものに限定していたため、それよりも精神・結核療養所の入所者の対象は拡大された。[17]

以下の一九四〇年「紀元二千六百年記念全国軍事援護事業大会」における発言からは、療養所の数としてはマジョリティであった結核と精神障がい者が、傷痍軍人援護の中で「例外」的な位置にあったことがわかる。

現状に於きましては、傷痍軍人の各種の保護施設は総て公務に起因致します一等症である所の傷痍軍人を対象として保護すると云ふ建前になつて居りまして、唯例外と致しまして結核性疾患者と精神病患者に付きましては国民の保健衛生の見地と又精神病に於きましては特殊的な事情に基きまして服務に関連致します者に限り〔傷痍疾病等差が〕二等症のものも保護をして居るのであります。[18]

そもそも、恩給受給権や「傷痍軍人」として様々な優遇恩典を得られるかどうかの線引きには戦傷病が戦闘・公務に起因するかどうかということが関わっていた。第Ⅱ部第三章で詳述するように、傷痍疾病等差が一等症とされ、その傷病名のため兵役を免除された場合は恩給診断書の審査を受けて恩給が支給される。精神神経疾患の場合、外傷という明確な原因が存在する頭部戦傷や外傷性癲癇などは一等症であったが、精神分裂病をはじめと

表2　傷痍軍人療養所入所資格

<table>
<tr><th>療　養　所</th><th colspan="2">入所患者種類</th><th>入　所　資　格</th></tr>
<tr><td>傷痍軍人結核療養所
国立結核療養所</td><td colspan="2">結核性疾患者
（胸膜炎を含む）</td><td rowspan="2">一，軍人として公務に基因し若は服務に関連し結核性疾患（胸膜炎を含む）に罹り又は精神障碍を受け之か為退職したる者にして陸軍病院退院後引続き之か療養を必要とするもの
二，軍人として服務し退職後結核性疾患（胸膜炎を含む）又は精神障碍の為昭和十五年勅令第二百六十六号の規定に依り陸軍病院に入院を許可せられたる者にして退院後引続き之か療養を必要とするもの
三，国立結核療養所に入所せしめ得る者は前各号該当者中下士官，兵に限るものとす</td></tr>
<tr><td>傷痍軍人武蔵療養所</td><td colspan="2">精神障碍患者</td></tr>
<tr><td>傷痍軍人下総療養所</td><td rowspan="2">中枢神経障碍患者</td><td>頭部損傷患者</td><td rowspan="2">一，軍人として公務に基因し中枢神経障碍を受け之か為退職したる者にして陸軍病院退院後引続き之か療養を必要とするもの
二，軍人として服務し退職後中枢神経障碍の為昭和十五年勅令第二百六十六号の規定に依り陸軍病院に入院を許可せられたる者にして退院後引続き之か療養を必要とするもの
三，傷痍軍人箱根療養所に入所せしめ得る者は前各号該当者中当分の間傷病程度第一項症以上のものに限るものとす</td></tr>
<tr><td>傷痍軍人箱根療養所</td><td>脊椎損傷患者</td></tr>
<tr><td>備　　考</td><td colspan="3">軍人とは恩給法に規定する就職中の軍人及準軍人を謂ひ退職とは同法に規定する退職を謂ふ</td></tr>
</table>

出典：昭和19年8月29日陸亜普1122号「傷痍軍人療養所入所（依託治療）手続に関する件」『陸支 亜普綴 昭和17年7月〜19年12月』防衛省防衛研究所所蔵.

引用者注：昭和15年勅令第266号では，公務による傷痍疾病を受けた患者が，離職離隊，休職後などに症状が増悪・再発した場合は官費で治療を受けられると定めている.

する其の他の精神疾患は、第Ⅱ部第三章で見るように、戦争末期に傷痍疾病等差が改定されるまで二等症であった[19]。また、「傷痍軍人」であることを証明する身分証である軍人傷痍記章も、恩給受給権を持つ「傷痍軍人」を対象に支給された[20]。

「紀元二千六百年記念全国軍事援護事業大会」では、このような「傷痍軍人」とそれ以外の傷病兵の区別が存在することが、傷病兵たちの間の不満を高めるのではないかという問題が指摘された。

傷痍軍人と云ふものは非常に優遇恩典が広いが、一部の二等症の除役者等に付きましては、其の開きが非常にあるやうな感じがあるのでありまして、又今後に於きましてはより以上に傷痍軍人側に於きまして、其の優遇、恩典が拡充せられると云ふことになると思ふのであります。さうして其の開きが大になればなる程其処に一種の羨みと申しまするか、何と申しまするか、一種の気持が起つて、思想上に於て面白くないやうな結果を来しはしないか。（中略）少くとも現在の支那事変の服務に関連致しました除役者に対しましては、傷痍軍人に似通つた所の優遇、恩典等総てに亘つての問題を、及ぶ限り今少しく範囲を拡張して戴きたいと云ふ点を要望した訳であります[21]。

以上のような一等症と二等症の待遇の差異については国府台陸軍病院でも問題になるのだが、詳細は第Ⅱ部第三章で取り上げたい。

続いて、傷痍軍人武蔵療養所を中心に、精神障がい者を対象とした療養所の概要と実態を確認しよう。

（2）　傷痍軍人武蔵療養所

精神障がい者用の療養所としては、傷痍軍人武蔵療養所と傷痍軍人肥前療養所が開設されたが、肥前療養所の病棟の完成は一九四五年八月末であり、戦時中は患者を受け入れなかった。また、頭部戦傷者を対象として一九四一年に開設された下総療養所にも四四年九月以降精神障がい者を受け入れるようになった。[22] 以下では戦時期を通して精神障がい者の療養施設の中心を担った傷痍軍人武蔵療養所の概要を確認したい。

軍事保護院は、傷痍軍人武蔵療養所の建設のため、一九四〇年東京府北多摩郡小平町（現在の東京都小平市）の山林三万坪余りを買収し、定員三〇〇床の収容予定で工事を開始した。当初武蔵療養所は東京府西多摩郡福生町附近に開設予定であったが、陸軍側で使用する意見が出たため、小平町に変更となったという経緯があった。[23] 敷地面積をどの位にするかは様々な議論があったが、「患者一人あたり百坪が適当」という精神科医の呉秀三の意見が参考にされたようである。戦時体制下にあった当時、建設用の資材には厳しい制限があったが、軍事保護院の医療課長であった浜野規矩雄（きくお）[24] が軍当局の了解を求めて奔走し、亢奮患者用の保護室に鉄サッシの使用が許可され、火災予防のため全病棟に暖房装置がつけられた。[25] また、当時一般の精神病院では珍しかった手術室や歯科室も作られた。[26] 日本で初めての国立の精神療養所建設のため、浜野規矩雄や彼のアドバイザーであった内村祐之（東京帝国大学医学部教授）などの関係者が相当力を注いで準備を進めた様子がうかがえる。

一九四〇年七月、当時東京府立松沢病院副院長であった関根真一が所長に任命され、同院医員荻野了が医務課長に、また柴田農武夫（のぶお）が医官に就任し、ついで、箱根傷兵院事務長矢崎正治が庶務課長に就任した。同年八月二〇日に国府台陸軍病院から一〇名の傷病兵を迎え、一二月一一日に開所式が行われた。[27] 着任した医師たちは、全員軍籍はなく厚生技官であったため、患者や看護婦からは「医官殿」と呼ばれていた。[28]

一九四二年から武蔵療養所の医務部長を務めた小林八郎の回想では、傷痍軍人武蔵療養所は「国府台の分院」と表現されている。実際には両者は管轄も役割も異なるのだが、分院「のようなもの」に思われるくらい、国府台との結びつきが強かったということであろう。小林によれば、国府台で「症状固定」の状態となり、回復して原隊復帰の見込みがないため除役された者で、かつ家にも帰れない者が武蔵療養所へ転送されてきたようである。[29]すなわち、①回復して原隊復帰の見込みがある者は国府台陸軍病院に残る、②症状が固定して回復（原隊復帰）が見込めない者のうち家に帰れる者は帰る、③帰れない者は武蔵療養所へ転送されるという三つのルートが出来つつあったということである。こうした患者の再配置は、戦況の悪化に伴い、戦闘・労働能力に応じて人員をより組織的に管理しようとした試みであったと言えよう。

開所式の際、恩賜財団軍人援護会から患者の慰安娯楽用にと六七坪の講堂が寄贈され、軍人援護会総裁朝香宮鳩彦親王より「載陽館」と命名された。当時の精神病院には、松沢病院を除いて患者の娯楽設備は整えられていなかったため、載陽館は精神医学界の注目を集めたようである。しかしその規模は傷痍軍人結核療養所に寄贈されたものに比べてはるかに小さかった。また関根は、軍事保護院総裁の本庄繁が武蔵療養所の建設状況を視察した際、「精神病患者は演芸などをみせてもわかるものも少い」ため「規模を小さくして、予算の一部を東京療養所の講堂の方へふりむけました」と部下が説明するのをたまたま耳にしたという。[30]このエピソードからは、武蔵療養所が当時の精神医学界からすれば最先端の設備を整える努力がなされた施設であったと同時に、傷痍軍人援護政策の中では軽視されがちであった様子がうかがえよう。

一九四〇～四五年の入所者総数は九五三名で、出身地は全国に及んだが特に東京出身者が多かった。また、病類別では、一番多いのが精神分裂病で七五八名、続いて進行麻痺九五名、躁鬱（そううつ）病一六名、神経質・神経衰弱・ヒステリー等一五名、精神薄弱一一名、癲癇七名、その他四八名の順であった。[31]前章で述べたように、国府台陸軍病院でも最も多かったのは精神分裂病であったが、武蔵療養所ではさらに割合が高く、全患者のおよそ八割をしめていた。また、国府台では比較的高率をしめていた、ヒステリー・神経衰弱などの戦争神経症のカテゴリーに該当する患者は、武蔵療養所にはほとんど送られなかったようである。

治療内容は、持続睡眠療法が二六九名、インシュリンショック療法が八六名、マラリア療法その他の発熱療法、併せて駆梅療法が二二三名、電撃療法二七名という内訳であり、電撃療法が少ないのは、「軍病院ですでに施行済みのものが多かった結果と思われる」と関根は説明している。[32] 第Ⅱ部第三章で述べるように、国府台陸軍病院では電気ショック療法が「効果のある」治療法として推奨されていた。

このように、武蔵療養所に入所してくる患者は軍病院で一通りの治療は行っていたため、「何らかの作業を与えることが当面の治療」であった。最初は病棟周辺の清掃から始まったが、入所者が増えてきたため、郷里で百姓仕事の経験があった関根の発案で、農耕作業を始めることとなった。自主的に農作業に打ち込む患者たちの様子を、関根は「患者の多くは農家出身者であったので、出征後、久振りで鍬を手にして土に親しむことが出来た」と観察している。[33] 農耕中心の作業療法は、後述のように戦局の悪化とともに深刻となった食糧不足を補うという側面もあったものと思われるが、特に農業を原職とする患者にとっては、入隊前と近い生活に戻ることのできる場として受け止められていた面もあっただろう。入所式を終えた入所者が軍病院の白衣から傷痍軍人療養所のマークを染めぬいた病衣に着替える様子（図5及び図6参照）を、「久し振りで社会人としての姿にもどるのである」と関根は表現している。[34] 原則として兵役免除後の患者を受けいれた武蔵療養所は、陸海軍病院よりもさらに銃後社会に近い位置にあったと言えよう。

とは言え、療養所内においても軍人精神や軍隊における上下関係は浸透していた。関根によれば、武蔵療養所には「一般精神病院ではみられない規律正しいきびきびした雰囲気がうかがわれ」、「入所者は上官の命令に服従

図5　傷痍軍人武蔵療養所の入所式

左側が陸軍病院から武蔵療養所へ送られてきた患者たちで，白い病衣を着ている．右側奥には医師・看護婦・職員が，手前には傷痍軍人療養所の病衣を着た入所者が並んでいる．
出典：国立療養所史研究会編『国立療養所史　精神編』厚生省医務局国立療養所課，1976年．

図6　傷痍軍人療養所の病衣

写真は傷痍軍人下総療養所の患者であるが，武蔵療養所でも同様のマークが入った病衣を着ていた．
出典：「再起を夢みて　傷も忘れた昨日今日」『写真週報』第240号（1942年9月30日），4頁（国立公文書館），JACAR（アジア歴史資料センター）Ref. A06031083500.

する精神が深く根ざし、医官や看護婦の指示や指導にはよく服従する傾向がみられたので、こまった状態に対処する手段に、上官の命令を利用して案外の功を奏した例もみられた」という。[35]病棟から抜け出した患者に話を聞くと、命令のような呼び声が遠くから聞こえてきたのだと答えたというエピソード[36]は、兵士という存在が、いかに精神・身体ともに徹底的な指揮命令系統に組み込まれた存在であったかをよく示している。一方、逃亡には家に帰りたいという理由で病院を抜け出したケース[37]もあった。入所者に関する事故件数はかなり多くみられ、特に脱出企図と逃走が多かったようである。[38]

入所者たちの自己認識を示すエピソードとして興味深いのは、彼らの多くが「傷痍軍人であるという自覚」から「傷痍軍人療養五訓」を自発的に斉称していたことである。五訓の第一項では、「精神を練磨」し「身体の障害を克服」することが謳われており、関根は「その五訓の内容は精神病者にはふさわしくないものであった」と考えていたが、「彼等の自主性にまかせて干渉しなかった」という。[39]

(3)　食糧事情の悪化と死亡率の上昇

傷痍軍人武蔵療養所の所長であった関根真一と、下総療養所検査室主任であった豊泉太郎は、戦争の進行とともに療養所の食糧事情が悪化したことを指摘している。[40]こうした栄養状態の悪化は、表3が示すように死亡者の増加につながった。まず武蔵療養所では、終戦までの入所者総数九五三名のうち三八〇名が死亡（三九・八％）、三三四名が退所（三五・〇％）したが、特に一九四四年から終戦までの二年間は二六六名の死亡者を出した。[41]一方、傷痍軍人下総療養所では、頭部障がい者の入所者総数五二八名のうち死亡者は一一名（二％）、退所者は四八〇名（九〇・九％）、精神障がい者の入所者総数四〇四名のうち死亡者は三七名（九・一％）、退所者は二四九名（六一・六％）であった。このように、傷痍軍人武蔵療養所ではとりわけ戦争末期の二年間に多数の死亡者を出し、傷痍軍人下総療養所は武蔵療養所と比べると患者の流動性が高く、死亡率が低かった。

医学史家の岡田靖雄は、一般の精神病院では傷痍軍人療養所よりもさらに高い死亡率が見られたと指摘している。岡田が挙げたデータで、全体的に特に死亡率の高い一九四四年・四五年の死亡率を**表3**で確認しておこう。岡田は、こうした死亡率の原因を食糧事情の違いによって説明している[42]。岡田がここで引用している立津政順は、松沢病院における患者の一日の摂取カロリーについて、終戦直後の一九四五年一〇月には一一〇〇〜一二〇〇カロリー（現在では「キロカロリー」と表記）であったことから、終戦直前には一〇〇〇カロリー以下のことも多かったのではないかと推測している[43]。

これに対して、一九四五年の傷痍軍人武蔵療養所における患者栄養価は、一日一八八五カロリー[44]、下総療養所では一六四一カロリー[45]であった。このように、戦争末期の食糧不足は、一般の精神病院により深刻な形で犠牲を強いることとなったのである。また、武蔵療養所は下総療養所よりも終戦の年における一日の摂取カロリーが高いにもかかわらず、死亡率の高さが目立つ。この死亡率の違いは、上述のような入所者の流動性に起因するのか、療養所における栄養状況の実態や患者の病状の重さに起因するのか、療養所の診療録などを用いて改めて検証すべき問題だと思われる。

表3　一般の精神病院と傷痍軍人療養所における死亡率（1944-45年）

病　院　名	1944年　死亡率	1945年　死亡率
東京都立松沢病院	31.19%	40.89%
井之頭病院	38.60%	52.74%
傷痍軍人武蔵療養所	20.27%	31.43%
傷痍軍人下総療養所	2.30%	8.32%

出典：岡田靖雄「戦前の精神科病院における死亡率」南博編『近代庶民生活誌　第20巻　病気・衛生』三一書房，1995年，228-231，234-235頁をもとに筆者作成．

2　職業保護――「再起奉公」の対象外となった精神障がい者――

戦時下の傷痍軍人保護の中でも最大の問題は、就労能力を失った「戦争傷痍者」を再び職業戦線に参加させ、「第二の御奉公」をさせることであった。なぜなら、人一倍健全な身体をもって国家の為に尽くして傷ついた者を「生来の不具者」と同列にしてはならないからである。そのためには、職業教育によって職業生活への復帰を可能にする必要があった。それは、傷痍軍人を日露戦争時のように「社会的寄食者」の状態に置くのではなく、積極的に国家の「人的資源」として活用すべしという総力戦の要請とも合致するものであった[46]。

職業再教育は「傷痍の部位、程度、快復或は矯正の程度、残存能力等」を考慮して行われた[47]が、四肢損失者や失明・失聴者を対象とした職業指導は紹介されていても精神障がい者を対象としたものは管見の限り見当たらない。ただし、職業相談から就職後の輔導においては「戦傷者の心理」が重視され、軍事保護院から傷痍軍人職業顧問を委嘱された専門家の七〇%が心理学者であった[48]。その中でも頭部戦傷者の心理について辻村泰男が注意を促す以下の文章は注目される。

> 頭部戦傷者の有する精神症状は何れも職業生活にとつて不利なものばかりである。然し彼等は決して精神病者ではないのであつて、精神機能の中枢に外傷を受け、之による障礙を胎してゐる普通人に他ならぬのである。従つて職業保護は是非必要で、之がためには一人一人について上記の様な各種の障礙の種類や特性を綿密に調べ、最も科学的な保護が行はるべきである。殊に彼等の多くは短気で怒りつぽい傍ら、人間嫌ひで、意志の発動が著しく障礙されてゐる上、特殊な発作を伴ふから常に個別的に、気長に指導せねばならぬ[49]。

（傍点は引用者による）

ここでは、頭部戦傷者は「精神病者」と明確に差異化されており、職業保護を行うべき存在として位置づけられている。それは裏返すと、辻村にとってその他の「精神病者」は保護を行うに値しない存在ということになるだろう。

国府台陸軍病院の軍医たちの中には、前線復帰が困難な精神神経疾患患者を戦時労働力として活用する道を模索する者もいた。一九四一年八月から一九四二年五月まで国府台で勤務し、一九四四年『軍医団雑誌』に「戦時神経症の発呈と病像推移」という論文を発表した笠松章は、いかにヒステリーの治療が困難を極めようとも、面倒だからと言って後送したり除役にしてはならず、「此等（これら）の素質を再検討して、素質に応じた任務を与へ国家に奉仕する途を拓いてやる事が今後の問題」と指摘している。

笠松が引用したドイツの精神科医 Wilmanns の研究によると、治癒したヒステリー患者五〇〇名のうち二七名を前線に復帰させたところ、わずかに五名だけその後の勤務に耐えただけで残りは再発入院することになった。ところが後にヒステリー患者を戦線に近い火薬工場に工員として働かせたところ、九七％は治癒し、わずかに一五％が作業に制限を示しただけで、恩給に要する国家の費用を節減できたというのである[50]。歴史家のポール・ラーナーの研究によれば、第一次大戦期のドイツでは神経症患者の戦時労働力化が組織的に進められ、労働が治療の一貫として考えられたが、それは戦時労働力の確保に加えて恩給の節減という国家の目的にもかなったものであった[51]。笠松はこうしたドイツの方法を日本も参考にすべきだと戦争末期に提言したのである。

第Ⅱ部第一章で触れるように、彼は戦争初期の戦争神経症の否定論から方針転換をはかり、前述のごとくヒステリー患者にも素質に応じて国家奉仕への道を拓かせるようにすべきだと主張した人物でもあった。このような笠松の見解からは、戦争末期に至り兵力・労働力ともに不足し、精神疾患患者も含めた「人的資源」の活用を再考せざるを得ない状況が浮かび上がってくる。

一九四三年二月から終戦まで国府台で勤務した新井尚賢[52]は、当時慰恤係をやっており、職業斡旋を頼んでくる退院患者の適否判断やアフターケアに始まって、在院患者の職業トレーニングを行うようになった。その中心となったのは頭部戦傷患者であったようだが、新井は精神分裂病の患者も働かせることはできないかと近隣の工場長に相談した。工場長は最初「もってのほかであると非協力的態度を打ち出した」が、「難航すること数刻、やっと調印に応じ」、終戦までに二〇数名の患者が送り込まれたという。しかし数名の再発・悪化・逃亡者などがあり、「今から考えると決してシステマティックに行なったものではない」と新井は振り返っている[53]。

また、傷痍軍人武蔵療養所の所長であった関根真一は、役所の印刷物を武蔵療養所で引き受ければかなり安く上がるので武蔵に印刷工場を作ったらどうか、と戦時中厚生省の課長に持ち掛けたが、軍事保護院の上層部にあまり理解者がおらず、結局作られることはなかったと回想している[54]。

このように、国府台陸軍病院や傷痍軍人武蔵療養所の一部の医師たちによって構想された退院患者の戦時労働力化は、雇い主や軍事保護院の上層部には未だ理解を得られる段階ではなく、日本では部分的な実現に留まったと言えよう。

3　国民教化——保護と排除のせめぎあい——

国民教化の第一の指導目標は、「国民をして戦没軍人、傷痍軍人及出征軍人に対する感謝の念を昂揚持続せしめ、苟も年月の経過に伴ひ冷却するが如きことなからしめること」であり、具体的には、ポスター・パンフレットや文芸作品の作成、映画・レコード・ラジオの利用、標語・絵画等の募集、善行者の表彰、国定教科書への傷痍軍人に関する項目の追加、傷痍軍人の配偶者斡旋政策などが行われた。

また、国民精神総動員の一環として、毎年一回銃後後援強化週間が設けられていた(55)。情報局編集の政府広報誌『週報』『写真週報』では軍人援護特集が組まれ、精神障がい者と頭部戦傷者のための療養所が紹介されている。その中では、武蔵療養所の「柔かい感じ」を与える建物や「家庭的な雰囲気」を前面に押し出した紹介をしており(56)、下総療養所に関しては、「再起を夢みて 傷も忘れた昨日今日」と題して写真入りで紹介している(57)。図7・図8はこの特集で「再起」を目指す「勇士」たちとして紹介されている下総療養所の頭部戦傷者たちの作業療法の様子である。

しかし武蔵療養所の入所者を含む精神障がい者に関しては、上述の通り体系的な職業保護は行われず、下総の入所者たちのような「再起」のストーリーが作りづらかったためか、このように写真入りで入所者が紹介されることはなかった。これに対して、頭部戦傷者については、「頭部戦傷者は除役または召集解除になつた後にも精神的、肉体的な障害が残り、作業能率も低下し勝ちです」、「作業そのものに熱意と誠意を欠いてゐるわけではなくても、周囲から怠け者のように見られ勝ちになります」と、彼らが偏見の眼差しを向けられやすいことに注意が喚起されている(58)。

傷病兵の慰問も国民教化の一つであり、国府台陸軍病院や傷痍軍人武蔵療養所にも慰問に訪れる人々がいたようである(59)。以下は武蔵療養所を訪れた東京商科大学（現・一橋大学）予科の学生の回想であるが、「戦争で気が狂う兵隊」の噂があったことや、慰問等で精神障がいのある元軍人の実態を銃後の人々に見られることを療養所側

図7　看護婦とともに作業療法を行う様子

出典：「再起を夢みて　傷も忘れた昨日今日」『写真週報』第240号（1942年9月30日），5頁（国立公文書館），JACAR（アジア歴史資料センター）Ref. A06031083500.

図8　軽機械工業の実習

出典：図7に同じ.

が極度に警戒していた様子が窺える。

一日小川町の萩山にあった陸軍の精神病院の草むしりに行ったことがあった。そこで見聞きしたことは絶対外部へ喋るなと云う注意を受けて行ったのだが、鉄格子のはまった室内から、異様な叫び声なども聞こえてきて、戦争で気が狂う兵隊があると云うことが本当だと実感され、陰惨であった。[60]

『中央公論』一九三八年六月号では「傷病兵の諸問題」という特集が組まれた。まず、東京文理科大学教授で心理学者の田中寛一は、外傷だけではなく、「頭蓋に銃傷を負つた為に精神に異常を来た」したり「砲声に対して異常な恐怖症状を呈する」ような「精神上の異常者」に対しても治療と再教育が必要であり、精神病学者や心理学者の関与が必要であると指摘している。[61]続いて、傷兵保護院技師の田村正が、第一次世界大戦の交戦国がいかに戦争による精神病の増加に苦しめられたかを紹介したのち、「幸に我忠勇なる軍隊には、今日殆んどこれら戦争神経症を見ないといふのは、吾人の等しく世界に誇示して憚らないところである」と日本軍における戦争神経症の「少なさ」を強調した。しかし、続けて以下のように治療の必要性も唱えるのである。

> 我国軍隊に於ても事変に因り戦傷其他の原因に因り、不幸にも神経系統に負傷或は病を得て発病する軍人が多少増加することは、一般傷痍軍人に比して洵に御気の毒な次第であり、特に国家が手厚く保護を加へる要あるは当然のことである。医療課が今日計画して居るものは、百床の病院を新営するか、或は一般精神病患者と其発生動機の異る軍人であるので、官公立病院に一部床棟を増設するかは未定である。[62]

これらの言説は、戦争によって精神疾患を発症した患者への偏見をなくし、国家が手厚く保護をするべきであるという立場に立つものである。このような言説が、傷痍軍人武蔵療養所の開設前にあたる時期に出てきたことが注目される。しかし第Ⅰ部第二章で見てきたような「皇軍」における戦争神経症の存在自体を否定する言説との矛盾は、戦時期を通じて解消されなかった。

この矛盾は、戦傷病兵の中に亀裂を生じさせることにもつながった。緒方文雄という一人の戦傷兵が書いた病院生活の記録『陸軍病院』（講談社、一九四一年）には、戦争神経症について述べられた一節が出てくる。緒方は、三人の戦傷患者たちが自分たちはどれくらいの恩給が貰えるか、将来どのような保護を受けられるかという話をしている場に居合わせ、一人の患者が冷やかしながら発した「欲張るのも、いゝ加減にしろよ」という言葉を耳にし、「そりゃ欲張るつてんぢやないぞ。君等への恩典なんだ」と口をはさむ。そして、その患者たちと恩給や自分たちの将来について歓談をした後、一人で部屋に戻って、以下のように考える。

外国にはよくあると聞いた戦争神経症が我国にも存在するのだらうか。以下は全く軍医からの受売に過ぎないのであるが、この症状は、簡単なのは戦地で病気になると、それが原因で注意が、その病気のみに向けられ、医者の眼には、もう癒つたと考へらるるのに、実際は色々の自覚症を胎してゐる者、（中略）少しひどいのになると、（中略）誰が眼にも気狂（きちが）ひと思はれる症状を出すのださうである。

又一方では戦争が恐しくなり、戦争から何とかして逃れたいとする欲求の現れであつたり、或ひは二度と戦地に行きたくない、二度と軍隊に帰りたくないといふ希望から、異常を惹起する者ださうである。(63)

緒方の体験記が出版された経緯は明らかでないが、上記のような戦争神経症への眼差しは、前章でみたように発症の原因として患者の素因と願望を重視した国府台陸軍病院の軍医たちの見解とほぼ同じものである。そして緒方は、「皇軍の将兵には、戦争神経症にかゝるやうな、意志薄弱、そして戦争の現実に対し、恐怖心を起すが如き弱虫が、一人だつて居るはずがない」と断言し、「戦争神経症なんて消えてなくなれ」と吐き捨てるように書くのであった。(64)

「戦争神経症なんて消えてなくなれ」という言葉は、恩典を貰って然るべき「われわれ」と、大した症状もないのに多くの恩給を要求する戦争神経症の「彼ら」とを同一視されることを拒み、自らを鼓舞するような言葉にも聞こえる。この体験記における戦争神経症は、実際にはすでに治癒しているにもかかわらず自覚症を訴え、不当な恩給を要求するような存在であり、戦傷病兵の不安を映し出す鏡として描かれているのである。

小括

以上見てきたように、傷痍軍人援護における精神神経疾患の位置づけは、保護と排除の複雑な力学の上にあったと言えよう。まず、軍隊における精神疾患は、一般の患者とは区別する形で保護するべきであるという主張がなされ、傷痍軍人武蔵療養所という日本で初めての国立の精神療養所が開設された。

しかし一方で、「傷痍軍人五訓」で範型とされたのは戦傷者であり、精神障がい者を戦時労働力として再統合する組織的な動きは見られなかった。また、「傷痍軍人」としての様々な優遇措置も、戦闘・公務に起因する障がいを負っていることが前提であった。身体の傷に比べて精神疾患は戦争との因果関係を疑われやすかったことを考えると、こうした優遇措置から排除された精神障がい者も多かったのではないだろうか。戦傷者と戦病者との比較という点では、結核療養所の患者に関する調査も今後の課題である。

開戦初期の「皇軍」における精神疾患の隠蔽も含めて、こうした戦時精神疾患の待遇の両義性は、傷痍軍人武蔵療養所の患者たちの自己認識にどのような影響を与えたのだろうか。現在、国立精神・神経医療研究センターには傷痍軍人武蔵療養所及び戦後の国立武蔵療養所時代の診療録が保存されており、筆者もその整理・保存に関わっているが、[65]これらの診療録を詳細に検討していくことで、軍隊から切り離され、かと言って郷里へ帰れるわけでもない療養所という空間の中で、入所者たちが自己や社会をどのように眼差していたのかがより一層明らかとなるだろう。

さらに本章では、精神神経疾患の中での様々な差異も指摘してきた。まず頭部戦傷者に対しては職業保護が行われ、「精神病者」と同じ扱いを受けないよう注意深く差異化された。こうした保護の存在が、傷痍軍人下総療養所における患者の流動性の高さとも関係していたと考えられる。一方、精神疾患患者の戦時労働力化に関する構想は部分的に存在したものの、結局実現には至らなかった。

精神神経疾患の中でも最も軍医の注目を集めた戦争神経症に関しては、戦闘恐怖と恩給への願望という「疾患への逃避」が疑われた。「治りたい」という意志を持たないかに見える戦争神経症の患者たちは、「体力気力の回復増強に努め、速やかに再び第一線に復帰して軍全般の人的戦力の拡充強化を図る」という軍内診療の方針に反する存在であったため、称揚ではなく侮蔑・警戒の対象となり、除役後も多くは傷痍軍人援護の対象にならなかったのではないかと考えられる。第Ⅱ部第三章で詳しく述べるように、戦争神経症の恩給上の扱いもほとんどは二等症という待遇であった。

［注］

（1）郡司淳『軍事援護の世界―軍隊と地域社会』同成社、二〇〇四年。植野真澄「傷痍軍人・戦争未亡人・戦災孤児」倉沢愛子ほか編『岩波講座アジア・太平洋戦争　六　日常生活の中の総力戦』岩波書店、二〇〇六年。

（2）生瀬克己「日中戦争期の障害者観と傷痍軍人の処遇をめぐって」『桃山学院大学人間科学』二四号、二〇〇三年一月、一九八―一九九頁。

（3）清水寛編著『日本帝国陸軍と精神障害兵士』不二出版、二〇〇六年。

(4)高岡裕之『総力戦体制と「福祉国家」―戦時期日本の「社会改革」構想』岩波書店、二〇一一年。
(5)軍事扶助法では、傷病兵の範囲を「故意又は重大なる過失に因るに非ずして現役中（未入営期間及帰休期間を除く）又は応召中傷痍を受け又は疾病に罹り之が為一種以上の兵役を免ぜられたる者」に、また家族遺族の範囲を「同一の家」にある者から、扶養を受くべき者に限り、「同一の世帯」にまで各々拡張した（郡司淳『近代日本の国民動員―「隣保相扶」と地域統合』刀水書房、二〇〇九年、二九七頁）。
(6)山田明「解説　軍事援護対策の歴史と日中戦争下の軍事援護事業」『戦前期社会事業基本文献集　六　軍事援護事業概要』日本図書センター、一九九五年、二六―二九頁。なお、厚生省は一九三八年一月に発足した。
(7)傷痍軍人保護対策審議会『傷痍軍人保護対策審議会答申』一九三八年。
(8)傷兵保護院編『傷痍軍人保護関係例規』一九三九年（社会福祉調査研究会編『戦前期社会事業史料集成　一六』日本図書センター、一九八五年所収）、三二一―三三三頁。
(9)同前、三八頁。
(10)傷痍軍人保護対策審議会前掲書、二〇四頁。
(11)傷兵保護院前掲書、三〇頁。
(12)国立療養所史研究会編『国立療養所史（精神編）』厚生省医務局国立療養所課、一九七六年、五―六頁。
(13)関根真一（一八九四―一九八一）は日本の精神科医・精神医学者。一九二三年東北帝大卒。府立松沢病院勤務（呉秀三院長、三宅鉱一院長）、三七年七月副院長（内村祐之院長）、四〇年一二月傷痍軍人武蔵療養所所長、四五年一二月国立武蔵療養所所長、六六年四月退官。
(14)関根真一『随筆　落葉かき』非売品、一九七一年、一九〇―一九一頁。
(15)傷兵保護院前掲書、二一―二二頁。ただし、精神障がい者の場合、療養所長への入所申請は本人ではなく監護義務者が申請することとなっていた。
(16)結核については、昭和一五年五月八日陸普第三〇二九号「傷痍軍人（結核）療養所並国立結核療養所入所手続に関する件陸軍一般へ通牒」、昭和一五年六月二一日陸普第四二三〇号「傷痍軍人（結核）療養所並国立結核療養所入所手続に関する件中改正の件陸軍一般へ通牒」『陸軍省大日記甲輯』昭和一五年（防衛省防衛研究所所蔵）参照。脊椎損傷については、昭和一五年八月二一日陸支密第二八〇六号「傷痍軍人箱根療養所入所手続に関する件陸軍一般へ通牒」『來翰綴（支満）第四部』昭和一五年

（防衛省防衛研究所所蔵）参照。頭部損傷については、国立療養所史研究会編前掲書一七頁参照。

(17) 傷兵保護院前掲書、三二―三三、三八頁。ちなみに公務によらない傷痍疾病のために一種以上の兵役を免除された者に対しては委託療養は行わず、これらの者に対しては軍事扶助法の運用、軍人援護資金の活用、軍事援護団体等の活動により保護するとされている。

(18) 軍事保護院・恩賜財団軍人援護会『紀元二千六百年記念全国軍事援護事業大会報告書』一九四〇年、一六七頁。

(19) 浅井利勇編著『うずもれた大戦の犠牲者』国府台陸軍病院精神科病歴分析資料・文献論集記念刊行委員会、一九九三年、一一一頁。

(20) 山田明「わが国傷痍軍人問題と職業保護の歴史」『戦前期社会事業基本文献集　五八　傷痍軍人労務輔導』日本図書センター、一九九七年、四三頁。

(21) 軍事保護院・恩賜財団軍人援護会前掲書、一七三頁。

(22) 国立療養所史研究会編前掲書、一八、二四頁。

(23) 同前、八頁。執筆者は関根真一（注(27)(31)(32)(35)(38)(40)(44)も同様）。

(24) 浜野規矩雄（一八九七―一九六六）は戦時・戦後の厚生行政に関わった。旧姓石田。一九三八年慶大卒。細菌学入室（小林六造教授）・助手、三九年三月大宮警察署（防疫医）、四〇年三月内務省衛生局事務取扱、三〇年九月～三二年八月国際聯盟交換留学生として米・英・独・仏・デンマーク・ポーランド派遣、三二年八月内務技師、三六年八月防疫官兼内務技師、三八年一月厚生技師、四月傷兵保護院業務局医療課長（傷兵保護院技師）、四三年一一月軍事保護院医療課長、四六年一一月厚生省予防局長、四九年五月退官。

(25) 関根前掲書、一九七一年、一七一―一七三頁。

(26) 武蔵療養所医局編『萩山茶話』非売品、一九六六年、二八頁。

(27) 国立療養所史研究会編前掲書、九頁。

(28) 武蔵療養所医局編前掲書、三一頁。

(29) 同前、二九頁。

(30) 関根前掲書、一九七一年、一七九―一八〇頁。

(31) 国立療養所史研究会編前掲書、一〇頁。病類別の総数が九五〇名で計算が合わないが、原文のママ。

(32) 同前、一〇頁。
(33) 関根前掲書、一九七一年、一八四―一八五頁。
(34) 同前、一九五頁。
(35) 国立療養所史研究会編前掲書、一二頁。
(36) 関根前掲書、一九七一年、一九七頁。
(37) 同前、一五四―一五七頁。
(38) 国立療養所史研究会編前掲書、一二頁。
(39) 関根前掲書、一九七一年、一九二頁。なお、「傷痍軍人療養五訓」とは以下の通りである。
　一、傷痍軍人は精神を練磨し身体の障害を克服すべし。
　二、傷痍軍人は自力を基とし再起奉公の誠を効すべし。
　三、傷痍軍人は品位を尚び謙譲の美徳を発揮すべし。
　四、傷痍軍人は操守を固くし処世の方途は慎重なるべし。
　五、傷痍軍人は一身の名誉に鑑み世人の儀表たるべし。
(40) 国立療養所史研究会編前掲書、一〇、二一頁。
(41) 同前、一〇頁。しかし関根によれば、職員と入所者が一体となって食糧増産に励んだ結果、賄所要蔬菜類の作業生産自給率が一九四四年には五一%、四五年には六一%となり、入所者の食餌の量は結核療養所に比較して恵まれることになったという（関根真一『続 随筆 落葉かき』非売品、一九七八年、五一頁）。
(42) 岡田靖雄「戦前の精神科病院における死亡率」南博編『近代庶民生活誌 第二〇巻 病気・衛生』三一書房、一九九五年、二三六頁。
(43) 立津政順「戦争中の松沢病院入院患者死亡率」『精神神経学雑誌』第六〇巻、一九五八年、六〇〇頁。
(44) 国立療養所史研究会編前掲書、一〇頁。
(45) 同前、二一頁。
(46) 傷兵保護院『傷痍軍人職業再教育読本』一九三九年、五―八頁（『知的・身体障害者問題資料集成 第一三巻』不二出版、二〇〇六年所収）。

(47) 同前、一四頁。

(48) 辻村泰男「戦傷者の心理と職業保護」『現代心理学 第七巻 国防心理学』河出書房、一九四一年、二七〇頁。

(49) 同前、三一一—三一二頁。

(50) 笠松章「戦時神経症の発呈と病像推移」『軍医団雑誌』特第三号、一九四四年五月、二五五頁。笠松の経歴については、第Ⅱ部第一章注(20)参照。

(51) Paul Lerner, *Hysterical Men: War, Psychiatry, and the Politics of Trauma in Germany, 1890-1930* (New York: Cornell University Press, 2003), 124-162.

(52) 新井尚賢（一九一二—一九九七）は日本の精神科医・精神医学者。一九三八年東京帝大卒。精神科教室入局、東京帝大附属病院精神科副手。同年一〇月短期現役軍医として旭川の部隊に入隊。ノモンハン、札幌などでの勤務を経て、四三年二月～四五年九月まで国府台陸軍病院勤務。戦後は、東京帝大医学部附属病院、東京都立松沢病院などでの勤務を経て、五三年一〇月～七八年三月まで東邦大学医学部精神神経科学教授、東邦大学附属病院神経科部長・副院長、東邦大学高等看護学校校長を歴任。（新井尚賢『新井尚賢教授退任記念業績集』東邦大学医学部精神神経科学教室、一九七八年参照）。

(53) 新井尚賢「終戦前後の国府台陸軍病院について」諏訪敬三郎編『第二次大戦における精神医学的経験—国府台陸軍病院史を中心として』（国立国府台病院創立二〇周年記念刊行）非売品、一九六六年、六三—六四頁。

(54) 武蔵療養所医局編前掲書、三三頁。

(55) 軍事保護院『軍人援護事業概要』一九四〇年、三八四—四九七頁。

(56) JACAR（アジア歴史資料センター）Ref. A06031047400、「援護施設の概況」『週報』第三一二号（一九四二年九月三〇日）、一〇頁（国立公文書館）。

(57) JACAR（アジア歴史資料センター）Ref. A06031083500、「再起を夢みて 傷も忘れた昨日今日」『写真週報』第二四〇号（一九四二年九月三〇日）、四—五頁（国立公文書館）。

(58) JACAR（アジア歴史資料センター）Ref. A06031042200、「頭部(ずぶ)戦傷の問題」『週報』第二六〇号（一九四一年一〇月一日）、二二一—二二四頁（国立公文書館）。

(59) 関根前掲書、一九七一年、一七五頁。

(60) 東京商科大学昭和十八年入学会有志『学徒出陣後の学園生活—昭和十九年を中心に』私家版、一九八七年、二二頁。本資料は

一橋大学いしぶみの会の竹内雄介氏にご教示いただいた。記して御礼申し上げたい。

(61)　田中寛一「欧米に於ける戦傷者の再教育」『中央公論』五三巻六号、一九三八年六月、三三三—三三四頁。

(62)　田村正「医療保護に就て」『中央公論』五三巻六号、一九三八年六月、三四五頁。

(63)　緒方文雄『陸軍病院』講談社、一九四一年、一八一—一八二頁。

(64)　同前、一八二頁。

(65)　国立精神・神経医療研究センターの歴史資料保存事業とその研究成果については以下の論稿を参照。後藤基行・竹島正・永田郁子他「(独)国立精神・神経医療研究センターにおける歴史資料館開設計画—傷痍軍人武蔵療養所から未来にむけて」(『精神医学史研究』一七巻二号、二〇一三年、八一—八八頁)。後藤基行・中村江里・前田克実「戦時精神医療体制における傷療軍人武蔵療養所と戦後病院精神医学—診療録に見る患者の実像と生活療法に与えた影響」(『社会事業史研究』第五〇号、二〇一六年九月、一四三—一五九頁)。

第Ⅱ部

戦争とトラウマを取り巻く文化・社会的構造

第一章

戦場から内地へ

——患者の移動と病の意味——

本章では、精神神経疾患患者の移動に着目し、患者移送の実態と、患者の移動と病理を関連づけた当時の医学的解釈を検討することで、戦争神経症が不可視化された構造の一端を明らかにしたい。患者の移動に注目することで浮かび上がってくるのは、戦時精神医療における国府台陸軍病院の中心性と周縁性である。本章の前半では、統計から見た精神神経疾患患者の地理的布置を確認し、国府台陸軍病院に入院した患者がむしろ例外的な存在であったことを明らかにする。

一方、第Ⅰ部第二章で見てきたように、国府台陸軍病院は二つの意味でアジア・太平洋戦争とトラウマの歴史の中核となる存在であった。第一に、国府台陸軍病院は、傷痍軍人武蔵療養所とともに戦時精神医療の中核をしめ、戦場から内地まで連なる陸軍病院の最末端に位置し、診断と兵役免除・恩給に関わる最終的な判断の権限を有していた。第二に、国府台陸軍病院に集められた軍医たちは当時のエリートであり、戦後の精神医学界を牽引した人々であった。そのため、彼らが戦時中に行った戦争神経症に関する研究を考察することは、戦後日本社会におけるトラウマ理解の形成／阻害を考える上でも重要である。本章の後半では、国府台陸軍病院の軍医たちが発展させた、患者の移動と病像変化に関する理論を検討する。「目に見えない傷」である戦争神経症は、時間と空間の変化に応じて様々な意味を付与される性質の病であった。戦場から内地へ、また病院から郷里への移動は、単に物理的な移動にとどまらない、病の持つ意味が変移していく経験だったのである。

1　統計から見たトラウマの地政学

日中戦争以降の陸海全軍の精神神経疾患に関する体系的な統計データは、終戦時の資料焼却や散逸のために、今日では断片的なものしか残っていない。その点に注意を払いつつ、以下ではいくつかの統計に基づいて、日中戦争以降の精神神経疾患患者の発生・移送の実態について概観していきたい。

まず、一九三七年〜一九四五年までに小倉・広島・大阪の各病院に収容された還送戦病者中の精神疾患比率についての表から、全体的な人数の変化を確認しておこう。

表4から、還送戦病者中の精神疾患比率は、一九四五年の減少を除けば、戦争の長期化に伴って上昇したと言える。その背景の一つとして、選兵基準の変更が指摘できる。日中戦争の拡大と長期化に伴い、軍は多数の兵員を確保するために兵役制度の改革を行い、体位の劣る青年を徴集・召集せざるを得なくなった。軍事史研究者の吉田裕によれば、一九四〇年の陸軍身体検査規則改正によって徴兵身体検査の基準が大幅に緩和され、従来不合格とされていた「身体又は精神の異常のある者」であっても兵業に支障がなければ合格判定を出すことになった(1)。また、清水寛によれば、国府台陸軍病院に入院した知的障がい者の割合は年度を追うごとに上昇し、一九四三年には陸軍軍医学校と国府台陸軍病院の協力で徴兵検査用「集団智能検査法」が開発され、翌年実施された(2)。そもそも兵役不適格者であった知的障がい者たちは、軍の都合で強制的に徴集され、軍務を担いながらも、多くの場合は「帯患入隊」とされ、恩給や傷痍軍人としての恩典を与えられることもなかったのである(3)。

表4　還送戦病者中の精神疾患比率

1937年	1938年	1939年	1940年	1941年	1942年	1943年	1944年	1945年
0.93%	1.56%	2.42%	2.90%	5.04%	9.89%	10.14%	22.32%	5.24%

出典：浅井利勇編著『うずもれた大戦の犠牲者―国府台陸軍病院・精神科の貴重な病歴分析と資料』国府台陸軍病院精神科病歴分析資料・文献論集記念刊行委員会，1993年，24頁の表をもとに作成.

引用者注：同書24～27頁所収の「精神病患者収容状況一覧表」と照合した上で，原表中の数字の誤りを直し，和暦を西暦に改めた.

表5　患者の発病地

	全収容患者	還送患者	直接収容患者
日本国内	2,647人（33.1%）	1,783人（25.6%）	864人（82.4%）
満　州	1,087人（13.6%）	1,056人（15.2%）	31人（3.0%）
中国北部	1,057人（13.2%）	1,026人（14.8%）	31人（3.0%）
中国中部	1,693人（21.2%）	1,642人（23.6%）	51人（4.9%）
中国南部	417人（5.2%）	406人（5.9%）	11人（1.0%）
フィリピン	120人（1.5%）	116人（1.7%）	4人（0.3%）
航海中	117人（1.5%）	115人（1.7%）	2人（0.2%）
朝　鮮	111人（1.4%）	111人（1.6%）	0人（0%）
マレー	105人（1.3%）	102人（1.5%）	3人（0.3%）
ビルマ	88人（1.1%）	85人（1.2%）	3人（0.3%）
ビスマルク	72人（0.9%）	70人（1.0%）	2人（0.1%）
ニューギニア	58人（0.7%）	57人（0.8%）	1人（0.1%）
ジャワ	55人（0.7%）	54人（0.8%）	1人（0.1%）
台　湾	53人（0.7%）	53人（0.8%）	0人（0%）
スマトラ	50人（0.6%）	47人（0.7%）	3人（0.3%）
その他	272人（3.4%）	230人（3.3%）	42人（4.0%）
合　計	8,002人（100.0%）	6,953人（100.0%）	1,049人（100.0%）

出典：浅井前掲書，107頁の表をもとに作成.

引用者注：原表の「北支那」を「中国北部」と表記を改めた.「中支那」「南支那」も同様.

それでは、国府台陸軍病院に前線から送られてきた患者はどれくらいいたのであろうか。表5は、一九三七年一二月〜一九四五年一一月の国府台陸軍病院入院患者一万四五三名（六六―六七ページ参照）のうち、病床日誌（カルテ）の残っている患者八〇〇二名の発病地を、患者数の多い順に並べたものである。このうち、約八七％を占める還送患者（他の病院を経由して転入院した患者）を見てみると、圧倒的多数を占めるのが中国大陸からの患者で、続いて国内、満州であり、太平洋・東南アジア地域からの還送患者は一〇％にも満たない。投入された兵員数に比して、少ないと言えるだろう。

太平洋・東南アジア地域の患者の少なさの原因の一つとして、患者還送の難しさが挙げられる。表6と表7は、それぞれ一九四二年〜一九四五年の満州・中国・南方における戦病発生状況と、そのうち内地に還送された患者の数を表したものである。(4) 約一七〇万の兵員を投入し、各地域で飢えやマラリアなどの疾病に悩まされた南方地域では、四年間でのべ三七一万名以上の戦病者が発生していたにもかかわらず、還送患者数は約八万五千名である。中国や満州からの還送患者数も少ないが、南方戦線はとりわけ移送距離が長く、かつ航行中に敵潜水艦や飛行機による撃沈の危険があったために洋上移送が困難であった。(5)

さらにここで強調しておきたいのは、表6中の「精神病」及び「その他の神経系病」の数は一九四二〜四五年の四年間だけでも国府台陸軍病院に収容された患者数（一万四五三名）を遥かに上回っているということである。すなわち、国府台陸軍病院は精神神経疾患の治療の中心地と位置づけられはしたが、入院した患者はごく一部であり、その背後には精神疾患を患いながらも内地に還送されなかった患者が膨大に存在したということである。また、表7の内地に還送された精神・神経疾患患者数の合計は一万五七一九名である。すなわち、やはりここにおいても、一九四二〜四五年の四年間だけで国府台陸軍病院に入院した一万四五三名を上回っており、国府台以

表6　満州，中国，南方における戦病発生状況（1942年〜1945年）

	満州		中国		南方		合計
	人数	%（百分率）	人数	%	人数	%	
主要伝染病	29,380	2	54,569	2	74,250	2	158,199
マラリア	58,760	4	272,845	10	742,500	20	1,074,105
肺結核	367,250	25	381,983	14	259,875	7	1,009,108
胸膜炎	176,280	12	218,276	8	148,500	4	543,056
その他の結核	29,380	2	54,569	2	37,125	1	121,074
その他の呼吸器病	88,140	6	163,707	6	226,469	6.1	478,316
脚気	88,140	6	245,565	9	408,375	11	742,080
その他の全身病	102,830	7	163,707	6	371,250	10	637,787
精神病	**44,070**	**3**	**81,855**	**3**	**111,375**	**3**	**237,300**
その他の神経病	**73,450**	**5**	**136,420**	**5**	**219,043**	**5.9**	**428,913**
循環器病	58,760	4	109,138	4	297,000	8	464,898
消化器病	73,450	5	218,276	8	259,875	7	551,601
泌尿器及び生殖器病	17,628	1.2	40,926	1.5	37,125	1	95,679
花柳病	10,283	0.7	16,370	0.6	18,563	0.5	45,216
眼病	11,752	0.8	54,569	2	40,837	1.1	107,158
耳病	4,407	0.3	10,914	0.4	33,413	0.9	48,734
外皮病	22,035	1.5	40,925	1.5	18,563	0.5	81,523
運動器病	36,725	2.5	81,855	3	74,250	2	192,830
その他の外傷，不慮	58,760	4	163,707	6	185,630	5	408,097
その他の傷病	117,520	8	218,276	8	148,500	4	484,296
計	1,469,000	100.0	2,728,600	100.0	3,712,687	100.0	7,910,287

出典：陸上自衛隊衛生学校編『大東亜戦争陸軍衛生史 1』非売品，1971年，605-607頁の表をもとに作成．

引用者注：原表では年度ごとの戦病者数と百分比が掲載されているが，4年間の累計のみ掲載した．また，表題を付け直し，病名の並びを多少入れ替え，「支那」を「中国」に改めた（表7も同様）．

表7　主要病類別還送患者数（1942年～1945年）

	満州		中国		南方		合計
	人数	‰（千分率）	人数	‰	人数	‰	
主要伝染病	696	9.1	2,220	18.3	1,982	18.7	4,898
マラリア	213	2.8	3,899	32.2	27,553	324.5	31,665
肺結核	26,866	349.8	28,240	233.4	9,569	112.7	64,675
胸膜炎	17,464	227.4	14,377	118.8	5,263	62	37,104
その他の結核	7,311	95.2	8,871	73.3	2,338	27.5	18,520
その他の呼吸器病	2,228	29	2,964	24.5	1,715	20.2	6,907
脚気	1,875	24.4	5,131	42.4	4,353	51.3	11,359
その他の全身病	1,401	18.2	2,384	19.7	1,590	18.7	5,375
精神病	497	6.5	2,354	19.5	1,015	12	3,866
その他の神経病	3,762	49	5,576	46.1	2,515	29.6	11,853
循環器病	1,100	14.3	2,131	17.6	499	5.9	3,730
消化器病	2,670	34.8	7,273	60.1	3,524	41.5	13,467
泌尿器及び生殖器病	1,002	13	1,949	16.1	577	6.8	3,528
花柳病	518	6.7	361	3	308	3.6	1187
眼病	1,258	16.4	1,934	16	751	8.8	3,943
耳病	505	6.6	1,169	9.7	517	6.1	2,191
外皮病	318	4.1	619	5.1	299	3.5	1236
運動器病	707	9.2	2,130	17.6	888	10.5	3,725
戦傷	139	1.8	20,652	170.7	14,876	175.2	35,667
その他の外傷，不慮	4,209	54.8	6,717	55.5	4,215	50	15,141
その他の傷病	2,068	26.9	59	0.5	950	11.2	3,077
計	76,807	1,000.0	121,010	1,000.0	84,907	1,000.0	282,724

出典：陸上自衛隊衛生学校編前掲書，608-610頁の表をもとに作成．

外の内地陸軍病院に収容されて終戦を迎えた患者の存在が浮かび上がってくる。このような人々の入院実態については、第Ⅱ部第二章で明らかにしていく。

表6・表7は限られた数年のものであり、戦病発生数の算出の仕方も明確でない（例えば一人の患者に複数の傷病名がつけられたケースはどうなるのか、複数回怪我をしたり病気に罹患した場合はどうなるのかはこの表だけからはわからない）という問題はある。しかし少なくとも、日本の総力戦期において精神神経疾患を含め全体として戦傷病者の内地還送数が少なかったことをうかがわせるデータである。なお、第一次世界大戦時イギリスにおける戦争神経症について論じた高林陽展の論考によれば、一九一七年六月〜一二月までの戦争神経症患者の本土還送率は二九・六％、傷病兵全体の還送率は四六・四％であった。(6)

このように内地で治療を受けることが「特権」とも言える状況は、内地還送に対して軍部や将兵たち自身が特有の目線を向けることにつながった。全体的な数は明らかでないが、一部の兵士は内地還送を望んで自傷行為に及び、軍当局はこのような戦場における兵役忌避行為を重大な軍紀違反であると警戒した。(7)

一方で、戦傷と比べて犠牲が目立ちにくい戦病患者たちの中には、内地還送を恥じて、船上からの入水、病院内での縊死・飛び降りをする者すらいた。日中戦争に従軍した軍医の早尾乕雄（とらお）による戦場報告の中では、以下のように訴える患者の声が紹介されている。

私は早く一線へ行つて戦ひたいのですが反対に後方へ後方へと送られることは私を疑つてやはり国賊と考へて内地へ帰すつもりでせう。私は絶対に帰りたくないのです。帰される位なら死にたいのです。私が若（も）し内地へ帰されたら新聞にすぐ出されます。国賊を出したといふので両親も兄弟も土地に居られません。結局皆生きて居られなくなります。一家全滅です。（中略）どうか内還を止め私の潔白なことがわかる迄置いて下さい。[8]

これまでの戦争史・軍事史研究は、基本的には戦場と銃後という二つの空間が主な舞台となり、その中間の移動という経験や、あるいは戦場から内地に連続的につながる陸軍病院という場に着目した分析は少なかったと思われる。しかし、兵士たちにとって内地に還送されることは、それを肯定的に捉えるか否定的に捉えるかは個人によって様々であったものの、大きな変化を伴う経験として捉えられていたのである。

以上、戦場から内地までの患者の移動に着目し、国府台陸軍病院を中心とした内地の陸軍病院で治療を受けた精神神経疾患患者の少なさについて指摘してきた。次に、精神を患いながらも戦場に取り残された精神疾患兵士の状況を、太平洋地域を中心に見ていきたい。

2　戦場に取り残された精神疾患兵士たち

以下では、米軍による日本人捕虜の尋問に基づいた心理学レポートを分析し、そこで報告された精神疾患の事例を紹介するとともに、彼らにはどのような眼差しが向けられ、どのような処遇がなされたのかを見ていく。

一九四四年五月一〇日付けのG-2（U.S. Army Military Intelligence：アメリカ陸軍情報部）による心理学レポートA-134では、日本軍における精神疾患に関する質問項目があり、同じ項目を設けた追跡調査が少なくとも六回（A-153、A-160、A-166、A-171、A-175、A-182）行われた。一九四四年七月二二日のレポートA-153では、レポートA-134が作成されて以来、日本軍の間で精神的損耗が増え、日本人捕虜の士気が低下したと指摘されている。[9]

ブーゲンビルで捕虜になったある上等兵によれば、レクリエーションが不足し、日本に戻る方法がない状況の中で、彼の部隊は士気が低下していた。とりわけ「慰安所」の突然の閉鎖は、若い将校を落ち込ませた。彼はブーゲンビルに移る前の三年間（一九三九〜四二年）を中国で過ごしたが、その時はレクリエーション施設が利用できたおかげで部隊の士気は高く、中国では精神を患った兵士には全く出会わなかったという。さらに、米軍によって多くの船が沈められ、十分な食糧を確保できないことも士気低下の一因であった[10]。

この捕虜は「中国では精神を患った兵士には全く出会わなかった」と述べているが、第1節で確認してきた通り、中国で精神神経疾患を発症した患者は少なからず存在した。にもかかわらず「出会わなかった」のは、そもそも精神疾患の患者が他の兵士となるべく接触しないよう軍が配慮していたことも影響していると思われる。筆者が第Ⅱ部第二章及び第三章で病床日誌を確認した陸軍病院入院患者については、精神疾患を発症した兵士はすぐに受診し、入院していたケースがほとんどであった。また、これは漢口陸軍病院の精神科でのケースだが、「まるで営倉か留置場のように入口は角丸太で柵が作られ、中は鉄格子で、牢獄のような作り」のところに患者は隔離されていたという[11]。

野戦病院・兵站病院への後送や内地への還送が行えないような状況でも、患者は隔離されていた。例えば、一九四三年一〇月のコロンバンガラでは、三人のシェルショックの兵士が、残存部隊とともに避難してきたが、その患者の目は目的なくさまよっており、彼らは言動をコントロールできなかった。彼らは監視され、他の兵士は彼らと口を利かないよう注意されたという[12]。また、ブーゲンビルでは飢えのために多くの兵士が「精神異常」になり、彼らは隔離部屋として使われていた防空壕に入れられた[13]。

南方に取り残された精神疾患兵士の治療は、比較的軽症の場合は休息を命じられ、深刻な場合は電気ショック療法や何種類かの注射や鎮静剤が使われていた[14]。しかし、全ての患者がこのような治療を受けていたわけではないようだ。治療を受けずに部隊とともに行動していた精神疾患兵士は、どのように扱われていたのだろうか。米軍の記録から捕虜の証言を見てみよう。

一二〇名いる彼の部隊で負傷していない者のうち一〇％が、激しい爆撃の間防空壕から出ようとしなかった。彼らは命令を遂行できなかったので、軽度の精神疾患になっていたのではないかと捕虜1162-Aは考えている。彼らはほとんど食べず、敵の攻撃のサインがほんの少しでもあったならば避難所へ逃げ込んだ。しかし、このような人々への治療は何もなされなかった。[15]

＊

グアムでの戦闘中に、1162-Dは海軍・空軍の爆撃によって精神疾患になった者を一人見た。この男性は避難所から出ることを拒み、どんな仕事も拒否した。彼は他の兵士から無視され、「戦闘は既に最終段階にあるため」治療は何も受けなかったと1162-Dは述べた。[16]

また、これまでも軍事史研究の中でたびたび指摘されてきたことではあるが、[17]戦場において戦闘遂行の「役に立たない」あるいは「邪魔になる」戦傷病者は、治療の放棄のみならず「処置」の対象ともなった。以下は同じ捕虜1162-Dの証言記録である。

一九四四年七月二三日にグアムにある陸軍野戦病院の指揮官であるモリモト陸軍中佐が、敵に捕獲されることを避けるために全ての患者を殺す命令を下したと述べた。この命令は即座に実行された。そのため一〇〇名の患者が始末された。軽症の患者は手榴弾を渡され、重症の者は注射で処置された。[18]

このような「処置」は精神疾患患者に対しても行われることがあったようである。終戦後、日本の傷病兵のために開設された米軍第一七四兵站病院に勤務した守屋正（終戦時軍医大尉）は、戦時中フィリピンのルソン島の病院で働いていたある看護婦の証言を引いて「山の中で発狂した兵はウロウロして敵に見付かる危険があるので、全部射殺したそうである」と書いている[19]。

3　「ヒステリー発生の温床」としての病院

国府台陸軍病院の軍医たちには、以上見てきたような戦場の状況が戦時中はほとんど伝わっていなかったと思われるが、彼らは戦場から内地へ還送された患者の病像変化に多大な関心を寄せた。以下では、こうした病像変化を体系的に論じた笠松章[20]と細越正一[21]の論文を取り上げ、両者の共通点を抽出することで、国府台陸軍病院の軍医たちが戦争神経症をどのように解釈し、対応しようとしたのかを明らかにしたい[22]。

（1）　笠松章「戦時神経症の発呈と病像推移」

第Ⅰ部第三章でも見た笠松章の論文「戦時神経症の発呈と病像推移」は、一九四四年一月及び五月発行の『軍医団雑誌』特号に二回に分けて掲載された。陸軍軍医の研究雑誌『軍医団雑誌』で「戦時神経症」が体系的に取り上げられるのは第Ⅱ部第三章で検討する桜井図南男に続いて二回目であり、戦争末期の差し迫った状況の中で、陸軍軍医団の関心を集めていた問題であったことがうかがえる。とは言え、この論文が掲載された「特号」の冒頭には、「本軍医団雑誌特号は秘に亘（わた）る事項を多く集録しあり防諜上之が配布も現職衛生部将校のみに限られあるを以（もっ）てその取扱保管を慎重にし苟（いやしく）も巻間に散逸するが如きことなきやう特に注意せられ度（たし）」という但し書きがついており、その内容は極秘扱いであった。

笠松は戦争神経症を「心因反応」（精神的体験に基づく反応）と捉えており、戦争によって増えるのは三大内因性精神病（精神分裂病・躁鬱病・癲癇）ではなく心因疾患であるにもかかわらず、日本の軍隊ではこうした疾患への関心が低く、「斯かる患者の発生は敗戦的なりとすら考へ、我が国軍隊に戦時神経症は一名も居ないと云ふ信念が流布されて居た位である」と冒頭で述べる（笠松 一九四四a、一五一―一五二頁）。日中戦争初期に「皇軍に精神病者はいない」という言説が新聞等のメディアで見られたのは第Ⅰ部第二章で見てきた通りであるが、戦争の長期化とともにそうしたごく単純で非現実的な戦争神経症の否定論から、目下遂行中の総力戦に適応可能な論理への移行を目指していた様子がうかがえる。

笠松の関心は、前線と後方、あるいは入院―外地陸軍病院―渡洋後送―内地陸軍病院―退院という環境の変化に応じた病像の推移にあった（笠松 一九四四b、二五五頁）。

笠松は、前線における一時的反応を（a）驚愕反応、（b）内的葛藤反応、（c）反応性抑鬱、（d）反応性幻覚、（e）反応性譫妄及妄想、（f）日本的特性を示す一型、（g）ガンゼル氏朦朧状態、（h）心因身体障害の八つに分類している。以下では、患者の発症状況によって①軍隊教育への不適応・軍務の失敗、②死の危険を伴う体験に続く心身の反応の二つに分類し、笠松の理論の特徴と言える③「日本的特性」とされた例と合わせて三つのタイプに整理して分析したい。

①　軍隊教育への不適応・軍務の失敗

以下の事例は、軍隊教育への不適応や軍務遂行上のミスのために発症した例である。

（c）「反応性抑鬱」は軍隊という特種な環境下で、健康な素質の者であれば難なく対処できるような体験に対し、「劣弱な精神的素質」のために抑鬱状態となったり、自殺観念を持つに至るような例である。ここで紹介されている「症例4」は、召集入隊以来約半年、現地到着以来約一ヶ月教育中の初年兵で、知的障がいがあり、脚気で入院していたために教育が遅れていた。上官から怒られてばかりのため煩悶し、自殺を図って「自分の様に頭が悪くてはお国の役に立たぬから死刑にして欲しい」と言った。また、上等兵の「症例5」は、保管中の自転車を紛失して抑鬱状態となった。性格は、人は良いが内気で元気がなく、抑鬱性気質が認められる。兄の一人は出征中精神病に罹り死没した（笠松　一九四四a、一五八―一五九頁）。

（e）「反応性譫妄及妄想」で紹介されている「症例7」は、中国で歩哨勤務中に捕虜を逃して叱責された。その後突然幻覚・不安・意識混濁に陥り、幻覚にとらわれて「馬が走って来る」とか姉の名を口走った。敵の姿も見えるらしく、突然走り出して銃を手にした。笠松は、こうした妄想は精神分裂病のような唐突さや矛盾が少なく、真正妄想とは区別されると指摘している。入院後は平静となり意識もほぼ回復したが、不安感情があり、処罰の為軍医が注射で自分を殺すと言い、注射を拒否して逃げ回った。内地還送後は妄想様思考も消え、「馬鹿な事を考へたものだ恥しい」と述懐した。性格は気の小さいところがあり、知能程度も低いらしい、と笠松は観察している（笠松　一九四四b、二四一―二四二頁）。

（g）の「ガンゼル氏朦朧状態」とは、ドイツの精神科医ガンザー（S. J. M. Ganser 1853-1931）が拘禁された未決囚二〇例について報告した、独特なヒステリー性もうろう状態を呈する拘禁反応の一種であると考えられる[23]。ここで紹介されている「症例9」は、入営以来一ヶ月に満たない現地教育中の二等兵で、教官の質問に答えられず、そのために初年兵全体が怒られ、思い悩んだ。突然「戦争に行く、戦争に行く」と叫びながら、側にあった十能（スコップ）を持って裸足のまま外へ飛び出したため医官のもとへ連行された。ところどころ病因に伏在する願望観念を察知させ、知能は普通であるが、刺激的・感情的な「ヒステリー性格」と言ってよい、と笠松は述べている（笠松　一九四四b、二四四―二四五頁）。

これらの事例に共通しているのは、知的障がいや、小心・刺激的・感情的などの「性格」、精神病の遺伝的な負因など入隊前から存在していた「素因」が指摘されていることである。「落伍兵」の烙印を押されることや、軍隊の「員数主義」によって処罰されること、自分が「連帯責任」の原因となってしまうことへの恐怖は広く兵士の間で共有されていたものであったと言えるが、ここでは病前から存在した個人の問題に矮小化されている。

②　死の危険を伴う経験に続く心身の反応

笠松は戦闘や戦友の死など死の危険を伴う経験に続く心身の反応も紹介しており、その中には現在ではトラウマ体験後の反応と理解されるようなものが記述されている。

（a）「驚愕反応」は、驚愕体験に伴って顔面蒼白・四肢震顫（しんせん）等の反応や知覚・判断・思考力の低下が見られる。笠松はこうした反応が「或（ある）程度迄（まで）生理的に見られるものであるが、其（そ）の強度、経過に異常を見る場合、初めて病的のものとして医師の対象になる」と述べている（笠松　一九四四a、一五五頁）。

（b）「内的葛藤反応」について笠松は、（a）のように急激な衝撃体験と同時に現われる異常状態は案外珍しく、体験を反復想起し、反芻することによって生じる慢性の苦悶葛藤が原因となり、体験から時間差を伴って現われる反応であると述べている（笠松　一九四四a、一五六頁）。ここで挙げられている「症例2」は、生命の危険を伴う戦闘に参加した直後のトラウマ反応と考えられる事例である。現地部隊に配属されて初めて作戦に参加した補充兵役二等兵の「症例2」は、雨中の長時間にわたる行軍により相当疲れた上、初めての激戦を経験し、味方にも少数の損害があった。その晩仮眠をとり、周囲の戦友はすぐ寝入ったが、彼は一人で昼間の戦闘のことを思い出し、不安な気持ちに悩まされ、その後の記憶がないという。夜明けに彼がいなくなったことに気付いた戦友が探しに行くと、半裸体の姿で茫然と立っていた。蒼白で表情がなく、質問は大体理解するが見当識（現在の年月や時刻、自分がどこに居るかなど基本的な状況把握のこと）は確かではなく、特にここが戦場であるという意識がない。すぐ作戦が続行されたので、戦友が監視をしながらともに行軍し、翌日軍医のもとへ連れて行った。その後は元気で軍務に服し数度の作戦に参加したが異常はない。笠松の観察によれば、性格は人におだてられやすい所があるが、ずるいような所はなく、大体真面目な兵士であった（笠松　一九四四a、一五六―一五七頁）。行方不明になっていた後の記憶をなくしていたり、「戦場であるという意識がない」などの状態は、圧倒的なトラウマから自己を保護するための解離反応を思わせる[24]。

笠松は、（a）と（b）は一種の防衛反応であると述べており、「前世界大戦以来戦争神経症の発呈は、戦線を回避しようとする心的傾向の伏在を以て説明されるものであるが、此等の症例に迄、斯かる願望観念の前提が妥当するものとは容認し難い」と指摘した（笠松　一九四四a、一五七頁）。ここで「願望観念の前提」と述べているのは恐らく、第Ⅱ部第三章で登場する桜井図南男の「戦時神経症」論を意識したものと思われる。内地陸軍病院入院後の病状のみを対象とし、患者の「願望」を病理化した桜井論文との明確な違いが出ている部分であると言えるだろう。笠松は（a）と（b）で紹介した症例がいずれも十数時間〜二〇日程度で症状が消失し、前線に復帰したことから、こうした自己防衛反応は「症例2」のような真面目な兵士も含めて誰にでも起きうるものであり、一過性のものであるとしている（笠松　一九四四a、一五七―一五八頁）。まさに、第Ⅰ部第一章で見てきた「戦場心理」論を精神医学的な立場から支持するような指摘であると言えよう。

（d）「反応性幻覚」は、恐怖体験に続発した意識障害と、その後恐怖体験を想起することにより反復的に登場する幻覚である。ここで紹介されている「症例6」は、ある事故のために戦友が非業の死を遂げるのをたまたま目撃した。ただちに朦朧状態に陥り、事故から約一週間後に入院するまでの記憶がない。死んだ戦友の幻覚に悩まされ、不安・興奮があった。入院から一〇日後に退院したが、部隊に安置された遺骨が気になり、それを見たり思い出すと再び意識混濁を来し、幻視・幻聴を伴う興奮状態を示した。内地還送後、死亡した戦友が現れるのは夢の中のみになった。時々死にたいと思うが、死を恐れる気持ちもある。病気なら治したいと述べている。国府台陸軍病院転入院後、二週間位で悪夢はなくなった。頭痛と眩暈はとれないが、これは生来性のものであるという。笠松は、生来性の性格・精神病質・身体病質による説明の他に、発病当時の家庭的不和や戦場での過酷な「討伐戦」の連続も関係しているのではないかと分析している（笠松 一九四四b、二四一頁）。「症例6」の場合、戦友の死というトラウマ体験後の反応と捉えるならば、幻覚や悪夢はトラウマ性記憶の侵入であり、強い情緒や感覚がよみがえる生々しい記憶を再体験することによって不安・興奮状態になっていると理解することもできるのではないだろうか。

このように、（a）と（b）のような前線における驚愕反応や体験の想起による苦悶は、一過性のものであり、前線への復帰がなされれば「誰にでも起こる反応」（＝正常な反応）と笠松は考えた。しかし笠松にとって、（d）のように過度の不安・興奮反応は、「医師の対象になるもの」（＝病的な反応）であった。すなわち、前線から後送されていくことは、単に兵士の身体の物理的移動だけではなく、軍隊内の指揮・統率の問題から軍事医学の問題への移行を意味していたと言えよう。

③「日本的特性」とされた例

笠松が戦争神経症の病像変化とあわせて関心を寄せたのが、民族的特性である。

（ｆ）「日本的特性」を示す例として紹介されている「症例8」は入隊後一年余りの補充兵役一等兵で、鳩通信兵に選ばれ、身に余る責任を負って煩悶した。たまたま鳩舎の問題が起こり、本人が提案した所ではなく別の場所に作るよう命ぜられ、その場所では鳩が逃げ出してしまうと思い悩むうちに突然夢遊状態となり、無言で隊内を徘徊するようになった。応答は鈍いが鳩のことになるとよく喋る。執拗に原隊復帰を希望するが、内地還送となる。国府台陸軍病院入院時には態度活発、礼節があり、精神的異常は認められない。性格は寡言、内気、几帳面。知能も低いらしい、と笠松は観察している（笠松　一九四四ｂ、二四二―二四三頁）。

笠松の分析で興味深いのは、この事例が（ａ）「驚愕反応」と同じく願望傾向が全く見られず、自己の義務に対する責任感に起因するものであると指摘していることである。適切な説得と慰安と休養によって回復すると述べていることからも、（ａ）と同じく一過性の反応と考えていることがわかる。笠松は、「責任感―罪業妄想―希死観念」という一連の思考様式は、日本の軍隊における心因反応の特徴の一つであるという。笠松はこうした責任感の強い事例にまで願望を認めて「所謂目的神経症」と混同することには反対の立場をとり、「心因反応は総て〔傷痍疾病等差が〕二等症ではなく、立派に一等症たり得るものもある事を主張したい」と述べている（笠松　一九四四ｂ、二四三―二四四頁）。このことからもわかるように、笠松は「公務に起因する戦争神経症」の存在も認めているのである。こうした主張は、第Ⅱ部第三章で述べるような国府台陸軍病院の恩給策定方針にも一定の影響を与えたと思われる。

（ｈ）「心因身体障害」は精神的衝撃と同時に起こる身体症状であるが、日本ではこうした事例が第一次世界大戦時の欧米諸国に比べて少ないと笠松は述べている。このような最も狭義に理解した戦争神経症の少なさの背景として、笠松は以下のように日本軍の「精神力の偉大さ」をもって説明している。

我が国戦争の歴史が常に敵に対し攻撃的、圧倒的で、且不敗であると云ふ観念が如何なる困難な事態に於ても強い自信を与へ、少くとも前線戦場心理に願望傾向の浸透する余地を作らないのではあるまいか。（笠松一九四四b、二四六頁）

こうした理解は、冒頭で述べられていた軍隊内における戦争神経症への無理解に棹差すだけではなく、（b）「内的葛藤反応」のように、急激な衝撃体験と同時に現われるのではなく時間差を伴って生じる反応がむしろ多いという説明とも矛盾すると言えるだろう。

以上のような前線での反応に続いて、笠松は後方における反応についても分析しているが、戦争神経症とは前線の驚愕反応から後方の詐病に近いヒステリーを両極端として連続的配列をなすものと考えるのが妥当であること、またこうした推移は一人の患者の病状経過の推移においても現れるものであることを指摘している（笠松一九四四b、二四六頁）。

その具体例として笠松が挙げている「症例10」は、現地教育中の歩兵二等兵で、入浴場において略帽を紛失した責任感から苦慮し、点呼で発見されるのを恐れて自殺を覚悟し、便所に入り銃剣で喉をついた。戦友に発見されて入院したが、顔貌は恐怖状で近づいて話しかけようとすると警戒し、特に将校と下士官に対する警戒心が著しかった。内地還送され、病院船の中で急激に疎通性（言語的に円滑な伝達が成り立つこと）を回復したが、自殺未遂の時から内地還送までの記憶がない。また、原隊復帰に積極的な意志を示さない。性格は詳細でないが、「我儘勝手」で「顕揚性」（自己顕示欲が強く、自分を良く見せようとする傾向）であることは確かであると笠松は観察している。病院船の中で回復したものの、内地陸軍病院で今度は失立、失歩という身体症状と仮性痴呆が生じた。笠松は、これらの症状の背景に内地還送という第一の願望と除役・帰郷という第二の願望が伏在しており、国府台陸軍病院ではこれを「ヒステリー」として強圧的態度で臨んだため、願望が断念され、症状が消失したと分析している（笠松 一九四四b、二四七頁）。

笠松が後方で見られる戦争神経症の特徴として指摘するのは、この事例のように「あらゆる医療にも拘らず固定発展し、唯々後送、除役、恩給等に依つてのみ寛解する」ことであり、それは「疾病を利用して利己的な欲望を達せんとする願望傾向等の二次的な心理加工が加わつたもの」であると説明している。これと対照的に、前線での反応（b）「内的葛藤反応」で紹介されていた「症例2」のように、「一過性の情緒爆発」として短期間で症状が消失するものには願望傾向は認められないという（笠松 一九四四b、二四七―二四八頁）。

笠松は「症例10」の失立・失歩のような心因性の身体症状に着目し、国府台陸軍病院で「ヒステリー」と診断され、顕著な身体症状を示した患者がどこで症状を生起させ、悪化させたのかを分析した。その結果、内外地の陸軍病院において症状が発生・固定・悪化しており、しかも患者が呈する身体症状は内科的・外科的なものであることが判明した。これを受けて笠松は、『軍医団雑誌』の読者である軍医に対して、「我々衛生部員として看過出来ない問題である」と警告した（笠松 一九四四b、二四八―二五三頁）。桜井と同様、笠松も戦争神経症は軍事医学全体に関わる重要な問題であることを強調したのである。

以上の分析から導き出される予防・治療の原則は、笠松が言うところの「前線ヒステリー」（戦地における発症）が二次的願望を起こして「病院ヒステリー」（入院後の固定・悪化）へと移行するのを防ぐことであった。そのため、心因反応に対してはなるべく前線に近い所で、かつ早期にその傾向を発見して対策を講ずる必要があった（笠松 一九四四b、二五四―二五五頁）。これは現在PTSD（心的外傷後ストレス障害）やASD（急性ストレス反応）の治療の重要な前提条件である、患者の心身の安全性の確保[25]とは正反対の治療方針だと言えるだろう。

（2）細越正一「戦争ヒステリーの研究」

細越正一は、一九四一年一二月〜一九四五年八月まで国府台陸軍病院に勤務し、四二四名の「戦争ヒステリー」患者たちを見てきた。その経験をもとに一九四八年に博士論文「戦争ヒステリーの研究」をまとめ、北海道大学医学部精神病学教室に提出した。

細越の博士論文では、患者総数四二四名のうち病歴の明瞭な三五二名が研究の対象になっている。なお、三五二名のうち二五名は再入院のケースであるが、細越はこれらを「所謂年金ヒステリー」として区別するべきであるとしている。患者の発病地は、外地対内地が約7対9の割合で、内地において病院近在部隊とその他の比率は約5対4であった（細越 一九四八、一三、一五頁）。以下、患者の発病地と病像変化に関連する「第三章　発生論的研究」と「第四章　病像の固定とその発展過程に関する考察」を中心に見ていこう。

まず前提として、細越の研究では、ドイツの精神医学者カール・ボンヘッファー（Karl Bonhoeffer 1868-1948）の学説によって「ヒステリー」を理解している。細越によれば、ボンヘッファーは、「或る変質性基地に発生した心因反応」のうち、その病像の背後に『疾患の意志』という心的傾向」が見られる場合のみヒステリー性と名づけたという（細越 一九四八、七―八頁）。

その上で、ヒステリー論の課題は「如何なる素質の者が、如何なる事態に於て、如何なる心的機制の元に、如何なる形態の症候像を多く形成するか」を研究することであるとして（細越 一九四八、一六頁）、ヒステリー発生に素地を与える事態を①初年兵を中心にして構成される教育部隊での事態、②戦闘を中心にして構成される事態、③内地部隊・外地駐屯部隊に発生したヒステリーと病院における事態に分類した。以下見ていこう。

① 初年兵中心の教育部隊

教育期間中に発病した患者は、対象とした三二七名のうち、三六％にあたる一一八名が該当した。現役と補充兵役はほぼ同数で、国民兵役は少数であった。また、ほとんどの兵士に何らかの精神的・身体的疾患の既往歴があり、「精神的に或は身体的に劣弱な兵に於てヒステリーが発生することが一見明瞭」であると細越は指摘している。しかし、細越も指摘している通り、戦争後期になると現役兵の採用基準が緩められ、全体的に体力が低下していたと考えられる（細越 一九四八、二一―二三頁）。

症状発生時の状態では、まず、「感動体験に基いて急激に症状を表出した症例」が五二名（四四％）と最も多い。例えば、体質的に弱い補充兵が、過重な隊教育の中で精神葛藤を起こし、体力検査をきっかけに急激な歩行障害になった例や、吃音の補充兵がヒステリー性失声症となった例、入隊後幹部候補生として教育を受けるが、体力に自信がなく、急激な症状を示して落伍した例などである（細越 一九四八、二四―三五頁）。

これらは前述の笠松の論文で見てきた「①軍隊教育への不適応・軍務の失敗」の例と似たグループであり、病因として個人の素因が挙げられているところも共通している。細越は、先の吃音の兵士が「何が一番辛かったか」と尋ねられた時に、「申告」（離着任などについて上官へ報告する儀式）と筆答し、涙ぐんだというエピソードに触れ、「本症も又軍隊生活の苦悶の現れと見る事が出来よう」と述べている（細越 一九四八、三〇頁）。軍隊とは、様々な身体的・精神的特徴を持った人々を無理やりある鋳型にはめこもうとする場であったが、細越のように吃音を「病的人格」と結びつけることで、そうした構造的な問題が見えなくなってしまうのではないだろうか。

次いで多いのは、「既往症の再発の形式でヒステリー化せる症例」三七名（三一％）であり、細越によれば、こうした症状は第一次世界大戦以降、戦争ヒステリーに特有であることが知られていた。最も多い症状としては、坐骨神経痛・関節レウマチス・脚気・外傷など主として下肢における疼痛であった（細越 一九四八、三五―三六頁）。これは笠松のところで述べられていた「心因性の身体症状」と同類と考えて差し支えないだろう。また、第Ⅱ部第三章で詳しく述べるが、これらは全軍的に問題となっていた「自覚症状を主として他覚的所見に乏しい患者」であった。細越は、このタイプの中では聴力障がいが多いのが特徴だと指摘している。こうした患者は、班内での体刑の一手段である顔面殴打がきっかけとなり、多くは慢性中耳炎の症状を呈して入院して来るが、入院時にはヒステリー性難聴を合併して症状を一層誇大にし、入院を容易にさせるのだという（細越 一九四八、三六頁）。細越も指摘する通り、下肢の障がいや難聴は、軍隊生活を円滑に行う上では大きな障壁となる。そのために兵士にとっては煩悶の原因であり、また軍隊生活を離れる正当な理由ともなった。それは軍隊から見れば「逃避」であるが、兵士にとっては自己防衛の戦略でもあっただろう。

②　戦　闘

細越の症例では、戦闘によるヒステリーと考えられるものはわずかに一五名（四・六％）であった。この少なさの原因は、国府台陸軍病院の収容病棟の事情によるものであり、戦闘によるヒステリーは頭部戦傷ないし一般戦傷の収容病棟において多数観察されるものだろうと細越は分析している（細越 一九四八、四四頁）。第Ⅱ部第三章で述べるように、国府台陸軍病院の戦争神経症患者の発病地は一九四一年までは中国が最も多かったが、次第に患者還送が困難となり、一九四二年以降は内地発病患者が最多となった。細越も指摘しているが、そうした患者構成のバイアスは考慮する必要があるだろう。

細越は、戦闘によるヒステリーを驚愕体験に引き続いて発生したヒステリーと、受傷後病院においてヒステリー性に固定されたものに分類しているが、これは笠松の「前線ヒステリー」と「病院ヒステリー」に該当するだろう。細越によれば、「前線ヒステリー」と驚愕反応・原始反応・内的葛藤反応とは明確に区別されるものであった。後者の三つの心因反応は、笠松が指摘していたように「無目的な本能的防禦的反応」であり、「前線ヒステリー」はあくまでも一定の願望（この場合逃避願望）をもって発生するものだと考えたからである（細越 一九四八、一一、四五頁）。驚愕反応等が戦闘の経験を経るにつれて減少してくる（細越 一九四八、四七頁）という戦場心理学的な見解も、笠松と同様である。

一方で、戦闘直後の発症については、細越は笠松と意見を異にしている。前述の通り、笠松は精神的衝撃と同時に起こる身体症状の少なさを日本軍の「精神力の偉大さ」によって説明した。しかし細越は、戦場でヒステリーとなること自体が生命を賭する結果となるため、「むしろ抑制せられ、この事態より脱出する環境にいたつて始めて烈しく衝動的な覚醒を見るに至るものである」と指摘している（細越 一九四八、七〇頁）。こちらの方が人間の本能的防御反応の理解としては妥当なものと考えられるが、恐らくは戦時中と戦後という笠松と細越の論文が書かれた時期の違いも影響しているだろう。

③　内地部隊と外地駐屯部隊、病院

対象者三二七名のうち、内地部隊ないし外地駐屯部隊で発生したヒステリーは一九四名（五九・三％）であった

（後者のうち戦闘に参加した患者は除外されている）。固定像で最も多いのは「疼痛―麻痺」で、全体の半数である。そのほとんどは部隊発生のものであり、神経痛・関節レウマチス・脚気等に類似した軽微な症状で入院してヒステリー化したものが多かったという。このことから、細越は「入院はヒステリーに対する第一の譲歩である」と述べる（細越 一九四八、五五―五九頁）。

続けて細越は、「病院はヒステリーの温床である」と結論づけている。というのも、前述のような関節レウマチスや脚気の他にも、気管支炎・マラリア・赤痢・蟲様突起炎（虫垂炎）・痔核などの明らかな器質性疾患の治療のために入院し、その治療経過中にヒステリー性症状を惹起した症例が三二七名中一〇四名と約三割をしめていたからである。病院がヒステリーの温床になるのは、病院が部隊と郷里の中間地点に位置する空間であることと関連していた。細越によれば、「陸軍病院は治療を要する者のみが生活する処ではなく、軽症の為に帰隊とも帰郷とも決定づけかねて経過を見ている患者があり、既に症状が固定して帰郷の手続を終了し、特種の治療もせず許可をまつのみの患者も多い」という状況であった（細越 一九四八、六一―六四頁）。

陸軍病院での軍医の業務には、細越の言う通り治療だけではなく、除役や恩給の策定といった兵士の生活や人生の大きな転機に関わる業務も存在した。前線から後方への移動は、それだけ郷里と近づくことを意味し、郷里への切符を一足先に手に入れた戦友を横目で見ながら、患者たちが帰郷への期待を募らせたのも当然と言えよう。また、次章で述べるように、内地の陸軍病院では慰問活動も活発に行われ、病院は銃後社会との接点ともなる場であった。

しかし国府台陸軍病院の軍医たちは、制約が多い部隊とは異なり、病院が患者の「慰安所」や「逃避所」になっていることこそがヒステリーを助長していると考えた。細越がここで言及している桜井図南男は、戦争神経症の予防策の一つとして、軽症患者から病衣と寝台を取り上げ、「病院をもつと厳格な医学的監視下にある兵営生活に還元せしめることが必要である」と指摘している。(26)戦時中に明確化することはなかったが、こうした主張は、恐らく第Ⅰ部第三章で述べたような「白衣の勇士」の優遇措置とは対立するか少なくとも見直しを迫る性質のものであったと言えるだろう。

（3）国府台陸軍病院の軍医たちの「戦時神経症」認識

以上、笠松の「戦時神経症」論と細越の「ヒステリー」論について見てきた。相違点については各論の中でも触れたが、ここでは両者の共通点について改めて整理しておこう。

両者の第一の共通点は、驚愕体験直後の反応と、その後に時間差を伴って現れる症状を明確に区別していることである。前者は願望とは関係がなく、誰にでも生じうる生理的な反応で一過性のものであった。しかし後者は、戦場からの逃亡や恩給などの願望のもとに発現する症状であった。このような区別は、一九四五年三月に内村祐之と秋元波留夫が陸軍省宛に提出した報告書「戦時神経症に関する綜説」における「一次心因反応」と「二次心因反応」の分類にも通じるものだった。(27)当時の日本の精神医学の中枢を占める人々は、基本的にはこの枠組みで戦争神経症を理解したのである。

第二に、こうした戦闘直後の急性反応から持続的な精神加工による症状の発展固定への移行を、前線から後送され、内地陸軍病院に至るまでの患者の移動と重ね合わせて捉えていたことである。笠松による「前線ヒステリー」と「病院ヒステリー」という名称が簡潔にそれを表している。

第三に、病因における環境と素因についての考えである。まず前提として、両者とも戦争神経症を「心因反応」と捉えており、戦争が強い精神的衝撃を与えるものだと述べている（笠松 一九四四a、一五一頁、細越 一九四八、四八―四九頁）。だからこそ、強靱な兵士でさえも戦争神経症になりうるのである。しかし、同一の体験でも発症する人としない人が生じるのはなぜか、ということで素因が問題となるという点でも両者は一致している（笠松 一九四四a、一五三頁、細越 一九四八、五―六頁）。素因について、戦時の患者は病歴や発病前の性格等に関する情報が十分得られないという限界があることを両者とも認めているが、初年兵が教育中に発症したケースが一番素因の影響が強いと考えていたと思われる。一方、戦闘について笠松は環境の方により重点を置いているようにも読めるが、細越は戦闘もまた初年兵教育と並んで「素質に対する試練場」（細越 一九四八、六九頁）であると述べている。この場合の素質とは、生来性のものに限らず、後天性の、軍隊生活によって獲得された二次的な体質変化（例えば酒精中毒・性病罹患・伝染性疾患等）も含めていた（細越 一九四八、五四頁）。また、「重篤な精神病質者」というよりは「軽度の精神病質者」（日常在郷生活には支障をきたさないが、生活に対する順応力に乏しい性格）の方が多いとも指摘している（細越 一九四八、七三―七四頁）。

　このように、国府台陸軍病院の軍医たちはいつどこで発症したのかということを重視し、戦闘直後の一過性の防衛反応や責任感に起因する事例は例外的に脱スティグマ化されたが、前線から離れるに従って患者の素因や願望が問題化されたのである。しかし、初年兵や画一化された軍隊の集団生活に馴染みにくい障がい者などにとっては、戦闘だけでなく兵営生活もまた苦痛に満ちたものであった。自身も兵士として中国に従軍した銅版画家の浜田知明の作品「初年兵哀歌」シリーズは、そのことを示す一例と言えるだろう。思想史家の鹿野政直による卓抜な浜田知明論のタイトルが「取り憑いた兵営・戦場」であったことがよく示している通り[28]、戦場だけでなく兵営での体験もまた、戦後兵士たちの心に影を落とすこととなったのである。

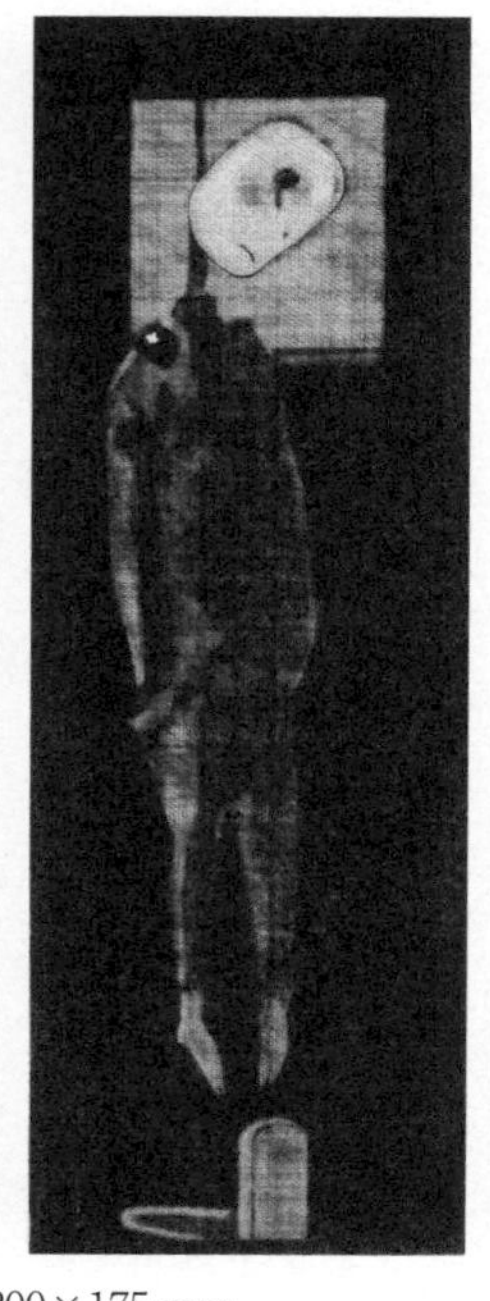

左一図 9　「初年兵哀歌（銃架のかげ）」1951 年，200×175 mm
右一図 10　「初年兵哀歌（便所の伝説）」1951 年，241×86 mm

浜田知明画，熊本県立美術館画像提供.

図9「初年兵哀歌（銃架のかげ）」では、銃架のかげの布団の上に、芋虫で表現された兵士が寝ており、その体には標本昆虫のようにピンが打ち込まれている。そして外では不寝番が見張りをしている。

笠松と細越は戦争・軍隊経験を「拘禁状態」とのアナロジーで語っていたが、(29) この芋虫はそれを実際に体験した兵士の立場から端的に視覚化したものと言えよう。初年兵時代の浜田は、「レジスタンスのつもりで」、「〝要領の悪い〟兵隊で通し」、幹部候補生志願もことわった。そのため一年余の間殴られ続けた。(30)

浜田のように、兵営という閉鎖的な空間の中で「私的制裁」という名の暴力にさらされた兵士は数多い。一九四〇年九月、教育指導の参考資料として関係各部隊に送付された陸支密第一九九五号「支那事変より観たる軍紀振作対策」の中では、「部下の非違矯正上の手段」として「特に私的制裁は之を根絶せしむるを要す」と注意が喚起されるほどであった。しかしそれも兵士の人権に配慮したものではなく、犯罪（とりわけ当時問題化していた対上官犯）発生の温床になるからという軍紀への配慮からであった。[31]

こうして、「自己の意志に反して投げこまれ、一切の自由を奪われ」、軍隊生活に絶望した浜田は、自殺を真剣に考えつめた。当時の浜田にとって、自殺は「わずかに残された自由」であった。顔のない存在であった芋虫として描かれていた図9とは異なり、図10の兵士には、顔があり、また感情のある存在として描かれている。鹿野政直は、「彼らが員数でしかなかったことのあらわれにほかならず、自死の決断においてのみ個性を回復しうるという、作者の想いの反映でもあろう」と指摘している。[32]自死の場として選ばれているのも、便所や歩哨時など兵士がわずかに自由を得られる場であった。しかし、「どたん場にきて、ここで死んだら敗北だ」と考え、「生きていて絵を描きたい」という気持ちに支えられた浜田は、深夜に一人で歩哨に立っている時などに頭の中で構図を組み立てて記憶するという別の「自由」を選び取ることができたのである。[33]笠松は、軍隊内の自殺行為や離脱行為をする者について「本来の精神病患者か、さもなければ、性格や知能の欠損者である場合が多い」と論じているが（笠松　一九四四a、一五九頁）、浜田のように紙一重のところで自死や逃亡を思いとどまった兵士は数多かったと思われる。それはつまり、そうした行為が行為者の逸脱性ではなく、軍隊の持つ暴力性に起因するものであったことを示しているだろう。

小　括

患者の移動に着目した本章の分析から、戦争神経症が不可視化された構造を二点指摘しておきたい。まず、患者移送の実態から、内地に還送された患者は全体のごく一部であったことが明らかになった。本章で分析したデータも一九四二～四五年の四年間のみのものであったが、戦争末期に至って軍事医療が壊滅的な状況になる中で、治療を受けられずに亡くなった兵士や、データにも残されなかった患者が存在したものと考えられる。

次に軍事精神医療システムに組み込まれた少数のケースに目を転じてみると、戦争神経症の解釈の枠組みそのものが戦争神経症を不可視化する構造を有していたと言える。国府台の軍医たちは、一時的な原始反応と時間差を伴って現れる二次的反応を区別し、前者は「正常」な反応であるが後者は「病的」な反応であるとした。この理解は、PTSDを「回復の障害」とする考え方[34]とも一見一致するように思われるが、大きな違いは「病院ヒステリー」論は患者の願望（意思）を非常に重要視するのに対し、PTSDは再体験症状（心的外傷体験の記憶や感覚などが甦る症状）などのように、症状を自己コントロールするのが困難だという点である。基本的に国府台陸軍病院の軍医たちは、戦争神経症の原因を、暴力に満ちた戦場・兵営の状況ではなく、願望や素因のように患者個人に問題があるためだと考えた。このため、戦場・兵営体験の持続的で長期的な影響は見過ごされることになった。

国府台陸軍病院の軍医に言わせれば、前線と銃後の中間地点に点在する陸軍病院は、後方に近づくにつれて「ヒステリーの温床」としての性格を強めていくものであった。次章では、この陸軍病院という空間がいかなる社会的磁場のもとに置かれた場であったかを明らかにしていきたい。

［注］

（1）吉田裕「アジア・太平洋戦争の戦場と兵士」『岩波講座アジア・太平洋戦争 五 戦場の諸相』岩波書店、二〇〇五年、六二―六四頁。

（2）清水寛「軍隊と知的障害者〜付・精神障害元兵士の戦後史の一断面〜」『季刊 戦争責任研究』第三九号、二〇〇三年、二―一七頁。

（3）清水寛編著『日本帝国陸軍と精神障害兵士』不二出版、二〇〇六年、一二四頁。

（4）これらのデータは、米国戦略爆撃調査団軍事分析班補給支部の要求（「戦傷以外の理由による兵負傷病者の数量分類表及び百分比分類表をつくれ。示されたる傷病者を生ぜしめたる病名を挙げよ。これら病気の実際戦闘作戦に及ぼせる影響如何。」）に対する回答として提出された（陸上自衛隊衛生学校編『大東亜戦争陸軍衛生史』非売品、一九七一年、五九一―六一九頁）。

（5）『第七師団衛生部員の回想』非売品、一九九〇年、九九頁。同書によると、中国方面からの還送は、一九四三年頃より洋上移送が危険となり、中国北部から朝鮮に列車移送を行い、北九州に揚陸した。また、一九四五年四月からは、本土決戦にそなえて還送患者の移送を中止した。

（6）高林陽展「戦争神経症と戦争責任―第一次世界大戦期及び戦間期英国を事例として」『季刊戦争責任研究』第七〇号、二〇一〇年一二月、五五―五六頁。

（7）「重大なる軍紀違反事項報告提出の件」『陸支普大日記第二六号』昭和一五年一〇月三一日（防衛省防衛研究所所蔵）。乙第三五〇〇部隊法務部『処刑通報』第八号、昭和一八年四月（防衛省防衛研究所所蔵）。

（8）早尾乕雄「戦場神経病・精神病及犯罪」一九三八年九月（早尾乕雄著・岡田靖雄解説『十五年戦争極秘資料集 補巻三二 戦場心理の研究』第二冊、不二出版、二〇〇九年、二三八頁）。

（9）G-2, Japanese Morale Report from Captured Personnel and Material Branch A-153, 22 July 1944, p. 1, box 1307, entry 31, RG 112, NARA.（以下、同シリーズのレポートは、"G-2 Report A-XXX" と記す）; G-2 Report A-134, 10 May 1944, p. 1, box 1307, entry 31, RG 112, NARA.

（10）G-2 Report A-153, p. 2-3.

(11) 安斉貞子編『野戦看護婦』富士書房、一九五三年、一六〇頁。
(12) G-2 Report A-153, p. 4.
(13) G-2 Report A-166, 27 September 1944, p. 1, box 1317, entry 31, RG 112, NARA.
(14) G-2 Report A-166, p. 1; G-2 Report A-182, 23 January 1945, p. 1-2, box 1308, entry 31, RG 112, NARA.
(15) G-2 Report A-182, p. 1.
(16) G-2 Report A-182, p. 1.
(17) 吉田前掲論文、七三頁。林博史『沖縄戦　強制された「集団自決」』吉川弘文館、二〇〇九年、一三八―一三九頁。
(18) G-2 Report A-182, p. 2-3.
(19) 守屋正『比島捕虜病院の記録』金剛出版、一九七三年、三七頁。
(20) 笠松章（一九一〇―一九八七）は日本の精神科医・精神医学者。一九三六年東京帝大卒、精神科入局（内村祐之教授）。四一年八月～四二年五月まで軍医として国府台陸軍病院に勤務。四七年一〇月東京大学医学部講師、五六年二月助教授、五七年四月教授、分院長（六九年四月～七〇年三月）、七一年三月停年退官。退官後、国立精神衛生研究所長（七一年四月～七七年三月）。
(21) 細越正一（一九一四―一九九一）は日本の精神科医・精神医学者。一九三九年北海道帝大卒業。精神科入局、医学部副手。軍医として同年五月より旭川陸軍病院勤務、四〇年二月～四五年一〇月まで国府台陸軍病院勤務。戦後は北大医学部精神科に戻り、四八年九月北海道立女子医学専門学校教授、五〇年札幌医科大学助教授、五二年七月より秋田脳病院。児童精神医学・児童福祉や秋田の地域精神医療・行政に関わった（根本清治「細越正一先生の御業績とビンスワンガー」『秋田医報』九一二号、一九九二年二月、五九～六〇頁参照）。
(22) 本節で参照する笠松と細越の論文は以下の通り。出典の表記は、引用末尾に著者名・論文出版年・頁を括弧内に付す形式とする。なお、細越の論文にはページ番号が付されていないため、表紙の次のページを一頁目として筆者が付した番号を記すこととする。
　笠松章「戦時神経症の発呈と病像推移」『軍医団雑誌』特第二号、一九四四年一月、一五〇―一六〇頁（以下、「笠松　一九四四a」と表記する）。

　笠松章「戦時神経症の発呈と病像推移」『軍医団雑誌』特第三号、一九四四年五月、二四一―二五六頁（以下、「笠松　一九四四b」と表記する）。

細越正一「戦争ヒステリーの研究」（北海道大学医学部精神病学教室提出博士論文）一九四八年。

(23) 加藤正明ほか編『縮刷版精神医学事典』弘文堂、二〇〇一年、一二〇頁。

(24) 解離とは、自我の統合性が薄れ、切り離されることであり、主なものとしては離人感（自分の身体が自分のものとは感じられないなどの症状）や非現実感がある（宮地尚子『トラウマ』岩波書店、二〇一三年、二五頁）。

(25) ベセル・A・ヴァン・デア・コルク、アレキサンダー・C・マクファーレン、ラース・ウェイゼス編、西澤哲監訳『トラウマティック・ストレス―PTSDおよびトラウマ反応の臨床と研究のすべて』誠信書房、二〇〇一年、二七頁。

(26) 桜井図南男「戦時神経症の精神病学的考察　第三篇　戦時神経症の処理（其の三）」『軍医団雑誌』第三五一号、一九四二年、一〇六一―一一〇七頁。

(27) 内村祐之、秋元波留夫「戦時神経症に関する綜説」（一九四五年三月）一九―二六頁（清水寛編『十五年戦争極秘資料集　補巻二八　資料集成・戦争と障害者〈第一期〉』第四冊、不二出版、二〇〇七年、二八一―二八五頁）。

(28) 鹿野政直『兵士であること―動員と従軍の精神史』朝日新聞社、二〇〇五年、五〇―一〇八頁。

(29) 笠松の「ガンゼル氏朦朧状態」はすでに紹介した通りであるが、細越もまた、戦争のことを「道徳的に立派に裏付けられた、一国民としての最高の道徳であり義務であるとして、理性的に納得せられた拘禁状態」と称している。

(30)「戦争・軍隊・死―銅版画家の浜田知明氏に聞く―」『朝日新聞』一九六七年八月一三日付、一八面。

(31) JACAR（アジア歴史資料センター）Ref. C04123563200、陸支密第一九九五号「支那事変の経験より観たる軍紀振作対策」『昭和十六年陸支密大日記　第五九号3／3』（防衛省防衛研究所所蔵）一一頁。

(32) 鹿野前掲書、七一頁。

(33) 注(30)及び鹿野前掲書、六一頁。

(34) 宮地前掲書、二三頁。

第二章　一般陸軍病院における精神疾患の治療
――新発田陸軍病院を事例に――

第Ⅱ部第一章で明らかにしてきたように、内地へ還送された精神神経疾患患者の全てが国府台陸軍病院へ入院したわけではない。本章では、衛戍病院・陸軍病院における精神疾患の治療の歴史について概観した上で、新発田陸軍病院という一つの陸軍病院を事例として、銃後社会と傷病兵の関係や精神神経疾患患者の入院実態を考察したい。

また、国府台陸軍病院の軍医たちは、前章で見てきたように、陸軍病院を「ヒステリーの温床」として捉えていた。そもそも、陸軍病院とはどのような空間であったのだろうか。本章では、陸軍病院が担っていた「治療」以外の機能についても明らかにしていく。

1　衛戍病院・陸軍病院における精神疾患の治療

陸軍病院という名称は、一九三六年一一月一〇日より施行された軍令陸第一九号「衛戍病院の名称改正に関する件」をもって使用されるようになったものであり、それまでは衛戍病院と呼ばれていた。当時は衛戍地（陸軍軍隊が常時駐屯して防衛する重要地域）ではない所にも病院を設けるようになっており、「衛戍」病院と称するのは不合理だったため、新たに「陸軍」病院と呼ぶことになったのである。衛戍病院・陸軍病院の数や配属区分は時期によって変動があるが、昭和初期における衛戍病院の総数は七七、分院三九であり、衛戍病院が陸軍病院となって約一年後の一九三七年九月においては、病院八〇、分院一九となった(1)。内地陸軍病院は中央直轄病院・一等病院・二等病院・三等病院甲・三等病院乙・航空部隊病院・分院に分類されていた。一九四四年八月三一日時点での内地陸軍病院態勢要図は図11の通りである。

序章でも記したように、国府台陸軍病院という精神神経疾患専門の治療機関が登場するのは日中戦争以降であるが、精神病室を併設する病院は衛戍病院時代から存在した。表8は一九二〇年時点において精神病室を持つ衛戍病院の一覧である。この時点で内地・外地含めて三七の衛戍病院に精神病室が存在した。東京第一衛戍病院を皮切りに、第一収容病院である小倉・大阪には病院の創設期から精神病室が存在し、広島には恐らく日露戦争を契機に精神病室が設置されたことがわかる。本章で取り上げる新発田陸軍病院の前身である新発田衛戍病院にも、一八七八年という比較的早い段階から精神病室が設置されていたことが注目される。近代以降の日本の侵略戦争・植民地支配と並行して、台湾・朝鮮・中国の衛戍病院にも精神病室が作られた。なお、創設年が一番古い台南衛戍病院に関しては、日本による植民地支配よりも前の時期だが、清朝統治時代の軍事救護事業で作られた施設を日本軍が衛戍病院として使用し、もとの施設の創設年を記したとも考えられる(2)。

表8が作成された一九二〇年以降、衛戍病院・陸軍病院における精神病室の数がどのように変遷していくのかを示す資料は管見の限り存在しないが、時代が下るごとに軍事医療の場における精神科の位置は確立していったようである。一九一八年九月五日付で改正された「衛戍病院服務規則」第二一条においては、「衛戍病院に左の病室を置く」として内科・外科・眼科及耳鼻咽喉科・皮膚科及花柳病科・伝染病科の五つの病室が記されており、

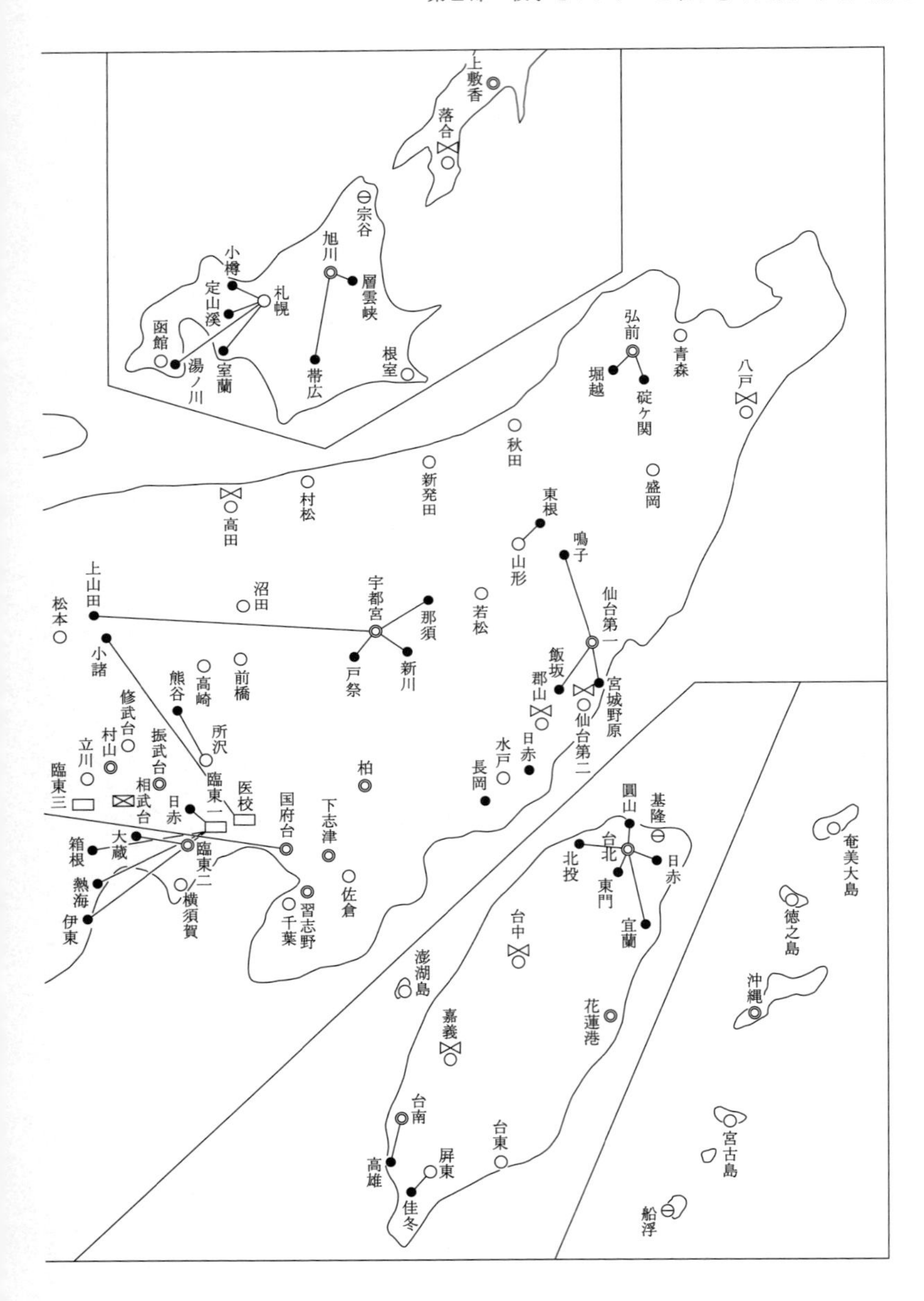
上敷香
落合
宗谷
旭川
層雲峡
小樽
札幌
定山渓
函館
湯ノ川
室蘭
帯広
根室
弘前
青森
堀越
碇ケ関
八戸
秋田
盛岡
新発田
村松
高田
東根
山形
鳴子
上山田
沼田
宇都宮
那須
若松
仙台第一
松本
小諸
戸祭
新川
飯坂
郡山
宮城野原
高崎
前橋
熊谷
修武台
所沢
仙台第二
日赤
水戸
村山
立川
振武台
柏
長岡
臨東三
相武台
臨東一
医校
国府台
下志津
日赤
箱根
大蔵
臨東二
熱海
横須賀
千葉
習志野
佐倉
伊東
圓山
基隆
台北
北投
日赤
東門
宜蘭
台中
奄美大島
徳之島
澎湖島
沖縄
花蓮港
嘉義
台南
台東
高雄
屏東
佳冬
宮古島
船浮

図 11　1944 年 8 月 31 日時点における内地陸軍病院態勢要図

出典：陸上自衛隊衛生学校修親会編『陸軍衛生制度史〔昭和篇〕』原書房，1990 年をもとに作図.

表8　衛戍病院精神病室創設年月

師　管	病　　院	坪数	創設年月
台　湾	台南衛戍病院	7.99	1750年（乾隆15年）
第一師団	東京第一衛戍病院	65	1874年（1913年改築）
第十二師団	小倉衛戍病院	13.75	1875年1月
第六師団	熊本衛戍病院	30	1875年
第四師団	大阪衛戍病院	15	1876年8月
第一師団	佐倉衛戍病院	9	1876年9月
第八師団	青森衛戍病院	9.55	1877年9月
第十一師団	丸亀衛戍病院	10.33	1877年10月
第三師団	名古屋衛戍病院	36	1877年12月
第五師団	松山衛戍病院	9	1878年4月
第二師団	仙台衛戍病院	18	1878年6月
第十三師団	新発田衛戍病院	9	1878年10月
第十四師団	高崎衛戍病院	9	1880年1月
第十五師団	豊橋衛戍病院	9	1884年12月
第一師団	国府台衛戍病院	9	1885年6月
第十二師団	厳原衛戍病院	3	1886年
第一師団	横須賀衛戍病院	9	1891年12月
第十二師団	下関衛戍病院	11.25	1896年3月
第四師団	由良衛戍病院	11.025	1896年10月
第十六師団	大津衛戍病院	6	1897年12月
第十六師団	敦賀衛戍病院	6	1898年3月
第十七師団	浜田衛戍病院	6	1898年12月
台　湾	基隆衛戍病院	26	1898年12月
台　湾	台北衛戍病院	27	1900年3月
第五師団	広島衛戍病院	56	1904年6月
関　東	鉄嶺衛戍病院	26.032	1908年6月
第十七師団	福山衛戍病院	2.56	1908年9月30日
第十八師団	佐賀衛戍病院	6	1908年10月
第十六師団	京都衛戍病院	6	1908年11月
第十七師団	松江衛戍病院	6	1908年11月
第十八師団	久留米衛戍病院	6	1908年12月
第十六師団	奈良衛戍病院	6	1909年2月
第十七師団	岡山衛戍病院	6	1909年3月31日
朝　鮮	羅南衛戍病院	不明	1910年
第十八師団	大村衛戍病院	6	1913年3月
朝　鮮	京城衛戍病院	30	1913年6月
関　東	旅順衛戍病院	133.045	占領，建設年不明

出典：樫田五郎『精神病問題』1920年，105-106頁．
引用者注：創設年を西暦に直し，創設年順に並べ替えた．病院の呼称は1920年時点のものと思われる．

一九一九年四月一二日、同年九月六日、一九二一年六月三〇日、一九三一年の加除改正でも変更はなかった。(3) 一九三四年出版の『補助看護卒教程』に掲載された「衛戍病院服務規則摘要」においては、病室の区分に「将校病室、精神病室を置くことあり」(4)という一文が追加されているが、あくまで衛戍病院時代は精神病室が例外的な位置づけであったことがわかる。しかし一九四四年七月の「陸軍病院服務規則」においては、病棟の区分として、内科・外科・眼科・耳鼻咽喉科・皮膚泌尿器科・伝染病科の他に新たに精神病科・歯科が設けられている。(5) また、「病棟附衛生下士官、兵及看護婦長、看護婦は（中略）重症者又は精神病者に対しては常に周密なる注意を以て之が看護に従事すべし」（第四九条）、「陸軍病院には重症又は精神病患者の看護の為番を置くことを得」（第一一三条）(6) と定められ、軍が精神病患者の看護に神経を尖らせていた様子がうかがえる。

このように、軍事医療の歴史において精神神経疾患の専門治療機関である国府台陸軍病院の登場は一つの画期をなしていることは間違いないが、総力戦期には一般の陸軍病院においても精神疾患の入院患者が増大したと考えられる。そこで以下の節では、これまで全く注目されてこなかった一般の陸軍病院における精神疾患患者の存在を明らかにし、国府台陸軍病院との比較を行った上で、精神疾患兵士の治療における一般の陸軍病院の役割を明らかにしていきたい。

2　陸軍病院と銃後社会

（1）　新発田陸軍病院の概要

以下では、現在の新潟県新発田市に存在した新発田陸軍病院を事例に、戦傷病兵と銃後社会の関係を概観した上で、同病院に入院した精神神経疾患患者の記録を分析する。

現在の新潟県立新発田病院の起源は新発田衛戍病院まで遡ることができ、その後新発田陸軍病院、国立新発田病院、新潟県立新発田二の丸病院と変遷して現在に至る。(7) 明治政府は廃藩置県とともに近代的兵制の整備に乗り出し、一八七一年、東京鎮台の分営を旧新発田城内に設けた。その後若干の変遷を経て、一八七三〜七四年頃城郭毀却令によって取り壊された新発田城内に新しい兵舎が落成したのをきっかけに、歩兵第三連隊第二大隊を移転し、先に新発田に駐屯していた一中隊を編入した。これが新発田歩兵第十六連隊の創始と言われている。一八八四年六月軍管区域の改正によって新潟県は第一軍管東京鎮台より第二軍管の仙台鎮台の管下に編入され、同月二五日に歩兵第十六連隊が新発田に設置された。これ以降、新発田は軍都として発展していくことになる。一八八八年には、これまでの重病室を新発田衛戍病院と名称を改めた[8]。なお、新発田衛戍病院・陸軍病院の歴史に関する資料は敗戦時に焼却処分されてしまったため明らかでない部分が多い[9]。

地域にとっての衛戍病院・陸軍病院は近代的医療をもたらす存在であり、官費治療によって近代医療の受給者を一気に拡大する役割を果たした。また、軍隊も自らを「衛生」という近代的規範を体現する存在として民衆にアピールした。例えば昭和初期の『新発田新聞』に掲載された現役兵の家族向けの広報には、「衛生」という項目が立てられ、以下のような文章で軍隊生活について紹介されている。

軍隊は多数の人が集って居りますので衛生については特に注意されて居ります。万一病気にかかりました時は軍医が診断治療致します。又、毎月一回身体検査をして疾病の予防につとめており、病気によっては衛戍病院に入院さして一切官費で治療して居ります。その他伝染病並に結核胸膜炎に対する予防接種を致す等、軍隊生活は家庭の生活よりもはるかに衛生的であります[10]。

また、同時期には瀕死の病床にあっても薬を買えず医者も呼べない農村家庭の惨状を救うため、連隊管区内の農村に赤十字の旗を押し立てて新発田衛戍病院が救出に乗り出すということもあったようである[11]。

前掲図11内地陸軍病院態勢要図によれば、新発田陸軍病院は三等甲病院で収容可能人数は二九四人である。参考までに、一等病院の小倉・大阪・広島の収容人数は、順に二九五〇、二七三一、九一三人である。また、国府台陸軍病院は二等病院で、一二七二人収容可能だった。[12]新発田陸軍病院は、これらの病院と比べればかなり小規模であり、患者の郷里と近接していたことが特色と言えるだろう。もっとも、二九四人というのは一九四四年時点での人数であり、日中戦争開始直後の一九三七年九月の時点では、「約二〇名位は収容出来得るが、以上は不可能な状態」[13]であった。その後増築を行い、同年一二月には約一二〇〜三〇名収容可能になったが、[14]戦傷病兵の増加により病床が不足し、増築が重ねられたものと思われる。

以下では、この新発田陸軍病院を媒介とした戦傷病兵と銃後社会の関係を見ていこう。なお、資料として用いる『新発田新聞』は、一九四〇年九月二六日から敗戦までは資料の損傷が激しく閲覧が不可能であるため、一九三七年一月一日から一九四〇年九月二五日までの分を検討した。狭義のアジア・太平洋戦争開戦後、両者の関係性がどのように変容したかは重要な論点であるが、資料の制約上ここでは検討しないこととする。

（2）患者の慰問

戦傷病兵と銃後の人々が直接交流する機会として、病院への慰問がある。新発田陸軍病院における面会時間は、原則として火・木・土・日の午後一時より四時まで（その後日曜祭日に限り午前九時より午後二時まで延長）、[15]面会時間は一時間以内と定められていた。[16]慰問は活発に行われていた様子で、とりわけ農閑期には慰問者が殺到し、ある日には「午前十一時にして百名を超えた有様」[17]であった。慰問に訪れる人々は、幼稚園児・小学校児童・女学生・理髪業者・国粋会・女子青年団・芸妓組合など多種多様であったが、団体慰問は「おほむね婦人」[18]であった。

特に、「傷痍軍人の余生を楽しませ」ることが「吾等(われら)銃後婦人の任務」とうたう大日本国防婦人会[19]の支部会員たちは頻繁に病院を訪れ、日中戦争初期には毎日一〇人ないし一五人が交代で病院へ赴き、慰問だけでなく病室の掃除や看病も行っていた。看護の手不足に悩んでいた病院側も、当初はこうした奉仕活動を歓迎していたが、「何等(なんら)勤務なくして国防婦人会の服装をなし自由勝手に各病室に出入し中には風規を紊(みだ)すいかゞはしき者もあるやの風説あり」とすぐに批判の声があがった。[20]一九三八年二月には、病院側としてこうした労力奉仕謝絶を決定し、その理由を「長期作戦の方針の決定したる今日は更に一歩根本的に諸作戦準備の完璧を期せざる可らざる時期に到達せり」、「次期の繁忙の機会の為に英気を養ひ再度奉仕を依頼するを適当と認めあり」と説明している。[21]しかしその後労力奉仕を求める告知も特にないところを見ると、上記のような批判も影響を与えていると思われる。

女性史家の加納実紀代は、安田せいという一人の主婦の活動から始まった国防婦人会が多くの庶民女性を惹きつけた理由として、彼女たちが戦時下の活動を通じて初めて「解放」と「平等」を味わったことを指摘した。[22]ここで見られる慰問にいそしむ女性たちや、雑役婦として雇って欲しいと「指を嚙み切つて血書」を提出し、新発田陸軍病院に嘆願した女性[23]の目には、陸軍病院という空間は「女ながらにお国のために尽くせる」場として映っていたのであろう。軍はそうした女性たちの愛国心を利用しつつ、女性が男性患者ばかりの場で軍の管理下に置かれることなく自由に活動することが、既存のジェンダー秩序をゆるがすおそれがあることを懸念していたのではないだろうか。

また、大量に押し寄せてくる慰問者たちは、治療という陸軍病院の本来の機能さえ脅かすおそれがあった。新聞上では平然と時間外の面会に来る慰問者に対してたびたび注意を促しているが、[24]恐らく改善されなかったのであろう、一九三九年一月には面会時間を平日（従来の火・木・土に限らず全ての曜日）正午から午後四時まで、日曜祭日の午前九時から午後四時までと全体的に拡充する一方で、平日の午前中は診療を行うため面会謝絶とすることに決定した。新発田陸軍病院には面会室がなく、面会慰問者は病室で患者と会うことになっており、重症患者の診療も病室で行われていた。そのため、診療中の患者が生々しい傷跡を部外者に見られるのは不快であろうという配慮から、診療と面会の時間を別々にしたのである[25]。恐らくはそうした戦争の傷跡を直接目にすることにより、銃後の士気が下がることも懸念されていたのではないだろうか。

（3）病気を恥じる兵士と家族

戦傷病兵たちやその家族は、自らの傷や病をどのように捉えていたのだろうか。まず、入営や応召前の検査の段階で兵役に適した〈健康な身体〉の基準を満たさないということは、〈国民〉として、〈男〉として恥ずべきことと された。息子が徴兵検査で丙種合格となり事実上の徴集免除となったことを「甚だ遺憾」と感じたある男性は、徴兵保険金四二七円八三銭を献金することにした[26]。また、応召者身体検査で疾病のため即日帰郷となったある男性は、「このまゝでは帰れぬ、なんの面目あつて郷党の人々に会ふことが出来よう…」と「男泣きに泣」いた[27]。こうした恥の意識は、貧困などの理由で「オシ」（唖者）や「白痴」を装い、視力を詐称するような「徴兵忌避者」たちが〈非国民〉と非難される中で醸成されていった[28]。

徴兵忌避の事例は日中戦争初期を過ぎると登場しなくなるが、代わりに増えてくるのが、後送されることを恥じる人々であり、とりわけ病気で後送されることを「申し訳ない」と言う人々である。徐州戦の豪雨で胸膜を病んで冒され、後送されたある上等兵は、「一命何んの惜しくはないが、帝国軍人たるもの病では倒れたくありません」「早く戦線へ戻りたいですな」と新聞の取材に答えた。[29]こうした意識は、病死よりも戦死（戦闘死）を上位に置く価値観と結びついていた。所属部隊から上海線で病死と伝えられたある一等兵の兄は、「病死とは無念至極です華々しい戦死であつてくれることを祈つてゐます」と肩を落とした。[30]

申し訳なさにかられた戦傷病兵やその遺家族は、献金という形で〈償い〉をしようとした。病に臥していたある上等兵の父は、息子が戦闘の過労と気候風土の変化から病を得て後送されたという知らせを受けて、「病気になつて内還とは誠に天皇陛下に対し申し訳ない今一度第一線に立たせ抜群の功績を上げさす迄は死なぬ」と言っていたが、自分の病が悪化したため、必ず全快させ再び原隊復帰させるようくれぐれも頼むともう一人の息子である上等兵の兄に伝えて死んだ。父の死を知らない上等兵は、回復後両親宛に手紙とともに金十円を送り、それを受け取った母は「陛下様より戴いた俸給だ第一線で御不自由をなされて居る戦友班員の兵隊さん達に差上げ病ひなどで後送されるやうな子を持つた母の責を赦してもらひたい」と語った。[31]

一方で、病を押してまで参戦し、死に至ることは「大和男子の面目発揮」と賞賛された。マラリアに冒されながら後退を拒み、行軍を続け、病死した戦友の戦病死詳報を家族へ送った上等兵は、どうかその戦友のことをほめてやってほしいと手紙を結んでいる。[32]恐らくは、先ほど出てきたような病死を恥じるような風潮を心配してのことであろう。

どのように死んだか、ということが遺族にとって大きな関心事であったことは言うまでもないが、陸軍病院は、戦地から戻ってきた戦傷病兵が、戦友の遺族に対して戦死の様子の〈証言者〉として振る舞う場でもあった。「壮行会で生れて始めて芸妓の御酌で酒を呑んだ」というほど気弱な息子が戦死し、「どんな女々しい死に方をしたかと三年間なやみ抜いた」ある女性は、新発田陸軍病院に入院中の息子の戦友から、「三発のタマを食つても怯まずに数十歩突進」し勇敢な死であったということを聞き、二人は親子のように泣き合ったという[33]。

戦地勤務に耐えうる〈健康な身体〉が称揚される中で、一般の障がい者の軍国意識もまた美談として登場した。ある視覚障がい者の男性は点字の嘆願書を新発田陸軍病院に寄せ、「私とても天皇陛下の民草の一人です我が日本帝国の国民ですどうして御国の為に働かずに居られませう」と訴え、傷病兵のためのマッサージ療法で協力したいと申し出た[34]。また、ある半身不随の男性は五年間青年学校に精勤し、「人並みの身体でありませんからせめて人の手足纏にならぬ様に心身を鍛練したいと思ひます」と教練の際にも自ら工夫して「身体相当の御奉公」を成し遂げた[35]。

（4）「白衣の勇士」のあるべき姿

以上述べてきた「美談」は現実の一面ではあると思われるが、軍事医学が目標として掲げた「治癒して戦線へ復帰する」という理想は、戦傷病兵やその家族の言葉にも繰り返し出てきた。しかしそれが叶わぬ場合は、第Ⅰ部第三章でも述べたように、再び職業戦線に参加し、「第二の御奉公」をすることが目標となった。

陸軍病院は、戦傷病兵の退院後の再就職を準備する場でもあった。新発田陸軍病院でも、連隊区当局と連携し、疾患程度に応じて竹細工・造花・簿記珠算の教授指導を行う計画[36]や、新発田農学校・新発田商業学校・小学校の習字の教師などに出張指導を委嘱したりタイプライターの練習をさせる計画を立てた[37]。また、新発田陸軍病院で戦傷病兵に速記術を教えていた講師は、かつて上海戦で受傷し、東京第三病院で中根式速記学を修得して自らと同じ道をたどった戦友に速記術を教えるようになったという[38]。こうしたロールモデルの存在は、戦傷病兵たちの再就職への意欲を高めることにもつながったと考えられる。

新発田陸軍病院には、傷兵保護院総裁・本庄繁や、大日本傷痍軍人会総会理事なども視察や講演に訪れ、国民の模範となり、銃後国民の後援同情には深く感謝し、決してこれに慣れてはならないと戦傷病兵に対して繰り返し説いた。[39] こうした「白衣の勇士」の理想化のもとでは、その名を僭称する「偽傷痍軍人」は厳しく批判された。傷痍軍人と称して薬を売り歩いていた男性が新発田署に取調べを受けた事件に対して、北蒲原郡傷痍軍人会長は、「名誉ある傷痍軍人に化けて薬や其他の物品売りあるく不都合な行商人は最近やうやく其の跡を絶つに至つた(ママ)ので大いに喜んでゐたが事変関係から今後戦傷兵になりすまして歩く行商人が多くなると思はれる」と注意を促し、「真の傷痍軍人」は傷痍記章と記章授与証書を持ち歩いていると述べた。[40]

以上、本節で分析してきた『新発田新聞』の陸軍病院・戦傷病兵関連の記事では、精神疾患についてはほとんど触れられていないが、二件だけ例外がある。一つ目は一九三七年六月の記事で、陸軍病院の患者慰安で相撲が行われた時の様子である。「東方（安井部屋）日の下関山横綱横寝山、大関肺結核、関脇三原山、小結ヒステリー、前頭に至つては金欠病、疳川厭世山、子宮病等一騎当千の強豪に対し…」と紹介されており、[41]「ヒステリー」の名が見えるものの、一見してわかる通り、四股名がそのまま患者の病名を表しているとは思われない。しかし、一九三九年一〇月の記事では、傷痍疾病のため除役又は召集解除となった全ての者に対して県社会課で健康診断を行うと告知し、その中には精神病も含まれており、[42] ここでは実在する患者が想定されているのである。第3節で見ていく通り、新発田陸軍病院の入院患者記録では、遅くとも一九三八年以降、精神神経疾患患者の入院が確認された。以下ではこうした患者たちの診療記録からより具体的な入院実態を浮かび上がらせてみよう。

3　新発田陸軍病院病床日誌に記録された精神神経疾患

(1)　使用する資料について

本節で使用する資料は、新潟県福祉保健部福祉保健課が所蔵する新発田陸軍病院の病床日誌である。筆者は新潟県情報公開条例に基づき、二〇一二年二月から二〇一三年八月にかけて数回にわたり情報公開申請を行い、個人識別情報（氏名・原籍・生年月日）がマスキングされた状態で資料の閲覧を行った。図12は病床日誌のサンプルであるが、まず右上に入院歴を書く欄があり、左上に病名を書く欄がある。次に下半分には、患者の所属部隊と階級、患者の氏名、発病〜退院の日付などがあり、公開される時には原籍や氏名など個人識別情報はマスキングして提供される。そして左半分は、血族的関係、既往症、治療内容などを書く欄である。また、全ての患者ではないが、診断書や、その傷病が公務によるものであることを証明する「事実証明書」「現認証明書」と呼ばれる書類や、患者の身上調書などが添付されることもある。

調査対象者として、一九三六年から一九四七年までに新発田陸軍病院に入院した患者のうち傷痍疾病等差が「一等症」[43]の患者四三四一名の患者の中から、精神神経疾患の診断名がついた患者一五六名を抜き出した。以下では病床日誌の項目のうちほぼ全ての患者に関して記入がなされている入院年、還送・転送元、病名、転帰などに関する統計を作成して全体像を把握した上で、いくつかの事例を紹介したい。各事例の簿冊の出典については、注に『新潟県公文書簿冊目録　第五集（平成八・九年度移管文書）』（新潟県立公文書館、二〇〇〇年）掲載の請求番号と登録番号を表記する。

（2）病床日誌の分析――精神神経疾患患者に関する統計――

①入院年別患者数

全入院患者四三四一名及び精神神経疾患患者一五六名の年次別患者数は**表9**の通りである。なお、入院年に関しては、**図12**右上の入院番号の欄に記された新発田陸軍病院への入院年を集計した。この入院年は資料群が綴じられた簿冊の表題とは必ずしも一致しないため[44]、全患者について集計し直した。

表9によれば、全患者数は一九三八年～四二年にかけて増加し、一九四二年～四四年はほぼ横ばい、終戦の年に一気に増加し、一九四六年・四七年に減少することがわかる。これに対して、精神神経疾患の患者数は一九三九年～四一年にかけてむしろ減少し、一九四三年～四五年まで増加するという傾向が見てとれるが、全患者の二～六％程度の数値で変動しており、全体から見ればごく少数のグループであると言えるだろう。

表9　全入院患者数及び精神神経疾患患者数

入院年	全患者数	精神神経疾患患者数
1936年	1	0
1937年	40	0
1938年	245	5
1939年	385	25
1940年	388	17
1941年	470	12
1942年	607	18
1943年	597	24
1944年	583	24
1945年	965	29
1946年	21	1
1947年	0	0
不　明	39	1
総　計	4,341	156

②還送・転送元別患者数

上記の精神神経疾患患者一五六名が最初に入院した病院の地名を内地・朝鮮・中国・満州・南方に分類し、還送・転送元別に集計したものが**表10**である。

最も多いのは内地の陸軍病院で、全体の約六割をしめ、

附表第十四　病床日誌（第一號紙）（表面）

九糎　一糎　十糎　一糎　十糎　十五・五糎

病床日誌

入院番號
病院第　號昭和　年　月　日
病院第　號昭和　年　月　日
病院第　號昭和　年　月　日
病院第　號昭和　年　月　日
病院第　號昭和　年　月　日
病院第　號昭和　年　月　日
病院第　號昭和　年　月　日
病院第　號昭和　年　月　日
病院第　號昭和　年　月　日
病院第　號昭和　年　月　日
病院第　號昭和　年　月　日
病院第　號昭和　年　月　日

病名
△肺結核兼右濕性胸膜炎（二六）　昭和何年何月何日　診療主任印

調製醫官	原籍	留守擔當者及續柄	部隊號	官等級及氏名	原職（專）業特	發病（受傷）地	傷痍疾病等差
△歩兵第何聯隊附　△陸軍軍醫　△何　某㊞	△何縣何郡何村字何々番地	△同原籍地　△實父　△何　某	△歩兵第何聯隊第何中隊　△（歩兵第何聯隊補充隊）	△陸軍何等兵　△何　某	△農　△縫工	△何地	貳等症

出生	勤仕年	發病	初診	入院	退院	轉歸	治療日数
年月日	年箇月	昭和年月日	昭和年月日	昭和年月日	昭和年月日	△兵役免	△何日

（裏面）

月日	血族的關係既往症原因經過現症及治療
症状	
治方	
食餌及注意	

図12　病床日誌サンプル

出典：『昭和十八年編　軍陣衛生要務講義録　第一巻』陸軍軍医団，1943年，310-311頁.

中でも新発田陸軍病院に直接入院というケースが多い。国府台陸軍病院の場合、発病地が「日本国内」の入院患者は三三・一％だったため[45]、新発田陸軍病院の主な役割は、衛戍病院として近接部隊で発症した患者の治療を行うことだったと考えられる。しかし既往症や原因経過の欄を見てみると、別の傷病で満州・中国の病院で治療を受けたことがあるケースが四例、満州や南方の病院に精神疾患患者として入院して治癒退院、原隊復帰したものの、再発して内地還送され、新発田陸軍病院に入院したケースが二例混在していた。ここでは後者の事例を見てみよう。

ある陸軍軍曹の患者[46]の入院履歴は新発田陸軍病院のみであるが、「原因経過」を見ると以下のように書いてあり、最初の発症時に中国吉林省の公主嶺陸軍病院から内地還送されて新発田陸軍病院に入院し、今回は再入院で

表 10　還送・転送元別患者数

	内地	朝鮮	中国	満州	南方	不明	合計
1938年	4	0	1	0	0	0	5
1939年	18	2	3	2	0	0	25
1940年	8	3	3	2	0	1	17
1941年	4	2	3	3	0	0	12
1942年	9	6	1	1	1	0	18
1943年	11	5	3	4	1	0	24
1944年	14	5	3	0	2	0	24
1945年	27	0	1	1	0	0	29
1946年	0	0	1	0	0	0	1
不　明	0	1	0	0	0	0	1
合　計	95	24	19	13	4	1	156

あることがわかる。

> 昭和十六年六月頃より再度焦燥感ありしも介意せす勤務中の所昭和十七年五月初旬より不眠及精神亢奮激しく同月三十日受診六月十一日公主嶺陸軍病院に入院爾後還送せられ新発田陸軍病院に転入す自昭和十七年十二月一日至昭和十八年一月二十九日帰郷療養し一月三十日新発田陸軍病院に出頭現症左記症状〔不眠多夢・頭痛頭重・精神的作業能力の減退・倦怠感〕を呈し加療を必要と認め再入院せしむ

なお、個人を同定することができないため重複の確認が不可能であるが、入院の経緯などから恐らく同一人物であろうと考えられる患者で、初回入院と再入院時の病床日誌が別々に作られているケースが三例存在した。この患者はその一例である。したがって、上記の入院患者数は延べ人数と考えるべきだろう。

入院歴について注目すべきなのは、還送・転送患者の中で国府台陸軍病院を経由してから新発田陸軍病院に入院したケースは一例も存在しないことである。逆に、新発田陸軍病院に入院後、国府台に転院し、新発田に再入院したケースが一例だけ存在する。ある予備役陸軍二等兵の患者(47)は、一九四二年入隊後、厠に行くと言って営庭を歩行中、偶然入浴から帰班中であったある上等兵に対して突然「精神異常状態」となり、「福井県福井県」と連呼して福井県の方向経路等を尋ねた。彼の挙動を不審に思った上等兵は中隊號を尋ねたが応答は支離滅裂であった。その後の調査で所属部隊が判明し、その夜すぐに「発作的精神異常者の疑」のため受診、監視のもとに休養させた。翌日再び受診したが、顔貌痴呆・意識混濁・妄想及び幻覚等の症状を呈したため、精査のため新発田陸軍病院へ送院され、最終的に「臓躁病（ヒステリー）反応」と診断された。

なぜこの患者のみが国府台に送られているのか、サンプル数が少ないため即断は避けたいが、この事例では階級が上位の兵に対して「精神異常状態」の言動が見られたということに注目しておきたい。この患者は入院前の「隊治」として安静の他に「監視」と記されている。「監視」の対象になったのはこの患者だけではないが、階級の上下関係が絶対視される軍隊という組織にあって、このような言動が問題視されたということは考えられる。

今回調査したのは傷痍疾病等差が「二等症」の患者であるが、「一等症」の患者で、新発田から国府台へ移動した患者は存在したのだろうか。国府台陸軍病院に入院し、戦争神経症に分類された患者の病床日誌を収録した資料集『十五年戦争極秘資料集　補巻二八　資料集成・戦争と障害者「病床日誌」戦争神経症編』（不二出版、二〇〇七―二〇〇八年）では、二名の患者が新発田陸軍病院へ入院した後、国府台へ転送されている。そのうち一人の患者[48]は、一九三八年一二月に召集解除後、日中戦争従軍中に罹患したマラリアが再発し、一九三九年七月に新発田陸軍病院へ入院した。その後いくつかの病院を経て、その間病名は「マラリア兼腹壁ヘルニア」→「マラリア兼筋肉レウマチス」→「テタニー（発作性に起こる疼痛を伴う筋肉の強直性けいれん）」→「マラリア後□□（二字判読不能）症」と変遷した。そして一九四〇年一二月に国府台陸軍病院へ入院し、一九四一年六月に病名が「臓躁病」と改められた。

この患者を治療した国府台の医師による記録を読むと、「神経症は事実なるもマラリアと関係を認め得ず　病名改正を適当とす」と記されている。また、これらの病名改正とあわせて傷痍疾病等差も「一等症」から「二等症」へ変更されている。すなわち、患者の病気が公務に起因するものではないとみなされるようになった。この患者は「病訴多く態度不信的」で、軍医は「恩給神経症」の疑いを持っており、「転免賜金不要なり」と判断している。それは「腹部手足の器質的疾患認め難き事実よりヒステリー症状と見做すを妥当」とするという理由からであった。このようなケースは、新発田以外の病院を経由する場合でも見出される。一般の陸軍病院で精神疾患以外の傷病名で入院していた患者が、転症を繰り返したりなかなか治癒しないために国府台陸軍病院へ送られ、器質的な要因が見つからないという理由で精神疾患に分類されたのである。

ちなみに新発田陸軍病院でも「脚気の疑にて入院せるも他覚的所見なし」と診断された患者が一名存在する[49]ため、一般の陸軍病院でも客観的所見が見出せない傷病に対しては疑いの眼差しが向けられたと考えられる。しかしこの患者の治療日数は一六日であり、上記の新発田から国府台へ転送された患者は七二七日（ともに転送元の治療日数も含む）であるため、治療が長期化するほど注意を要する患者とみなされるようになったと考えられる。国府台陸軍病院は、内地陸軍病院で生じたこのような「要注意患者」を精査するための病院と位置づけられていたのではないだろうか。

以上、還送・転送患者のほとんどは国府台陸軍病院へ送られたが、一部は基幹病院である広島・大阪・小倉に入院後、国府台を経由せずに新発田を含む一般陸軍病院へ直接送られるというルートが確認された。両者に送られた患者にはどのような違いが存在するのだろうか。以下では病名・転帰別の統計を確認してみよう。

③　病名別患者数

表11は、新発田陸軍病院入院患者から精神・神経疾患患者として筆者が抜き出した一五六名の病名別一覧、表

12は国府台陸軍病院入院患者の病名別一覧である。

両者を比較すると、上位をしめる病名が異なる。まず、新発田陸軍病院で最も多い病名である神経衰弱は、米国の医師ジョージ・M・ベアード（George Miller Beard 1839–1883）が一八八一年に出版した著作*American Nervousness*によって世界中に広まったというのが定説である。日本の医学界には一八八〇年代までには伝えられ、一八九〇年代には帝国大学を中心に臨床研究が行われるようになっていた。[50] ベアードの学説では、この疾患は急激な近代化に直面する現代人が神経を疲弊させることによって生じる病とされていた。

一方、国府台陸軍病院で最も多い精神分裂病については、院長の諏訪敬三郎が指摘するように、[51] 多くが兵役の対象である青年期に発症すると考えられており、平時一般の統計でも最多数であった。エミール・クレペリン（Emil Kraepelin 1856–1926）による精神病分類では、精神分裂病は、躁鬱（そううつ）病とともに「内因性精神病」（通常外的要因なしに発症し、何らかの身体的基盤が見出される精神病）の代表と位置づけられている。

このように、神経衰弱と精神分裂病は、病因について前者が外的な要因を重視するのに対して後者は患者の内因を重視するととりあえず図式化できる。ただし、神経衰弱の病因論はその後複雑な過程をたどる。近代日本における精神疾患言説を通時的に分析した佐藤雅浩は、一九三〇年前後に森田療法の創始者である森田正馬（まさたけ）によって学説的な病因論の転換

表11　新発田陸軍病院精神・神経疾患患者病名別

病　名	人数	%
神経衰弱	66	42.3
癲　　癇	45	28.8
精神薄弱	13	8.3
精神分裂病	11	7.1
ヒステリー	5	3.2
躁 鬱 病	3	1.9
自殺（未遂）	3	1.9
薬物中毒	2	1.3
脳 梅 毒	1	0.6
頭部外傷	1	0.6
そ の 他	6	3.8
計	156	

※転症の場合は転症後の病名でカウントした．
※その他の病名は以下の通り．脳震盪，神経性心悸亢進，脚気の疑にて入院せるも他覚的所見なし，震顫麻痺，心臓神経症．

表12　国府台陸軍病院入院患者病名別

病　名	人数	%
精神分裂病	4,384	41.9
ヒステリー	1,199	11.5
頭部外傷	1,086	10.4
神経衰弱	739	7.1
精神薄弱	622	5.9
梅毒精神病	608	5.8
癲　癇	393	3.8
症状精神病	368	3.5
躁鬱病	363	3.5
反応性精神病	267	2.6
脳病精神病	157	1.5
精神病質	112	1.1
脊髄及神経疾患	76	0.7
中毒精神病	61	0.6
退行期精神病	10	0.1
そ の 他	4	0.0
計	10,449（ママ）	

出典：第Ⅰ部第二章表1をもとに，人数の多い順に並べかえて作成.
引用者注：合計人数については，第Ⅰ部第二章注（54）参照.

が起きたと指摘する。森田は、神経衰弱が過労による神経系統の疲労のために起こるという社会病因論を廃し、心身の状態に敏感であるという患者の素質（ヒポコンデリー性基調）と、症状を固着させる心理過程によってこの病気を説明した。森田の心因説は、疾患の器質的基盤の探求が主流であった当時の精神医学においては傍流ではあったが、この説の登場によって、当初神経衰弱の患者として想定されていた高階層の男性だけではなく、この疾患に罹患しやすい「素質」を持っている人間全てが対象となり得るようになった、と佐藤は指摘する。(52) 実際、以下で分析する新発田陸軍病院の「神経衰弱」患者の原職も、農業・漁業・工員・教員・製菓商・軍人と様々である。

新発田陸軍病院の「神経衰弱」患者六六名の発症要因は業務多忙などの環境の変化、遺伝的負因、既往歴、他の内科系疾患後の心身の不調、「神経質」「小心者」などの生来の素因と多岐にわたった。神経衰弱の症状とされる頭痛・眩暈・全身倦怠感などは広く見られる不調であるため、こうした診断名の「濫用」が起きたと考えられる[53]。

「神経衰弱」患者の半数近くは、三ヶ月程度で治癒退院に至ったが、中には入退院を繰り返して治療が長期化するケースや、狂騒状態や自殺未遂を起こす事例も存在した。例えば、ある陸軍曹長の患者[54]は、一九四五年四月の転属後鋭意兵業に従事していたが、五月二五日週番副官服務中、突然日本海に投身した。投身以来監視を厳しくしていたが、同年六月二日突然新潟地区憲兵隊本部に出頭、再び発作が起こり、頸部を曹長刀で刺し自殺しようとした。直ちに新潟古町長谷川病院に収容、軽度の言語障害があり、注意力・判断力・記憶力が減退し、憂鬱性のため新発田陸軍病院に入院した。一九四四年八月頃より神経衰弱のような症状があったという。

以上、新発田陸軍病院で最も多かった「神経衰弱」患者の中には、頭痛や睡眠障害などを伴う軽度の心身の不調から、自傷他害のおそれがあるため受診に至ったケースまで幅広く存在した。これは、上記のようにこの疾患の病因として、外的環境の影響から遺伝的負因、患者の病歴まで様々なものが混在して考えられていたことと無関係ではないだろう。

④　転帰別患者数

転帰とは傷病の治療の結果であり、退院の理由のことである。**表13**は新発田陸軍病院に入院した精神・神経疾患患者、**表14**は国府台陸軍病院の入院患者の転帰別一覧である。

表14の国府台陸軍病院の患者総数八〇〇二名とは、戦後国立下総療養所にカルテが残された患者の数であるため、**表12**とは人数が異なっている。**表14**は、還送されてきた患者と、国府台陸軍病院が衛戍病院として地域部隊から直接収容業務を受け持った患者に分類される。

表13　新発田陸軍病院精神・神経疾患患者転帰別

転　帰	人数	%
治　癒	42	26.9
除　役	64	41.0
事　故	46	29.5
死　亡	2	1.3
不　明	2	1.3
計	156	

表14　国府台陸軍病院入院患者転帰別

転　帰	全収容患者		還送患者		直接収容患者	
	人数	%	人数	%	人数	%
治　癒	413	5.2	265	3.8	148	14.1
除　役	5,244	65.5	4,845	69.7	399	38.0
事　故	1,757	22.0	1,328	19.1	429	40.9
死　亡	482	6.0	423	6.1	59	5.6
不　明	45	0.6	38	0.5	7	0.7
軽　快	30	0.4	27	0.4	3	0.3
自　殺	3	0.0	2	0.0	1	0.1
未　治	20	0.2	19	0.3	1	0.1
転　送	8	0.1	6	0.1	2	0.2
計	8,002		6,953		1,049	

出典：浅井利勇編著『うずもれた大戦の犠牲者―国府台陸軍病院・精神科の貴重な病歴分析と資料』国府台陸軍病院精神科病歴分析資料・文献論集記念刊行委員会，1993年，108頁.

表13と**表14**では転帰の分類が異なっているが、両者ともに含まれている項目で比較してみると、まず除役（兵役免除）が最も多いのは新発田と国府台で共通している。第Ⅰ部第二章で確認した通り、そもそも内地還送患者は除役や治療の長期化が見込まれる患者であったが、実態としても除役が多かったのである。国府台陸軍病院の病名別転帰は不明であるが、新発田陸軍病院で除役となった患者数が一番多いのは癲癇（てんかん）（三二名）であり、神経衰弱（一三名）、精神分裂病（九名）、精神薄弱（六名）が続く。病名別ではトップであった神経衰弱に比べて癲癇は除役の割合が高いということになるが、国府台陸軍病院の軍医であった細越正一の言葉を借りれば、癲癇・

精神薄弱は「除役患者」[55]であった。また、精神分裂病も患者数のわりに除役の割合は高い。

治癒率に関しては、圧倒的に新発田が高い。これは、第Ⅰ部第二章五七ページ図1で示したように、新発田のような三等陸軍病院には、原則として第一収容病院で「軽症」と判断された患者が送られてきたためと考えられる。また、表11で確認した通り、新発田では神経衰弱が最も多く、転帰が「治癒」となった患者のうち神経衰弱の者が二九名で七割近くをしめていた。一方、国府台の場合は、精神病以外の疾患が多い直接収容患者の方が還送患者よりも治癒率が高かった。[56]

以上をまとめると、新発田・国府台ともに最も多い転帰は除役であった。癲癇・精神薄弱・精神分裂病は除役と判断されやすい疾患であり、新発田は癲癇により、国府台は恐らく患者数が最も多かった精神分裂病により高い除役率を出している。一方、治癒率は圧倒的に新発田の方が高く、その大部分をしめていたのは神経衰弱であった。

除役となる、というのは当人にとってどのような経験であっただろうか。『新発田新聞』には、左上膊骨折により予備役・後備役免除となったのは余りにも情けないので、「せめて予備役、後備役だけは服務させて下さい」と陸軍病院当局に対して涙ながらに嘆願したという軍国美談が載っている。[57]また、新発田陸軍病院の患者身上調書には、癲癇と精神薄弱により除役となった患者の言動が記録されている。

ある砲兵二等兵の患者[58]は、癲癇になり、一九三九年「永久服役に堪へさる者」と診断された。「患者身上申告カード」には、恐らく本人直筆のものと思われる記録が残されている。この患者の父母は既に死亡しており、家族は姉一人であった。患者の原職は古物商で、家計は本人が月収「金参拾五円」、姉が「金五円」であった。申告カードの「苦痛・心配」の欄には以下のように記されている（以下、原文ママ）。

本人　てん癇の為め還送為め左足神経痛首元も少し痛い

家庭　足がきがないと商売に不重〔不自由か〕で家の戸主で暮にもこまりますどうかよろしく

また、「希望」の欄には以下のように記されている（以下、原文ママ）。

去年市民親類の人々から送られて入営した又送り物までもらつて□〔一字判読不能〕にかへるのわ男としての顔が出せないからなをつたら内地の連隊でもよいから一つ御願ひします

これらの患者の言葉からは、兵役を全うできずに郷里へ帰ることが〈男として〉恥ずかしいことであり、本人としては再度原隊復帰することで何とか名誉を挽回しようとしている。しかし永久服役免除によりその道は絶たれているのであり、この後この患者はどのような隘路をたどったのだろうか。

ある現役陸軍歩兵二等兵の患者は、[59]「魯鈍」（軽度の知的障がい）と診断され、一九三九年「永久服役に堪へさるもの」と診断された。家族は父が死亡しており、心臓病を患う母と、姉・妹・弟が一人ずつおり、この患者は長男である。軍医が記入したと思われる「入院患者身上調書」によると、家は借家で本人は研磨工をして月三三円の俸給で一家を養っている。池袋の湯屋で奉公している弟は、月に二〇円送金してくる。「将来の経済的影響」を、軍医は以下のように見ている。

本人除役後原職に復帰せば家族に経済的影響なし

本人魯鈍なるも誠に素直にして除役になることを嫌ふも兵役計(ばか)りが御奉公でない家へ帰へつて家業に従事せるも御奉公と諄々と教育せるに良く納得し家へ帰へつて親に孝行し一生懸命に働き銃後の務めすると誓へり

「白衣の勇士」が求められたのが職業戦線に参加し、「第二の御奉公」をすることであったのは第2節（4）でも見てきた通りであるが、陸軍病院は、まさに「第一の御奉公」と「第二の御奉公」の境界に位置しているのであり、軍医はこの事例のように戸惑う患者を説得し、転轍手のように進むべき道へ患者を導く役割も担っていたと言えるだろう。

（3）病床日誌の分析——入院経緯の分類——

以下では、病名別患者数で上位をしめる、神経衰弱、癲癇、精神薄弱、精神分裂病、ヒステリー、躁鬱病の患者について、どのような経緯で入院に至ったのか、比較的詳しく記述されている事例を中心に紹介していきたい。入院に至るまでの経緯としては、大きく分けて①軍隊生活への不適応が発覚し、入院に至るケース、②戦地での勤務中に心身の不調を訴え、軍務の遂行が困難となり、入院に至るケースが存在する。

①　軍隊生活や軍務への不適応

このグループは入隊後比較的短期間で入院に至るケースが多い。また、一五四ページ表10で確認した通り、還送・転送元は内地の事例が多いため、ここでは死の危険にさらされるような戦闘というよりは、厳しい上下関係のもとでの兵営生活や軍事訓練に適応すること、上官からの叱責や私的制裁、いつ前線へ送られるかわからない不安など、心身の不調を悪化させる種々の要因に兵士たちはさらされていたと考えられる。

（a）　知的障がいや入隊前の既往歴により不適応とみなされたケース

上述のような厳しい軍隊生活に適応することは、知的障がいのある兵士や、心身の不調を抱えたまま入隊した兵士にとって困難なことであった。このケースは、癲癇・精神薄弱のほとんどのケースと、神経衰弱のうち入隊前に神経衰弱等の精神神経疾患や他の内科疾患の既往歴があるため軍務に不適当とみなされた人びとが該当し、七九名と多くの事例が存在した。身体的・精神的に標準よりも劣っていると判断され、「丙種保護兵」「第三種鍛錬兵」として入隊時より監視されていた例[60]や、癲癇発作や心身の不調のために受診して、過去の既往歴や知的障がいがあることが判明した例など様々なものが存在する。

「魯鈍」と診断されたある歩兵二等兵の患者[61]は、入隊三日後、何の原因もなく憂鬱状態となり啜り泣いた。何を質問しても要領を得ず、計算も満足にできない。なぜ泣くのかと聞くと、「何を教えられても直くに忘れる故自分は兵隊にはなれない」と答えた。しかし諸動作中に「詐病」の疑いがあるため監視人をつけ、中隊に帰した。数日間様子を観察したが回復する様子がないため、一九三九年に精査のため入院に至った。同年に入院し、「癲癇」と診断されたある砲兵二等兵の患者[62]は、班長からの叱責による「極度の精神緊張」によって突然昏倒し、三日間睡眠を続けた後、平常通り演習に参加したが、やはり教練中の叱責によって再び発作を起こした。

神経衰弱患者に関しては、戦争末期に近づくにつれて何らかの既往歴があるケースの増加が観察された。これは恐らく、一九四〇年の徴兵身体検査の基準緩和が影響しているものと考えられる[63]。ある予備役陸軍二等兵の患者[64]もその一人である。彼は「精神異常」のため現役免除となっていたが再度召集され、入隊後四、五日で頭痛を訴えて、頭痛が激化したため一九四四年に送院された。

（b）　入隊後の軍事的逸脱行動により不適応とみなされたケース

入院患者のうち一三名は、逃亡や自殺未遂、軍紀を乱す行為などのために軍務不適応とみなされ、入院に至った。

一九四三年に入院し、「精神変質症」と診断後に「躁鬱病」と改められたある現役陸軍二等兵の患者[65]の入院前の状況は以下のようであった。彼は一九四三年入隊後、常に多弁で不可解な言語を語り、一晩中独り言をつぶやいており、戦友を起こして話しかけた。上官の前でも継続したため叱責されたが、中止しなかった。同年一二月、軍隊生活は入営前に想像していたほどではないが「二等兵では充分国家に奉公することは出来ずそれよりは地方に居て青年分団長として国に御奉公するが最良なり」と考え脱走しようとした。しかし、雨が降っていたので中止した。さらにその翌日上官に叱責され自殺しようと便所に約三時間入っていたが、「犬死してもつまらぬ」と思い中止したと語った。理想とされる〈大和男子〉と現実の自分との落差に翻弄されながらも、どこか冷めた目線で時代を見ている事例である。

ある現役陸軍衛生二等兵の患者[66]は、一九四四年入隊以来異常なく勤務していたが、同年一一月に右下肢皮下蜂（ほう）窩織炎（かしきえん）で隊治練兵休（兵営内での療養のため訓練を休むこと）を命じられた。一九四五年一月午前二時頃便所へ行くと称し内務班を出たが帰りが遅いため、班内全員で捜索したところ、営内を彷徊した後疲労困憊して濡れた衣服のまま便所に隠れていたところを発見された。その後精神朦朧として死を願い、「心緒紊乱」したため、そのまま新発田陸軍病院に入院し、「精神分裂病」と診断された。やはりこの患者も入隊後三ヶ月と短期間で発症し、隊治は「監視」であった。

ある予備役一等兵の患者[67]は、「生来健にして著患を識らず」だったが、「生来極端なる小心者なると陰鬱なる性質」であった。彼は一九四一年臨時召集により入隊したが、翌年「兵器尊重心欠如」の理由で週番士官より注意を受け、その後極度に思いつめ、自責の念に駆られた。その後、外泊帰省の際に留守宅手不足のため田畑売却に関して母親に相談されて以来、心労のためか特に陰鬱な症状を呈するようになった。数日間大田原廠営補充兵検閲に駄兵（軍馬を扱う兵）として参加し、この間常に「動作常軌を逸し」、廠舎より脱離して帰廠しないことがあった。屯営帰還後も「常人の如くならず」、食欲不振、不眠症のため健康を害したものと思われ、一九四二年新発田陸軍病院に入院し、神経衰弱症と診断された。このように、家族と切り離されて暮らすことは兵士にとって大きなストレス要因であった。兵士にとっての家族の存在は、戦闘意欲を高め、神経症を防ぐ効果を持つ[68]だけではなく、時には悩みの種であり、戦闘意欲の阻害要因でもあった。だからこそ、第Ⅰ部第三章で見てきたような「後顧の憂いを断つ」ための軍事援護が制度化されるわけだが、どんなに制度を整えたところで、家族との別離を強いられる以上こうした悩みはなくならないことがこの事例からはうかがえよう。

② 戦地勤務中の心身の不調

戦地や外地の陸軍病院から転送されてきたケースについては、入院前後の経緯が不明のものも多いが、ここでは比較的詳しく書かれている五つの事例を紹介したい。

（a） 精神的過労・衝撃

戦地での激務や環境の大きな変化は、兵士たちに精神的な過労や時に大きなショックをもたらすものであった。ある予備役陸軍軍曹の患者[69]は、一九四二年より繁忙な酒保委員助手として勤務していたが、事務不慣れのため心身ともに疲労し、軽度の頭痛と睡眠障害によって勤務に支障をきたすようになった。同年、朝鮮の羅南陸軍病院に入院して内地還送され、四三年に新発田陸軍病院に入院した。彼は生来明朗だったが、神経衰弱症に罹患したことによって無口となり、悪夢と軽度の記銘力障害に悩まされるようになったという。

「精神薄弱」と診断された患者の多くは新発田陸軍病院に直接入院したが、一例だけ満州から転送されてきたケースがあった。第二国民兵役陸軍技術一等兵のある患者は、一九四四～四五年に哈爾浜（ハルビン）第一陸軍病院で脚気や左坐骨神経痛の治療を受けて退院後、突然卒倒し、約一〇分後覚醒し、狂騒状態に陥った。軍医は「精神的過労或は衝撃が原因乃至（ないし）誘因と思惟せらる」としている。軽度の強迫観念と被害妄想があるため、精査加療のため再入院して内地還送され、最終的に新発田陸軍病院に入院した。[70]

また、第Ⅱ部第一章で述べた通り、内地還送は兵士たちにとって大きな環境の変化をもたらすものとして捉えられていた。後備役歩兵上等兵で「神経衰弱」と診断されたある患者[71]は、「生来強健著患なし」であったが、一九三九年九月帰還交代のため中国湖北省に滞在中、甚だしい不眠症になり、精神状態が「常軌を逸し」、犯罪妄想に襲われ、内地帰還を嫌がって第一線出動を懇願した。しかし沈鬱にして自殺の危険あるものと認められ漢口第三兵站病院へ送院された。この場合は帰還交代といういわば正当な理由があるにもかかわらず内地帰還を拒んでいるところに、戦場体験者の銃後社会への再適応の難しさが垣間見える。

（b）　戦闘行動中の恐怖・不安

この事例は神経衰弱で二例観察された。ある補充兵役歩兵一等兵の患者[72]は、一九三八年一二月出征、襄東（じょうとう）会戦に参加し、その後連隊本部通信兵として編入替となった。それから贛湘（かんしょう）会戦・冬季作戦に参加したが、一九四〇年二月湖北省応城県応城付近の警備中に異常な行動をとるようになり、夜中突然起き上がり、他の兵を呼び起こし、被害妄想を抱いて殺害をおそれ、勤務に出ると称して他兵の止めるのもきかないことがあった。時には食事をとらずに床に就き、目が覚めては意味不明な言語を放った。以来兵一名を監視につけているが軽快しなかった。

この患者は二番目に送られた漢口第三兵站病院で「マラリア」と診断されたが、内地還送され、新発田陸軍病院で「神経衰弱」と改められた。

ある歩兵一等兵の患者[73]は、平素真面目な兵であったが、一九三九年八月二七日ノモンハン事変に参加し、九〇四高地の戦闘に中隊長の伝令として行動、同年一〇月無事駐屯地に帰還した。帰還後も中隊長の伝令として中隊長の宿舎に勤務していたが、軽度の睡眠障害があり、次第に頭重・耳鳴りなどの症状があった。放置して勤務していたが、官舎当番兵の中に「自分は態度悪きためか私的制裁を受けるとか又銃殺せらるゝ」との噂をする者がいると言い、これを非常におそれ、その後は会う人皆が己を害するように見え、銃殺されると私語するのを聞いたという。全く恐怖観念に襲われ、隊長と両親に遺書を書いていた。戦友が以上のような言動が尋常ではないと認め、中隊幹部軍医に連絡して受診するに至った。

以上の二例はいずれも戦闘参加後に恐怖・不安を抱いている事例であり、現在心的外傷後ストレス障害（PTSD）の過覚醒反応として捉えられている症状を思わせる。過覚醒とは、「自分の存在を抹消してしまうような脅威が今なお継続しているかのように、ある種の身体的、情緒的な刺激に反応」し、その結果、「注意過敏性、極端な驚愕反応、落ち着きのなさといった症状を呈する」ことである。過覚醒は砲弾の音などトラウマに関連した刺激に限らず、非常に広範囲の多様な刺激に対して起きる反応であることがトラウマ研究の中で明らかにされている[74]。

ここで、二番目の患者とちょうど入れ違いの形でソ満国境へ渡ったある新潟県民の戦場体験を、戦後の『新潟日報』の記事から紹介しておこう。一九四〇年八月満州国軍の中隊長として、ソ満国境の熱河省へ渡ったある男性の事例である[75]。当時熱河省国境地帯では、八路軍（国民革命軍第八路軍）の活動により治安悪化が顕著となっており、[76]弱冠二七歳の中隊長であった彼の任務は八路軍の武力掃討を行うことであった。彼の他はみな「満州人」の兵隊であり、部隊のまわりには満州国軍の兵隊と同じ顔付きの八路軍がひそんでいた。八路軍が紛れ込み、反乱が起きていつ寝首をかき落とされるかわからないという恐怖におびえ、はじめは寝る時もピストルと軍刀を離さなかったという。彼の場合は日本人が自分一人だけの集団に属していたという特殊なケースであるが、誰が敵か味方か一見区別できない状況から生じる恐怖心は、ちょうど彼が渡満したのと同時期に中国華北を中心に行われた「三光作戦」（「三光」とは殺し尽くす・奪い尽くす・焼き尽くすを意味し、中国共産党及び八路軍の指導する抗日ゲリラの根拠地とされた地域に対する、日本軍による非人道的な掃討作戦の中国側の名称）の中で多くの一般住民が殺害される背景ともなった。[77]彼は第一線での勤務を五ヶ月で終えたが、「独立を守る自衛軍」と信じていた満州国軍が、実際には「関東軍の盾に使われる」ということを知り、その後教官として転属した満州国軍官学校では「生きてさえいれば何かできる。死んではならん」とこっそり生徒に吹き込んだという。しかし記事の最後には彼が戦時中のことを話したがらないと記されており、生命の危険や理想化していたものが虚像であったことをつきつけられた体験などが、いかに彼に深い傷を残したかということを思わせる。

（c）　病床日誌に記録されなかった加害行為による罪責感

国府台陸軍病院に入院した戦争神経症患者の分析を行った細渕富夫は、発症状況・経緯を、①戦闘恐怖、②戦闘消耗、③軍隊不適応、④私的制裁、⑤軍事行動に対する自責感、⑥加害による罪責感の六つに分類した。[78]その多くは、細渕の対象とした戦争神経症だけでなく、本章で分析してきた新発田陸軍病院の精神神経疾患患者にも該当するものであった。しかし、発症前後の状況や既往歴などは、患者自身もしくはその周囲の人々（事実証明書を書いた所属部隊長や患者を連れてきた戦友など）が言語化した場合にのみ記録に残るものである。記録には残されていないが、原因不明の発作や体調不良の背後にこうした状況が存在したことは十分に考えられるだろう。

細渕が「戦闘恐怖」の事例で紹介している患者の応答に顕著に表れているように、日本の軍隊には戦場での恐怖心を口に出すことが憚られるという文化があった[79]。また、本章で見てきたように、徴兵忌避はもちろんのこと、病気による兵役免除ですら恥であると考えられていた。こうした状況の中で、患者が発症前後の状況を言語化することには大きな困難が伴ったと考えられる。本章で対象とした新発田陸軍病院の病床日誌に、⑤軍事行動に対する自責感や⑥加害による罪責感の事例が皆無であり、①戦闘恐怖の事例が少数であったことは、それだけ言語化しにくいものであったことを示しているのではないだろうか。宮地尚子が整理した語りにくいトラウマの特徴には、「共感を得られず叱責・非難の対象になるもの」や「加害者性を帯びるもの」が含まれている[80]。

しかし、戦争が終わった後も戦時中の加害行為に対する罪責感に苦しむ人びとは存在した。ここではその一例として、一九六四年八月一四日から一二回にわたって『新潟日報』で連載された「わが終戦の夏　生き残りの郷土軍人たち」という戦争体験の証言を見てみよう。先に挙げた満州国軍中隊長の事例もその一人である。

新発田第十六連隊第三機関銃中隊長及び大隊長として、ガダルカナル、インパール、イラワジ作戦と転戦したある男性は、イラワジ作戦で左下腹部を負傷し、サイゴンの病院に入った。それまで正義の戦を信じ、ひるむことなく常に先頭に立って進撃してきたが、戦線を退いて冷静になると、白兵戦で切って捨てた若い米兵のこと、中・大隊長時代を通じて三〇〇人もの部下を死なせたことなどが頭から離れず、「なんであんなことをせにゃならんのか」と、当時まだ二〇代半ばの若い将校だった彼は、「気が狂いそうになった」という[81]。

また、一九三七年一二月から一九四一年二月まで中国各地を転戦したある男性は、主な中国作戦にはほとんど参加し、軍曹に昇進して勲章を胸に名誉の帰還を果たした。しかし、出征当初の張り切った様子とは異なり、その表情は暗かった。彼は一九四三年八月に再召集され、千葉県九十九里浜で上陸米軍の迎撃準備中に終戦を迎えたが、その後の半生を通じて戦争の悪夢が拭い去られることはなかったという。

脳裏に焼きついて離れないのは、日本軍による中国人虐殺の「地獄絵図」だった。彼が目撃し、あるいは実際に関わったかもしれない光景――逃げまどう市民を手あたり次第銃殺し、揚子江に投げ捨て、いたるところで女性に性的暴行を加えたあげく軍靴でふみ殺した――は、「日本の軍隊は正義の存在である」という教えが全くの嘘であると彼に確信させた。以下は彼の言葉である。

戦争は狂気です。敵も味方も、恐怖と憎悪にゆがんだものすごい形相でにらみ合い、黙ったまま突き殺し、切り殺し、逃げまどい、追いすがる、あの白兵戦を経験すれば、どんな人間でも鬼になってしまいますなあ。戦友を殺された憎しみが敵の住民に向けられるのでしょうが、目をおおうばかりです。戦争はいけません。絶対に…

彼は戦後魚も肉も生き物を食べるのをやめ、追い払えば逃げるものはいっさい殺さないことにしたという。[82]彼の証言は、戦争での加害の体験もまた深い傷を人間に残すということを教えてくれる。

小　括

本書第I部第二章で指摘したように、一九三八年一月一二日以降、国府台陸軍病院は戦争神経症の治療のための特殊病院として位置づけられ、「之等（これら）患者を一病院に集め斯学に造詣深き専門軍医をして最善の診療を施すの要ある」という方針が示された。しかし実際には内地発病患者の治療を主な任務とする新発田陸軍病院のような三等病院にも、一九三八年以降、戦地から送られてきた精神神経疾患患者が、国府台を経由せずに入院していたのである。

精神分裂病が最も多かった国府台陸軍病院と比べて、新発田陸軍病院は神経症圏に属する神経衰弱が最も多く、治癒率も国府台より高かった。とは言え、新発田に入院した「神経衰弱」の中には、頭痛や睡眠障害などを伴う軽度の心身の不調から、自傷他害のおそれがあるため受診に至ったケースまで幅広く存在した。

また、新発田陸軍病院、国府台陸軍病院ともに転帰は除役が最も多かった。除役となる、すなわち兵役を全うできないという経験は、患者にとって〈男らしさ〉が脅かされる危機として捉えられており、また除役後の暮らし向きについても、稼ぎ主（ブレッド・ウィナー）としての不安が見られた。除役もまた、内地還送と同じく患者たちにとっては大きな転機となる出来事として捉えられていたのである。『新発田新聞』に掲載された様々な美談は、新発田陸軍病院をとりまく銃後の人々の間に、病気のため「御奉公」できないことを恥じる文化を醸成し、またそれを反映してもいただろう。郷里と近接している新発田陸軍病院のような病院に入院した患者には、そうした空気が直接肌で感じられたと思われる。陸軍病院の軍医たちは、患者のこうした不安に対して、兵役ばかりが御奉公ではない、「第二の御奉公」もまた大切であると説得する役割も担わされていたのである。

本章では、少数ながら新発田陸軍病院から国府台へ転送された患者についても紹介してきた。これらの患者は、「監視」を要したり、一般の傷病名で入院してきたものの器質的な要因が見つからず、国府台へ転院した後に精神疾患と分類された者たちであった。第Ⅰ部第二章で指摘したように、「治療の長期化や除役が見込まれる者」という内地還送の方針のうち、明らかに除役と考えられる患者については新発田のような一般の陸軍病院にも送られたが、治療の長期化が見込まれたりさらなる精査を要する「要注意」患者については、国府台へ送られるか、必要に応じて一般の陸軍病院から国府台へ転送されたのではないかと考えられる。

［注］

(1) 陸上自衛隊衛生学校修親会編『陸軍衛生制度史（昭和篇）』原書房、一九九〇年、八五―八六、九二頁。
(2) 杵淵義房『台湾社会事業史』（徳友会、一九四〇年）には清朝統治時代の軍事救護事業について書いてあるが、軍病院については不明。また、呉秀三『我邦に於ける精神病に関する最近の施設』（一九一二年、一〇一頁）にも「乾隆十五年」と書かれているため、樫田はここから引用した可能性もある。上記資料については、橋本明氏にご教示いただいた。ここに記して御礼申し上げたい。
(3) 『衛戍病院服務規則（縮製）』武揚堂書店、一九二一年、一〇―一一頁。「衛戍病院服務規則等中改正の件」及び「衛戍病院服務規則外二十八件中改正の件」『大日記甲輯　大正八年』（防衛省防衛研究所所蔵）。「衛戍病院服務規則中改正の件」『大日記甲輯　大正十年』（防衛省防衛研究所所蔵）。『衛戍病院服務規則』兵用図書株式会社、一九三三年、一一―一二頁。
(4) 陸軍省医務局『補助看護卒教程』武揚堂書店、一九三四年、二二六頁。
(5) 「陸達第四十五号　陸軍病院服務規則」一九四四年七月一〇日、一七―一八頁（防衛省防衛研究所所蔵）。同規則によれば、病棟には将校専用の病棟（室）を設け、重症患者も別室に収容するものとされた。
(6) 同前、一二、二二頁。看護番は昼番と不寝番に分かれ、診療科に配属した衛生下士官（看護婦長）、衛生兵（看護婦）を充てるとされた。
(7) 新潟県立新発田病院ホームページ「病院の沿革」より（http://www.sbthp.jp/contents/byouin/enkaku.html〔二〇一七年三月一三日閲覧〕）。
(8) 以上、歩兵第十六連隊と新発田衛戍病院の創設経緯については、新発田市史編纂委員会編『新発田市史　下巻』（新発田市、一九八一年、二四六―二四七頁）参照。
(9) 『新潟県立新発田病院三〇周年記念誌』新潟県立新発田病院、一九八三年、六五頁。
(10) 新発田市史編纂委員会前掲書、五八八頁。
(11) 同前、五九五頁。

(12) 陸上自衛隊衛生学校修親会編前掲書。
(13) 「戦傷病帰還者多く陸軍病院或は急増か」『新発田新聞』一九三七年九月二四日付三面。
(14) 「傷病兵の超満員 更に一棟増築行ふ」『新発田新聞』一九三七年一二月一六日付三面。
(15) 「戦傷兵を慰問 今後指定日以外来院遠慮を希望」『新発田新聞』一九三八年五月二〇日付三面。
(16) 「戦傷病兵の面会日を決定」『新発田新聞』一九三七年一二月二一日付三面。
(17) 「農閑期に入り慰問者の殺到」『新発田新聞』一九三八年一二月三日付三面。
(18) 「五月雨晴れあがり慰問団どつと押寄す 病院は婦人団体多く迷ひ子も出る珍風景」『新発田新聞』一九三九年五月一五日付三面。
(19) 「傷痍軍人の余生を楽しませよ」『新発田新聞』一九三九年一月一日付四面。大日本国防婦人会会長武藤能婦子の言葉。
(20) 「国婦会員交替で戦傷兵を看護」『新発田新聞』一九三七年一二月七日付三面。「勤務のない国婦会員 自由に慰問チト考へ物」『新発田新聞』一九三七年一二月一六日付三面。
(21) 「陸軍病院の労力奉仕謝絶」『新発田新聞』一九三八年二月六日付三面。
(22) 加納実紀代『女たちの〈銃後〉増補新版』インパクト出版会、一九九五年。
(23) 「兵営前に若き女 指を噛み切つて血書」『新発田新聞』一九三七年七月二九日付三面。
(24) 「戦傷兵を慰問 今後指定日以外来院遠慮を希望」『新発田新聞』一九三八年五月二〇日付三面。「面会日守れよ」『新発田新聞』一九三八年一二月一六日付三面。
(25) 「日曜祭日は朝から　平日は正午から面会許可」「陸軍病院慰問者よ 此一文を熟読あれ」ともに『新発田新聞』一九三九年一月二八日付三面。
(26) 「兵役免除を遺憾とし徴兵保険金を献金」『新発田新聞』一九三七年五月二八日付三面。
(27) 「流石は日本国民 応召兵の士気旺盛」『新発田新聞』一九三七年九月一七日付三面。
(28) 「貧故の徴兵忌避 小豆を入れオシを装ふ」『新発田新聞』一九三七年五月三〇日付三面。「検査表見えずと徴兵忌避を企つ壮丁」『新発田新聞』一九三七年六月七日付三面。「白痴を装ふ壮丁 美んごと見破らる」『新発田新聞』一九三七年七月四日付三面。
(29) 「帝国軍人は病で倒れたくない」『新発田新聞』一九三八年七月二五日付三面。
(30) 「病死とは無念」『新発田新聞』一九三七年一〇月七日付三面。

(31)「後送される子を持つ母の罪お許し下さい」『新発田新聞』一九三九年五月二日付三面。その他、以下の記事も参照。「病床で俸給を頂くは勿体ないと寄納」『新発田新聞』一九三八年一〇月二日付三面。「病気で死ぬは申訳なしと献金」『新発田新聞』一九三九年三月七日付三面。「入院中の俸給蓄へ出征家族慰問に贈る」『新発田新聞』一九三九年一一月一一日付三面。
(32)「病気を秘して参戦　大和男子の面目発揮」『新発田新聞』一九三九年七月二日付三面。
(33)「立派な最期と聞き三年間の悩み解いた親」『新発田新聞』一九四〇年一月三一日付三面。
(34)「傷病兵のためマッサージ療法」『新発田新聞』一九三七年九月一七日付三面。
(35)「半身不随の身体で五ヶ年間青年校精勤」『新発田新聞』一九三九年五月一四日付三面。
(36)「疾患程度に応じ傷病兵に職業輔導」『新発田新聞』一九三八年一月一六日付三面。
(37)「尊き白衣勇士の退院後の職業指導」『新発田新聞』一九三八年六月五日付三面。
(38)「自分と同じ道辿つた戦友に速記術教へる」『新発田新聞』一九三九年九月二三日付三面。
(39)「白衣の勇士真剣に自己の道を開拓せよ」『新発田新聞』一九三八年三月三一日付三面。「国民の師表たれ」『新発田新聞』一九三八年六月二三日付三面。
(40)「偽傷痍軍人同情を求め売薬」『新発田新聞』一九三九年七月六日付三面。
(41)「陸軍病院の患者慰安」『新発田新聞』一九三七年六月三〇日付三面。
(42)「傷痍軍人の健康診断」『新発田新聞』一九三九年一〇月六日付三面。
(43)「傷痍疾病等差」の欄には、傷病の原因が公務による傷痍疾病や戦地での流行病の場合は一等症、それ以外は二等症と記入される。一等症はその傷病名のため兵役を免除された場合、恩給診断書の審査を受けて恩給を支給されるため、病名やその原因の決定は重要な意味を持っている。本来であれば一等症の患者記録にも目を通した上で比較検討を行うことが望ましいが、情報公開請求によって全資料が公開されるまでには長い年月を要するため、今後の課題としたい。
(44)簿冊の表題に記された作成年には、管見の限り何らかの規則性は見いだせなかった。
(45)浅井利勇編著『うずもれた大戦の犠牲者―国府台陸軍病院・精神科の貴重な病歴分析と資料』国府台陸軍病院精神科病歴分析資料・文献論集記念刊行委員会、一九九三年、一〇七頁。
(46)H97福福-74。
(47)H97福福-71。

(48) 清水寛編『十五年戦争極秘資料集　補巻二八　資料集成・戦争と障害者「病床日誌」戦争神経症編』第五冊、不二出版、二〇〇七年、三二一頁所収の患者WN-213。
(49) H97福福-105。
(50) 佐藤雅浩『精神疾患言説の歴史社会学』新曜社、二〇一三年、一四八頁。
(51) 諏訪敬三郎「今次戦争における精神疾患の概況」『医療』第一巻第四号、一九四八年四月、一八頁。
(52) 佐藤前掲書、三〇七—三一七頁。佐藤によれば、森田療法が学界で評価されていくのは一九三八年の森田の死後、第二次大戦後のことである。
(53) 日本では、一九二〇年代から三〇年代にかけて、神経衰弱という病名があまりに広範な症状をさすものとして濫用されていることに疑問が呈されるようになった（北中淳子「『神経衰弱』盛衰史」『ユリイカ』三六巻五号、二〇〇四年、一五九—一六一頁）。
(54) H97福福-147。
(55) 細越正一「戦時神経症の治療的経験」一九四八年（細越が北海道帝国大学に提出した博士論文「戦争ヒステリーの研究」に附属して出された論文）
(56) 浅井前掲書、一〇八頁。
(57) 「予後備の免除は余りにも情けない」『新発田新聞』一九三七年九月一三日付三面。
(58) H97福福-889。
(59) H97福福-892。
(60) これまでにない大規模な兵員の徴集が行われた総力戦期の日本では、健康な国民及び兵士の育成が喫緊の課題となった。健兵対策は主に保育と結核予防があったが、保育の主眼は「健兵育成の障碍たる諸般の原因を求めて之を克明し弱兵を育化して強兵たらしめ」ることであった（陸軍軍医団『昭和十八年編軍陣衛生要務講義録』第一巻、一九四三年、四八頁）。
(61) H97福福-22。
(62) H97福福-889。
(63) 吉田裕「アジア・太平洋戦争の戦場と兵士」『岩波講座アジア・太平洋戦争　五』岩波書店、二〇〇五年、六二—六四頁。
(64) H97福福-105。

(65) H97福福-78。
(66) H97福福-144。
(67) H97福福-71。
(68) 清水寛編著『日本帝国陸軍と精神障害兵士』不二出版、二〇〇六年、二四九頁。
(69) H97福福-80。
(70) H97福福-147。
(71) H97福福-48。
(72) H97福福-41。
(73) H97福福-49。
(74) ベセル・A・ヴァン・デア・コルク、アレキサンダー・C・マクファーレン、ラース・ウェイゼス編、西澤哲監訳『トラウマティック・ストレス―PTSDおよびトラウマ反応の臨床と研究のすべて』誠信書房、二〇〇一年、一九頁。
(75) 以下は特に注のない限り以下の記事による。「わが終戦の夏　生き残りの郷土軍人たち〈七〉寝るにも銃と軍刀〝死んではならぬ〟と教える」『新潟日報』一九六四年八月二一日付一二面。
(76) 岡部牧夫・荻野富士夫・吉田裕編『中国侵略の証言者たち―「認罪」の記録を読む』岩波新書、二〇一〇年、八七―八八頁。
(77) 同前、一二〇―一二一頁。
(78) 清水前掲書、二三一―二三三頁。
(79) 同前、二三五―二三七頁。
(80) 宮地尚子『トラウマ』岩波書店、二〇一三年、五二―五五頁。
(81) 「わが終戦の夏　生き残りの郷土軍人たち〈一〉米兵、夜襲待ち伏せ　抜刀、密林の血戦もむなし」『新潟日報』一九六四年八月一四日付一二面。
(82) 「わが終戦の夏　生き残りの郷土軍人たち〈一〇〉目おおう南京虐殺　ウソだった日本軍の規律」『新潟日報』一九六四年八月二四日付一〇面。

〔補論〕戦争と男の「ヒステリー」

――アジア・太平洋戦争と日本軍兵士の「男らしさ」――

歴史家のジョージ・モッセは、一八世紀・一九世紀以降の西欧諸国において、理想的な男らしさを具現化するステレオタイプが形成され、こうした理想像は急激に変化する近代において一貫性を体現し、社会の価値観を保護するものとして利用されたという。モッセによれば、近代西欧における理想的な男らしさの特徴は、自己抑制、性的抑制、意志の力であり、それらを象徴する調和のとれた健康な精神と身体であり、戦争は男らしさが試される場とみなされてきた(1)。

第一次世界大戦がヨーロッパ社会に大きな変動をもたらしたことはよく知られているが、大量殺戮兵器によって多くの男性の身体が傷つけられ、「女のように」泣き叫ぶ戦争神経症の兵士が多数出現した結果、それまで理想とされてきた男らしさにどのようなインパクトを与えたのか、という観点からも多くの研究が行われてきた(2)。

英文学者エレイン・ショーウォーターの『心を病む女たち *The Female Malady*』はこうした研究の初期に位置づけられるものだが、当時「シェルショック」と呼ばれた戦争神経症を「男のヒステリー」であると位置づけ、それまで「女の病」とされてきたヒステリー症状を見せる男性の登場が、ヴィクトリア朝期英国のジェンダー秩序や精神医療に及ぼした影響を考察している(3)。本章では、日本で同様の事態が生じたアジア・太平洋戦争期における戦争神経症の医学・メディア言説や医療実践をジェンダーの視点から論じてみたい。

1　軍隊と「男らしさ」

本論に入る前にまず、軍隊が近代日本の「男らしさ」を構築していく上でいかに大きな役割を担っていたかを確認しておこう。

　周知の通り、戦前の日本においては徴兵延期の対象となっていた一部学生などを除く全ての男子国民が、二〇歳になると徴兵検査を受けた。そして、徴兵検査で合格となり、抽選で選ばれた者は現役兵として入隊した。

　兵役については、大日本帝国憲法（一八八九年公布、九〇年施行）第二〇条において「日本臣民は法律の定むる所に従ひ兵役の義務を有す」と定められていた。しかし、兵役法（一九二七年施行）の成立をめぐる第五二回帝国議会（貴族院、一九二七年三月一四日）の審議では、「本条（兵役法第一条「帝国臣民たる男子は本法の定むる所に依り兵役に服す」）に於て帝国臣民たる男子云々として女子を兵役義務者より除外したるは憲法違反に非ざるや」との質問が出され、憲法上の規定との矛盾が露呈された。しかし、政府側の答弁は「女子を現実の兵役服務者より除外することは憲法施行前より徴兵令の一貫して規定し来たりたる所にして、之が今日迄何等の議論なく行はれ来りしことは、（中略）憲法違反にあらざることを公認せられたるものと云はざるべからず」というものであり、現状維持の姿勢を貫いた[4]。

　兵役を男性に限定し、女性を排除することが「何等の議論なく」行われてきたのは、それが「自然」なことであると思わせる言説が繰り返し生産されてきたからに他ならない。例えば、東京帝国大学教授の井上哲次郎[5]は、一九一一年、和歌山県東牟婁郡古座町において開催された紀伊教育会東牟婁支会の講演で、以下のように述べている。

> 男子と女子はどうしても同一には出来ない、出来得る事もあるが、区別しなければならぬ事がある、（中略）生理上に違ふ所があれば精神上にも違ふ所がある、女子の方は感情が強い、男子の方は理性の方が勝つて居る、（中略）さうして永い間の習慣が結果となつて、今日となつて荒い仕事は男子が行つて居る、一体兵隊は男子で女の兵隊と云ふものはない（中略）其代り女子は女子でなくては男子の出来ない事がある、（中略）女子の本分と男子の本分とが極る、家庭を作つて幼児を育てると云ふ事は女子でなければならぬ[6]

ここでは、〈男性＝理性的／女性＝感情的〉という二分法が生物学的な違いによって説明され、さらにその相違から「男子の本分」は兵士であり、「女子の本分」は家庭で子供を育てることであると強調されている。近代日本の軍隊が、他の多くの近代国家と同じく、一九四五年の敗戦までその構成員を男性に限定してきた背景には、このような二極的な性差認識があった。

また、兵役の義務負担によって「国民」は序列化された。一九三一年三月の貴族院議会で婦人公民権案が圧倒的多数で否決された時、「如何にしても男子同様の権利を得なければならぬとすれば婦人も亦兵役の義務を負はねばならぬと云ふ問題が起って来る[7]」という反対意見が出たのである。図13は、その時の様子を戯画化した新聞記事であるが、「自然」とされる性役割分業が、いかに時代に規定されたものかを示していよう。

当時の男性にとって、徴兵検査は「一人前の男」の仲間入りを果たす儀礼のようなものとして捉えられていた[8]。また、徴兵検査は特定の男らしさを数値化し、定義する場でもあった。テレサ・アルゴソは、健康状態によって男性たちがランク付けされる徴兵検査では、身長の低い者、病弱者、「半陰陽」（インターセックス）などの「異常」な性的特徴を持つ人々が排除されたと指摘する[9]。その結果、軍人は「男の中の男」と表象される存在になっ

図13　「何が婦人公民権案を葬つたか？」『読売新聞』1931年3月25日付，朝刊2面

た。少年雑誌の分析を行った内田雅克は、軍人が「男の中の男」という少年の理想像として描かれたことを明らかにした(10)。

さらに、軍隊はその構成員から生身の女性を排除したのみならず、「女性的なるもの」を排除してきた。戦友愛は至上の結びつきとされ、「恋人よりも高」く、「肉親よりも強い」と言われた(11)。また内田雅克は、国家的・政治的レベルと日常的レベル双方における「男らしさ」構築の根幹にウィークネス・フォビア（「弱」に対する嫌悪と、「弱」と判定されてはならないという強迫観念）が存在することを指摘した(12)。軍隊と社会は相互に規定し合う存在であり、その関係は一様ではないのであるが、海妻径子が指摘するように、「男性であれば封建的身分にかかわらず等しい権利を持つべきだという理念から出発した近代社会は、同時に〈男性ではない者〉と名指しされた者の排除を常に正当化してきた社会でもあった」のであり(13)、「男らしさ」の構築には「男ではないもの」が不可欠だったのである。

男子青年たちが「男の中の男」である軍人になるためには、軍隊教育の中で「感情」をコントロールできるようになることが求められた。[14] 例えば日露戦争後に「武士道及び日本軍の心理的研究」を行った下澤瑞世は、軍隊が「国民の心身操練場」であり、「真性の男子」を作る場であると言った。下澤にとって、私的制裁をはじめとして新兵が体験するあらゆる苦難は、「感情を冷静にし、精神を混乱せぬやうにする」心理的修養上、むしろ欠かすことのできないものであり、このような苦難を乗り越えられないものは「日本男子ではない」のであった。[15] 内田が論じた「ウィークネス・フォビア」は本章の分析においても極めて有効な概念であるが、第Ⅰ部第一章で述べた通り、総力戦のインパクトによってとりわけ初年兵の恐怖心に対しては一定の配慮がなされた。男性の感情や恐怖心の捉え方が時に矛盾を含むものであり、「男らしさ」からの逸脱が許容される範囲に変化が見られるということ自体、男性に求められた規範が「自然」なことではなく、軍事主義に適合する形で恣意的に利用され、社会的・歴史的文脈の中で作られたものであることを示していると言えるのではないだろうか。また、このようなある種の「柔軟さ」を持つからこそ、近代社会において軍事主義と結びついた覇権的マスキュリニティは長期にわたって持続し得たのだと言えるだろう。

第Ⅱ部第二章の新発田陸軍病院の入院患者の中で見られた、「兵役を全うできずに郷里へ帰ることが〈男として〉恥ずかしい」という感覚は、以上述べてきたように、軍人を「男の中の男」であるとする価値観が、近代以降徴兵制というシステムによって生み出され、維持されてきたことと無関係ではない。本書で扱う男性の「ヒステリー」患者についても、まず前提として、当時の男性にとっては「男らしさ」の危機と取られかねない兵役免除の対象となった（あるいはその候補であった）ということをおさえておく必要がある。

2 「女の病」としてのヒステリーと例外としての「男性ヒステリー」

続いて、「ヒステリー」とはいかなる病であったのか、ジェンダーとの関係から確認しておこう。国府台陸軍病院の軍医であった細越正一は、戦争ヒステリーに関する論稿の序論において、以下のように第一次世界大戦が多数の「男のヒステリー」を発生させた点で大きなインパクトを持っていたと述べている。

第一次世界大戦に於ける戦争ヒステリーの経験は、思春期直後の男性に発生したヒステリー性病像を豊富に観察した点で、或は又多種多様の複雑せる(ママ)病因―むしろ外国性色彩を多分に含んだ原因によって構成された症候像の研究の上で、共にヒステリーのより深い理解え(ママ)の到達に寄輿する処(ところ)が極めて大であった。[16]

医学史家のマーク・ミケーリが『ヒステリー』という病のカテゴリーは、人間、いやむしろ女性の歴史と同じくらい古い」と指摘するように[17]、西洋においてヒステリーは長らく女性に特有の病と考えられてきた。ヒステリーはもともと子宮を意味するギリシャ語の"hystera"に由来し、体内を子宮が跳ね回ることにより引き起こされる奇病と考えられ、三世紀以降はヒステリーにみられる種々のスティグマータ(ヒステリー盲・聾、失声、麻痺、失立、失歩、けいれんなどの身体的機能障害)が悪魔の徴候とみなされるようになった。そして「魔女狩り」がはげしくなったルネッサンス期には、このスティグマータのために魔女とされた女性が多かった。[18]

西洋近代医学は、ヒステリーという奇病の謎を解明しようと試みた。精神科医のジュディス・ハーマンが明らかにしたように、それはトラウマの「発見」の歴史の幕明けでもあった。一九世紀後期の二〇年間はヒステリー研究の黄金時代であり、その中心となったのは、フランスの神経学者ジャン＝マルタン・シャルコー(Jean Martin Charcot 1825–1893) 率いるパリのサルペトリエール病院であった。シャルコーの後継者となったピエール・ジャネ (Pierre Janet 1859–1947) とフロイトは、それぞれの研究の中でヒステリーがトラウマに起因する病的状態であることを発見した。しかしフロイトは、仮に患者の語ることが真実であり、彼の説が正しければ、「幼小児に対する倒錯行為」がパリの無産者層のみならずウィーンのブルジョワ家庭にまで蔓延しているということになってしまうことに気づき、その急進的な性格にたじろぎ、心的外傷説を斥けた。ハーマンは、それ以後精神分析が女性たちの現実を否認し、内面における欲望と幻想の消長を研究する学問になったと指摘する。[19]

日本にも近代以降ヒステリーの概念が導入され、一九世紀半ば以降の医書に登場する。[20] 精神医学者の呉秀三は、ヒステリーの訳語に「臓躁病」をあてた。これは中国の古医書である張仲景の『金匱要略』において、「婦人臓躁」として「子宮虚血」による精神障がいが記載されていたことによる。[21]

また、日本のマスメディア（新聞）においては二〇世紀初頭からヒステリーに関する記事が多く登場するようになり、一九三〇年代をピークとしてその後減少する。さらに、初期の頃から犯罪などと結びつけられた報道の中で比較的頻繁に使用された。[22]

近代日本の通俗医学書やマスメディア・文学においては、ヒステリーは主に「女の病」として表象されたが、[23] 男性にもヒステリー患者が存在することは精神医学や心理学の専門家の間では定説となっていた。先に引用した細越正一は、戦争ヒステリー論の序文において「ヒステリー学の歴史は古く Hyppocrates に遡らねばならぬ。然し当時の主として性器説を以て代表せられる素撲（ママ）な学説は、一九世紀中葉に於て Birquet、Charcot に依つて完全に破棄せられ」たと述べている。[24]

細越もここで名前を挙げている前述のシャルコーは多数の男性ヒステリー患者の症例を紹介したが、彼の臨床講義は日本語にも翻訳された。シャルコーは「一男子左手の歇私的里〔ヒステリー〕性外傷性麻痺」を紹介する中で「此くの如き外傷性歇私的里は充分に人の注意を受けるやうになつてから、外見上強壮なる職工社会の人々に頻りに発見せらるゝのである」と指摘している。(25)

また、軍隊は男性ヒステリーの観察の場でもあり、『軍医団雑誌』『神経学雑誌』『中外医事新報』などで何人かの医師が自らが診療した事例を報告した。ここでは、比較的早い時期に軍隊における男性ヒステリーの事例を紹介した飯島茂の論文を確認しておこう。飯島は、一九一六年に『神経学雑誌』で五号にわたって「軍隊に於けるヒステリーに就て」という論文を発表し、一七名の症例報告を行っている。(26) 飯島によれば、日本帝国陸軍においてヒステリーという病名が統計で用いられるようになったのは一九〇八年以降のことであり、「之を観るにヒステリーは独逸軍隊に比して寡きも、神経衰弱は甚多し」という傾向があったが、「ヒステリーは果して我軍隊には斯の如く鮮少なりや」と疑問を抱いている。(27)

飯島もこの論文の序文で、ヒステリーが「女の病」であるという従来の説に異論を唱えている。

Hysterie なる語は希臘〔ギリシャ〕語にして子宮なる意義を有す、古人が此の語を今日吾人が謂ふところの精神神経病の一疾患に冠せしめ以て其の一病名となせるは此の疾患は子宮に起因するものなりとの見解に基きたるものなり、然るにヒステリーは子宮病を有する婦人に発すると等しく、又此の疾患を有せざる婦人にも発するのみならず小児にも発し男子にも亦度々発するに依り古人が此の語を以て官能性神経系病の一病名となせるは全く誤謬の見解なりと云はざるべからず(28)

その上で、飯島はドイツとフランスにおけるヒステリー患者の男女比率を紹介しているが、ドイツでは比率に幅があるものの女性の方が圧倒的に多く、それに反してフランスでは男性患者の方が多いと報告されていると述べ、「近時の経験により男性ヒステリーは従来人の信ぜしよりも其の数多き疾病なること確実に証明せられたりと雖仏人の報告の如きは未だ遽に信を措き難し」と疑問を呈してもいる。(29)

飯島の紹介しているこの男女比は、多少慎重に扱う必要がある。というのも、フランスの神経科医であったシャルコーは、パリの内科医のピエール・ブリケ（Pierre Briquet 1796–1881）が提示した男性一に対して女性二〇という比率を支持し、実際にはもう少し比率は近づくだろうと推定しているものの、男性の方が少ないと考えていたからである。(30) 飯島はヒステリーと人種・文化について「英国人及日爾曼〔ゲルマン〕人種は羅典〔ラテン〕人種より稀」であり「羅典人種は早熟にして精神刺衝性を有するに依る」とも述べているが、(31) 上記のような「フランス人男性はヒステリーになりやすい」という言説の背景には、一九世紀後半におけるフランスとドイツの文化的対抗関係があったとマーク・ミケーリは指摘する。ミケーリは、この時期の中央ヨーロッパにおける医学出版物において、「男性ヒステリーというものがあるとすれば、フランスにしかない」という挑発的な見解が出始めていたことを明らかにした。これらの論者によれば、フランス人男性はヨーロッパのどの国よりも「ヒステリーになりやすい」、すなわちそれは当時の文脈では「より弱く、男らしさがなく、変質（degeneration）の影響を受けやすい」ということを意味した。(32) これらの言説が出てきたのが普仏戦争（一八七〇―七一年）でのフランスの敗北後であったこともあわせて考えると、戦争や国際政治における「敵」国を貶めるために、相手を「非‐男性化」する手法が用いられたことがわかる。

男性ヒステリーや戦争神経症が、ジェンダーと人種の言説を伴って「敵」をカテゴライズするために用いられたのは、ドイツ‐フランスの事例だけではない。本書第Ⅰ部第一章でも見てきた通り、恐怖をコントロールできず勇敢に戦えない兵士は「支那軍の幼少兵や女学生にも劣るもの」とされ、「末代迄の恥辱」と言われた。この事例は、同質で均一であることを求められる自国の軍隊において発生した男性ヒステリーが、「敵」と同じく「他者」化される存在であったことを示していると言えるだろう。

また、歴史家のジョン・ダワーは、アメリカの海兵隊員の隠語では、砲弾ショックや戦争神経症にかかった米兵や発狂した米兵のことを「アジア風になっちまった」と言ったことを紹介している。そして、「日本人」に当てはめられた「原始人、子供、精神的、情緒的に欠陥のある敵というカテゴリー」は、男性中心的な西洋のエリートたちが担ってきた、他者（「日本人」などの他の人種や国民だけでなく、女性や非キリスト教徒、下層階級、犯罪的な分子など）を認識し、扱うための基本的なカテゴリーであったと指摘した。[33]

飯島の論文が発表されたのは第一次世界大戦の最中であったが、細越も述べるように、特に精神医学・心理学の専門家の間では、第一次世界大戦を契機に男性にもヒステリーを発症する者が少なくないということが共有されていたと考えられる。しかしながら、一九四一年に僧侶で精神科医であった宇佐玄雄[34]が「多くの人はヒステリーと、次に述べる神経衰弱とは同じ様な性質の病と思つて、男では神経衰弱、女ではヒステリーだといふ風に解して居る様であるが、それは誤りである。（中略）ヒステリーは女に限る病気ではなく、男にも老人にも子供にもあるのである」と書いているように[35]、アジア・太平洋戦争期に至ってもなお、通俗的には相変わらずヒステリーが「女の病」であると理解されていたのである。

ヒステリーが「女の病」であるというイメージが広く流布したのも無理はなかった。その原因は、宇佐が「誤り」と述べる通俗的な医学言説だけではなく、宇佐のように「男にもヒステリーはある」と主張する人々の側にもあった。このような主張はこの時期の専門家言説の中である種定型化されたものであったが、結局そこで挙げられる事例は女性ばかりであった。さらに、ヒステリーの特徴である感情的反応の強さは、女性に生まれつき備わった性質であるためにヒステリーは女性に多いのだという説明が繰り返された。宇佐は、ヒステリーが「先天的に精神を感動せしめ易い、即ち生れつき感情過敏な人に多い」とした上で、「従つて比較的婦人に多いのが当然である」と述べた。(36)

また、精神医学者として当時のアカデミズムの中枢に位置していた杉田直樹(37)は、感傷性に富み、些細なことにも激しい感情を起こすことを『ヒステリイ』性変質」と呼び、「婦人はとかく男子に比して感傷性が先天的に強く、感情的の反応行為が非常に多いから、昔しから之を戒めて、我国では喜怒色に現はさゞるを以て婦徳の上乗としてその修養を教へてゐる」と述べている。(38)このような「婦徳」の修養の結果、感情の発露が尊重される西洋ではヒステリーが多いのに対し、日本では比較的少なくなったという「国民の素質」の違いを杉田は説明した。しかし一方で杉田は、「婦人の生活が段々と欧米化するに伴ひその素質としての『ヒステリイ』性も国民的に漸次増して来つゝあるやうに思はれる」と警鐘を鳴らし、女性解放運動を行う女性や「貞操観念の全然ない」女性の登場は、『ヒステリイ』性の跋扈」であり、「呪ふべき戒むべきこと」であると断じた。(39)

以上見てきたように、シャルコーをはじめとした欧米の研究に触れる機会のあった精神医学・心理学の専門家たちにとっては、「男にもヒステリーはある」ということはよく知られていた。しかし、通俗的には「ヒステリーは女の病である」というイメージが強固に残っていたというのが大戦間期から戦時期の日本の状況であったと思われる。また、「男にもヒステリーはある」と主張する人々も、取り上げる事例は女性に偏っており、女性は「生まれつき感情過敏」なのでヒステリーが多いのだと述べることで、男性ヒステリーを例外的なものにしたのである。

3　戦時下のヒステリー言説

「神経の戦争」となった総力戦は、前線の兵士だけでなく銃後の人々のヒステリーへの関心も呼び起こした。精神分析家で心理学者の大槻憲二は、「神経戦争」を広義の戦場としての銃後の心理的攪乱であると定義した。大槻は、空襲などの外部からの刺激を過大に受け止め、そこに「ヒステリー的興奮」を覚えて精神的崩壊に至ることを「不安ヒステリー」と呼び、特に女性に多いと注意を促した。[40]

また、精神科医で美術評論家の式場隆三郎[41]は、日中戦争の初期から「戦争とヒステリー」に関する大衆向けの言説を発信したイデオローグであった。式場の「戦争とヒステリー」論における特徴は、以下のように性差よりも日本人の「民族的優越性」を強調する点にあった（図14参照）。

ヒステリーは大体西洋に多い病気です。日本には割合に少いのです。これは日本婦人が欧米に向つて、大いに誇つていゝことだと思ひます。日本の婦人は、長い間の訓練でヒステリーを起さない強い神経を持つてゐるものです。[42]

式場は、ヒステリーが日本人に少ないのは「日本人の民族的特色」であり、「男も女もヒステリー性格が少いためだと説明してゐる学者がある」と述べている。[43] ここでその学者の名前は明示されていないが、第2節で触れた杉田のように、「西洋にヒステリーが多い」という言説はすでに戦前から存在したものであり、戦時下において日本人の「強い神経」を強調するために再び引用されたのである。

このように日本人女性の強さを強調しつつも、「流行心理に流されやすい」女性への戒めも同時に式場は行っ

左—図14　西洋に多いとされたヒステリー
右—図15　「流行心理」に流されやすい女性

図14には「欧州人にはヒステリー患者が多い．欧州戦争の時戦場の男子にも家庭に残された夫人にもヒステリーが非常に多かった．」とキャプションが付いている．また，図15のキャプションには「女は流行心理に左右され易いから，ヒステリに同情などすると，何時の間にか自分も病症（ママ）に引き入れられる危険がある．」と書かれてある．
出典：式場隆三郎「戦争とヒステリー」『婦人倶楽部』18巻14号，1937年12月，167，169頁．

ている（図15参照）。

今や国家は、重大な時にあたつてゐます。かういふ時にこそ、女性の力が大切なのです。男よりも感情に豊かな女性は、心を動かすことが多いものです。（中略）本当のヒステリーは、日本には幸にして少いものですが、ヒステリックな症状は誰にも少しはあります。それを強めないことです。(44)

ここでは、前線で戦う兵士を支える存在として、銃後の女性たちにも精神的な「強さ」が求められたと言えるだろう。

さらに式場は、軍隊内における精神疾患の有無に関して、以下のように媒体によって異なることを述べている。

日本には今まで戦場で兵士がヒステリーになつたといふ報告はありませんし、銃後の女達が続々ヒステリーになつたこともありません。(45)

*

日露戦争に於ての軍隊内の精神病についての報告もあるが、欧州大戦に於ける各国の報告が更に大規模であつて組織だつてゐるかに見える。[46]

右の文章は兵士にせよ銃後女性にせよヒステリーの存在を完全に否定している一方で、左の文章は日露戦争では軍隊内の精神病の報告があったことを認めた上で、欧州大戦に比べると少ないとしており、内容が矛盾している。右の文章は女性向けの雑誌に寄せたもので、左の文章は「知識人」向けであり恐らく多くは男性を想定していたものと思われる。こうした読者層のジェンダー差を式場がどのように意識していたのかは推定の域を出ないが、「暗示を受けやすい」女性やヒステリーの「伝染性」ということを警戒してのことであろうか。いずれにせよ、女性は精神医学の専門家が得られるような「戦場の実相」を示す情報を提供するに値しない存在であると式場が考えていたことになるだろう。第Ⅰ部第二章で見てきた通り、日中戦争初期には「皇軍に精神病者はいない」というプロパガンダが国民向けに流されたが、このようなヒステリーの「伝染性」への警戒はそうした政策にどの程度影響を与えたのだろうか。ここではその関連性を示唆するまでに留めたいが、今後の検討課題としたい。

式場の言説とは異なり、実際には日中戦争以降、国府台陸軍病院をはじめ内地の陸軍病院に精神神経疾患患者が収容されていた。その中でもヒステリー（戦争神経症）がかなりの高率を占め、国府台の軍医たちに問題視されていたことはこれまでの章で見てきた通りである。

軍隊におけるヒステリーは、軽蔑的な眼差しを向けられる存在であった。国府台陸軍病院の軍医であった細越正一は、「『ノイローゼ』『ヒステリー』と言う言葉の与える侮蔑的な印象は、更に軍隊においては罪悪的な響きを加えていた」と述べている。[47] 第2節でも見てきたように、ヒステリーは生来的に女性に多い病とされ、「我儘」

「自己中心的」「感情的」などのマイナスの評価をなされ、時に犯罪とも結びつけられた。それだけではなく、第2節で触れた杉田直樹のような優生学的言説においては、ヒステリー患者のような「病的素質者」は、国家の前途に災いをもたらす存在でもあった。[48] さらに国民の団結が求められる戦時下においては、「西洋に多い」とされたヒステリーは個人主義を連想させるものであり、忌み嫌われたと考えられる。このような当時の文脈を総合すると、軍隊におけるヒステリーは、「男らしさ」という点でも「日本人らしさ」という点でも理想の軍人像に反する存在であったと言えるだろう。

このため、「ヒステリー」という病名を気に病む患者も存在した。例えば、一九四〇年国府台陸軍病院に入院した航空兵二等兵の患者の入院時の病床日誌には、「広島で憲兵に病名は何かと云はれたからヒステリーだと云ふた。気の毒だから〔傷痍疾病等差が〕一等症になるように取計つてやろうと云はれた。それで手紙を出してくれた」という患者の言葉が記されている。[49] 傷痍疾病等差が一等症であれば兵役免除となった後に恩給の支給対象となったが、第Ⅱ部第三章で述べるように戦争神経症の患者のうち多くは傷痍疾病等差が二等症であり、この患者も結局二等症のままであった。

また、同じ年に国府台に入院した砲兵二等兵の患者の病床日誌では、「現在の状態にて家へ帰れば働けると云ふ。かう云ふ病気では大きな会社へは入れないのではなかろうかと案ず。（中略）家が困つているからなるべくならば早く帰りたいと思ふと云ふ」と書かれている。[50] 第Ⅱ部第二章で見てきた通り、家計の主たる稼ぎ主であった男性たちにとって、残された家族の生活は大きな心配の種であった。そのような状況において、ヒステリーという病名が偏見の目にさらされやすく、再就職に不利になるのではないかとこの患者は心配しているのである。

このような患者の「ヒステリー」という病名への忌避感情を察してか、国府台陸軍病院では「ヒステリー」の代わりに「臓躁病」という病名が積極的に用いられたようだ。国府台の軍医であった桜井図南男は、一九四一年に『軍医団雑誌』に発表した「戦時神経症」に関する論文の中で、「ヒステリーなる病名は通俗的に曲解された意味を持つて居て患者自身や其の周囲にいろ／＼面白くない影響を及すので予等は好んで呉教授の臓躁病と云ふ語を慣用して居る」と書いている(51)。

表15は、『朝日新聞』と『読売新聞』で「ヒステリー」及び「臓躁病」という言葉が登場する記事の数を比較したものである。

表15　「ヒステリー」・「臓躁病」新聞記事数

	朝日新聞（1879-1945年）	読売新聞（1874-1945年）
ヒステリー	455	234
臓躁病	1	0

出典：朝日新聞のデータベース「聞蔵Ⅱビジュアル」，読売新聞のデータベース「ヨミダス歴史館」にて記事数を検索.

一見してわかる通り、新聞というメディアにおいては「ヒステリー」に比べて「臓躁病」は全くと言っていいほど使われておらず、大衆向けの言説空間ではあまり流通していなかった病名であったと言えるだろう。第Ⅰ部第三章で見てきた通り、日中戦争以降傷病兵の社会的位置がこれまでにないほど高まっていたことに配慮し、「ヒステリー」という言わば手垢のついた病名に代わるものとして「臓躁病」が用いられたと考えられる。

また、**表16**は清水寛編『十五年戦争極秘資料集　補巻二八　資料集成・戦争と障害者「病床日誌」戦争神経症編』（不二出版、二〇〇七年）に収録された八三二名分のうち、「ヒステリー」及び「臓躁病」という病名（転症の場合は、最終的に記入された病名）が病床日誌に記載された六〇八名を階級別・病名別に分類したものである。

まずこの表から読み取れるのは、「ヒステリー」という病名は全階級において

表16　「戦争神経症」患者 階級・病名別分類

	士官・准士官 43人（5.2%）	下士官 21人（2.5%）	兵 752人（90.4%）	その他 16人（1.9%）	合計
ヒステリー	0（　0%）	1（2.0%）	48（94.1%）	2（3.92%）	51
臓躁病	3（0.54%）	8（1.44%）	538（96.6%）	8（1.44%）	557

引用者注：士官・准士官には，見習士官が1名含まれている．また，「その他」には軍属や陸軍技手などが含まれている．

使用例が少ないが、士官・准士官においては一例も使用例がないことである。表16で「ヒステリー」という病名が使用されたものの中には、最終的な診断書で「ヒステリー」から「臓躁病」に変更された患者も数多く存在し、最終的に「ヒステリー」のままだった患者はわずか一〇名であった。

また、「ヒステリー」と「臓躁病」いずれについても、階級が低くなるほど使用率が高くなることがわかる。第2節で紹介した飯島茂が紹介した一七例のヒステリー患者の階級は全て兵であり、飯島は「ヒステリーは初年兵に多きものなり」と指摘しているが[52]、アジア・太平洋戦争期においても「ヒステリー」及び「臓躁病」の使用には明らかに階級的な偏りがあると言ってよいだろう。

以下の准尉の患者の例は、最終的に「ヒステリー」から別の病名に転じた例であるが、治療の過程において「ヒステリー」に付与された様々なイメージを利用したと考えられる事例である。この患者は一九四三年八月に発病（発病地不明）、「精神不安、譫語を発し躁狂状態」であったが、四三年一〇月に第一〇九兵站病院で「皮質下性運動性失語症」と診断され、四四年五月に病名が「ヒステリー」に転じ、四四年九月に国府台陸軍病院に入院後、四五年二月に「マラリア後神経障碍」に転症、同年六月に兵役免除のため退院した[53]。

失語症になっていたこの患者に対して、国府台陸軍病院の軍医は入院直後に電気痙攣療法を行った。その前に、声を失った患者と軍医の間で下記のような口問筆答が行われている（原資料では答えは患者本人の直筆と思われる文字で書きこまれているが、以下の引用においてはダッシュの後に患者の回答を記す）。ちなみに、軍医の階級は少尉で患者よりも上であり、口調も高圧的である。第Ⅰ部第二章で紹介した梛野軍医が書いていたように、戦争神経症の治療においては「上官の威厳」が極めて重要であった。

口問

（中略）

（三）お前の病気は一体何だと思ふか？　――ヒステリー

（四）ヒステリー等は日本の兵隊にあるか？　――ありません

（五）一体どんな人間がかゝる病気か？男か？女か？　――女です

（六）女は何故ヒステリーに罹るのか？　――しりません

（中略）

（十四）治したい気持はあるのか？　――有ります

（十五）どんな事をしてゞも治す気はあるか？　――あります

（十六）それでは今日はお前を直して（ママ）やる　――うれしいです(54)

ここで軍医は直接言葉には出していないが、この問答は、患者自身が答える中で、「日本の兵隊にないはずの」「男はかからないはずの」（そして患者の階級も考慮すれば「士官はならないはずの」と付け加えても良いかもしれない）ヒステリーに自分はなっているのだ、と自身を責めるよう巧みに誘導する仕組みになっていると言って良いだろう。ここでは、「男もヒステリーになる」という「科学」の知は必要とされていない。

そして、この問答の後、「今日はお前に電気治療をする　電気をかけると（中略）神経が良くなるがそれを使ふのはお前であるから一生懸命使ふ様に努力するのだぞ!!」と患者に発破をかけ、電気痙攣療法が行われた。この患者に対しては、約二時間半にわたって三〇ボルト〜八〇ボルトと電圧を変化させながら六〇回も通電が行われ、その間ア行の音を発音するよう何度も訓練が行われた。治療後においても発声は「極めて不十分、不自然」であったが、「正常なる発声をなし得る事は他覚的に認められたり」と治療を行った軍医は誇らしげに書き記している。(55)

その後、この患者が無事に発声できるようになったかどうかは不明であるが、最終的な診断書においては「ヒステリー」にも「失語症」にも一言も触れられず、「マラリア（三日熱）」に罹患した後、国府台において「マラリア後神経障碍」に転症したというストーリーになっている。(56) 第Ⅱ部第一章でも指摘した通り、ヒステリー（戦争神経症）患者は常に「疾患への逃避」を疑われたのであるが、一回の治療で六〇回という桁外れに多い通電にも耐え、治す「意志」を明確に示したこの患者への「温情」として、「ヒステリー」という病名を葬り去ったと考えることはできないだろうか。

小括

以上見てきたように、ホモソーシャルな共同体である軍隊においては、女性や徴兵検査で合格基準に達しない者、訓練や私的制裁に耐えられない「女のような男」など様々な「男ではない者」の排除を通じて「男らしさ」が構築されてきた。第Ⅱ部第二章で見てきたように、とりわけ戦時下において「男らしい死に方」を求められる中で、兵役の半ばで傷病に倒れ、兵役免除となることは、患者や家族にとっては兵士＝男としてのアイデンティティを不安定化させる経験であった。

兵役免除の理由が「女の病」と通常考えられてきた「ヒステリー」であった場合には、患者は病に倒れたことに加えてその病名をも気に病むこととなった。「男もヒステリーになる」ということは専門家の中では半ば常識となっていたが、「生来的に感情の強い」女性に多い病であるとされ、「自己中心的」で「我儘」な患者像が流布されていたからである。このようなヒステリーという病名への忌避感情のために、国府台陸軍病院では「臓躁病」という病名が代わりに使われることとなった。

とりわけ士官クラスの患者に対して「ヒステリー」や「臓躁病」という病名が避けられたことは、ジェンダーと階級という複合的な要因が関わる重要な問題である。マーク・ミケーリは、シャルコーが行った「男の身体のヒステリー化」は、彼自身とは異なる社会的・職業的アイデンティティを有する人々の集団が対象であったことを鋭く指摘した[57]。戦時中傷痍軍人下総療養所に勤務していた井村恒郎は、「それにしても、戦争神経症にかかつた兵隊の姿というものは、いかにも愚かしく、女々しく、一種異様な不快な印象を、ひとにあたえた。戦争神経症におちいつた兵隊の言動は、軍人として失格した者、という以上に、一人まえの人間でなくなつた者の印象をあたえるのである」と戦後回想しているが[58]、このような強烈なミソジニーと「非‐男」を「非‐人間」にまで貶める言説は、彼自身がヒステリー患者とは異なる社会的・職業的アイデンティティを抱いていたからこそ出てきたものであったのだろう。

［注］

（1）George L. Mosse, “Shell-Shock as a Social Disease,” *Journal of Contemporary History* 35, no. 1 (2000): 101-108.

（2）第一次世界大戦が男性身体に与えたインパクトを論じた、Joanna Bourke, *Dismembering the Male: Men's Bodies, Britain and the Great War* (London: Reaktion Books, 1996)、シェルショックと英雄的男らしさについて分析した、Jessica Meyer, "'Gladder to be going out than afraid': Shellshock and Heroic Masculinity in Britain, 1914-1919", in Jenny Macleod and Pierre Purseigle (eds), *Uncovered Fields: Perspectives in First World War Studies* (Leiden: Brill, 2004), 195-210 など参照。

（3）エレイン・ショーウォーター、山田晴子・薗田美和子訳『心を病む女たち―狂気と英国文化』朝日出版社、一九九〇年、第七章参照。ただし、精神科医＝男性／患者＝女性という二分法で近代精神医療の抑圧性を論じるショーウォーターの研究に対しては、以下の論文が男性患者の方が多かった英植民地の事例を取り上げ、批判的に考察している。Catharine Coleborne, "White Men and Weak Masculinity: Men in the Public Asylums in Victoria, Australia, and New Zealand, 1860s-1900s", *History of Psychiatry* 25, no. 4 (2014): 468-476.

（4）大江志乃夫『昭和の歴史 三 天皇の軍隊』小学館、一九八二年、六七頁。

（5）井上哲次郎（一八五六―一九四四）は明治・大正期の哲学者で、東京帝国大学を卒業後、同大学教授・文科大学長を歴任。哲学会会長、貴族院議員もつとめた。多数の哲学書のほか、「女子修身教科書」「中学修身教科書」「教育勅語」の注釈書をあらわすなど、天皇制国家における国家主義的な道徳の確立を支えた。

（6）井上哲次郎「婦人の為め」『国民道徳』隆文館、一九一一年所収、四―五、七―八頁。

（7）発言者の紀俊秀男爵は、女性は「天下国家を論ずる前には、先づ家庭の内務に付て注目する必要があるのぢやなからうか」、「戦場の戦線に立って闘って居る勇士の行動に対しては、最も敬意を掃はなければなりませぬが、又一方男子をして是だけの仕事をさす共裏面には、婦人が之を助けて居ると云ふことの力を大いに認めなければならぬのであります」と述べており、女性の「内助の功」を持ち上げてもいる（『官報』号外、昭和六年三月二五日第五九回帝国議会貴族院議事速記録第三八号、六三一―六三二頁）。

（8）吉田裕『日本の軍隊』岩波書店、二〇〇二年、六一頁。

（9）テレサ・アルゴソ、内田雅克訳「男として不適格？―二〇世紀初頭の日本における徴兵制・男性性・半陰陽」サビーネ・フリューシュトゥック、アン・ウォルソール、長野ひろ子監訳『日本人の「男らしさ」』明石書店、二〇一三年、二三六―二三九頁。

（10）内田雅克『大日本帝国の「少年」と「男性性」―少年少女雑誌に見る「ウィークネス・フォビア」』明石書店、二〇一〇年。

（11）伊地知進『火線に散る』鉄英閣、一九三二年、一五二頁。

(12) 内田前掲書。
(13) 海妻径子〈男ではない者〉の排除と抵抗」『情況』第三期第五巻第一〇号、二〇〇四年、一五〇頁。
(14) 中村江里「日本陸軍に於ける男性性の構築―男性の『恐怖心』をめぐる解釈を軸に」木本喜美子・貴堂嘉之編『ジェンダーと社会　男性史・軍隊・セクシュアリティ』旬報社、二〇一〇年、一七七―一八〇頁。
(15) 下澤瑞世『実験・日本軍心理』武教協会、一九一三年、二二二頁。
(16) 細越正一「戦争ヒステリーの研究」（北海道大学医学部精神病学教室提出の博士論文）一九四八年、四頁。
(17) Mark S. Micale, *Hysterical Men: The Hidden History of Male Nervous Illness* (Cambridge: Harvard University Press, 2008), 5. 日本語訳は引用者による。
(18) 加藤正明ほか編『縮刷版　精神医学事典』弘文堂、二〇〇一年、六七〇頁。
(19) ジュディス・L・ハーマン、中井久夫訳『心的外傷と回復〈増補版〉』みすず書房、一九九九年、八―一六頁。
(20) 船越幹央「ヒステリー―メディアのなかの病」坪井秀人編『偏見というまなざし』青弓社、二〇〇一年、七七頁。
(21) 加藤前掲書、六七〇頁。
(22) 佐藤雅浩『精神疾患言説の歴史社会学―「心の病」はなぜ流行するのか』新曜社、二〇一三年、一八六頁。
(23) 船越前掲論文及び佐藤前掲書参照。
(24) 細越前掲論文、二頁。
(25) 沙禄可（シャルコー）述、佐藤恒丸訳『沙禄可博士神経病臨床講義　前編下』東京医事新誌局、一九〇七年、二〇頁。なお、ヒステリーの表記については、幕末から明治初期には「歇以私的里（ヘイステリ）」というオランダ語に漢字を当てたものが用いられ、英語に漢字を当てた「歇私的里（ヒステリ）」「歇斯的里（ヒステリ）」などが用いられたが、時代が下るにつれて漢字表記は姿を消していった（船越前掲論文、八六頁）。
(26) 飯島茂「軍隊に於けるヒステリーに就て」『神経学雑誌』一五巻一号、一九一六年一月、四〇―四五頁。同『神経学雑誌』一五巻二号、一九一六年二月、二五―三〇頁。同『神経学雑誌』一五巻四号、一九一六年四月、二七―二九頁。同『神経学雑誌』一五巻五号、一九一六年五月、三四―四〇頁。
(27) 飯島茂「軍隊に於けるヒステリーに就て」『神経学雑誌』一五巻一号、一九一六年一月、四三頁。
(28) 同前、四一頁。
(29) 同前、四二頁。

(30) Micale, *Hysterical Men*, 129.
(31) 飯島前掲論文、四二頁。
(32) Micale, *Hysterical Men*, 201.
(33) ジョン・ダワー、猿谷要監修、斎藤元一訳『容赦なき戦争—太平洋戦争における人種差別』平凡社ライブラリー、二〇〇一年、二六六—二六八頁。
(34) 宇佐玄雄（一八八六—一九五七）は日本の仏教者・精神科医。山渓寺の住職当時、気質の一様でない人々を教化するには精神医学を学ぶ必要があることを痛感し、一九一五年東京慈恵医院医専に入学、森田療法と仏教の共通性を意識して、森田療法の最初の病院である「三聖病院」を設立、神経症性障害に対する森田療法を独自の禅的風格を加えて実施した。
(35) 宇佐玄雄『精神病の看病法』人文書院、一九四一年、一一六—一一七頁。
(36) 同前、一一八頁。
(37) 杉田直樹（一八八七—一九四九）は日本の精神科医・精神医学者。一九一二年東京帝国大学卒業、精神科入局（呉秀三教授）、一三年〜一七年講師。一九一三年から文部省外国留学生としてドイツ・フランス・オーストリア留学の予定だったが、第一次大戦勃発のため、オランダ・イギリス経由で帰国、一九一五年よりアメリカ留学、一八年帰国、東京帝大医学部講師となった。東京帝大助教授、松沢病院副院長、名古屋医大教授を経て、一九三一年名古屋大学医学部教授となり、精神医学講座を担当した。四六年より県立城山病院長を兼任、四九年退官、東京医大教授就任予定だったが、急逝した。優生学とその運動にもコミットした。
(38) 杉田直樹『近代文化と性生活』武俠社、一九三一年、五〇六、五一〇頁（斎藤光編『近代日本のセクシュアリティ　四〈性〉をめぐる言説の変遷』ゆまに書房、二〇〇六年所収）。
(39) 同前、五一〇—五一一頁。
(40) 大槻憲二『科学的皇道世界観』東京精神分析学研究所出版部、一九四三年、二一七—二二七頁。
(41) 式場隆三郎（一八九八—一九六五）は日本の精神科医・美術評論家。一九二一年新潟医専卒。精神科入局・助手、一九二六〜二九年欧州留学。静岡脳病院長を経て一九三六年国府台病院を開設して院長に。一九四七年式場病院と改称。東京タイムズ社社長、同顧問、ロマンス社社長、日本ハンドボール協会会長、厚生省中央郵政委員、日本医家芸術クラブ委員長等を歴任。ゴッホ研究家でもあり、放浪画家山下清の支援者として知られる。

(42) 式場隆三郎「戦争とヒステリー」『婦人倶楽部』一八巻一四号、一九三七年一二月、一六七頁。
(43) 式場隆三郎「戦争とヒステリー」『発明』三四巻一二号、一九三七年一二月、三九頁。
(44) 式場隆三郎「戦争とヒステリー」『婦人倶楽部』一八巻一四号、一九三七年一二月、一六九—一七〇頁。
(45) 同前、一六八頁。
(46) 式場隆三郎『知識人の為の頭脳強健法』三笠書房、一九三九年、二八二頁。
(47) 細越正一「続第五内科回顧録」陸上自衛隊衛生学校編『大東亜戦争陸軍衛生史 巻六』陸上自衛隊衛生学校、一九六八—六九年、五九頁。
(48) 杉田前掲論文、五一二頁。
(49) 清水寛編『十五年戦争極秘資料集 補巻二八 資料集成・戦争と障害者「病床日誌」戦争神経症編』第五冊、不二出版、二〇〇七年、二六八頁掲載の患者ＷＮ-174。
(50) 同前、二七三頁掲載の患者ＷＮ-178。
(51) 桜井図南男「戦時神経症の精神病学的考察」（第一篇）『軍医団雑誌』三四三号、一九四一年一二月、一六五八頁。
(52) 飯島茂「軍隊に於けるヒステリーに就て（承前）」『神経学雑誌』一五巻五号、一九一六年五月、三五頁。
(53) 清水寛編前掲書、第七冊、八〇—八一頁掲載の患者ＷＮ-608。
(54) 同前、八一—八二頁。
(55) 同前、八二頁。
(56) 同前、八〇頁。
(57) Micale, *Hysterical Men*, 160.
(58) 井村恒郎『現代病—おのれを失える人びと』光文社、一九五三年、五四頁。井村恒郎（一九〇六—一九八一）は日本の精神科医・精神医学者。一九二八年、京都帝大文学部哲学科卒（西田幾多郎教授）、三四年東京帝大医学部卒。精神科入局（三宅紘一教授）、三五年助手、四一年軍事保護院傷痍軍人下総療養所医官、四七年国立国府台病院副院長兼神経科医長、院長心得、四九年国立東京第一病院神経科医長、五二年国立精神衛生研究所心理学部長、五五年一〇月日大教授（精神神経科）、七二年九月定年退職。退職後、鵬友会精神衛生問題研究所長。

第三章　誰が補償を受けるべきなのか？

――戦争と精神疾患の「公務起因」をめぐる政治――

本章では、医療と社会が交差する問題の一つとして、陸軍の恩給制度に着目する。恩給は、基本的には公務の為死亡し、あるいは傷痍を受け疾病に罹患した公務員とそれに準ずる者、並びに遺族等に対して支給された。恩給策定は、陸軍病院における重要な業務の一つであったため、病床日誌には患者の傷病恩給に関わる行政書類も含まれていた。

恩給の問題は、兵役履行に伴う損害に対する国家の補償責任だけでなく、その病が戦争に起因するのかどうかという戦争と精神疾患の「因果関係」をめぐる議論をも引き起こすものであった。精神神経疾患の中でも、最も先天的素因と関連づけられたのは「精神薄弱」（知的障がい）者である。清水寛が指摘したように、もともと兵役免除の対象であった知的障がい者は、アジア・太平洋戦争期の大量動員の中で次第に軍隊の中に取り込まれていき、軍隊に適応できない兵士として顕在化することとなった。彼らは兵業による受傷・疾病を併発しても、「帯患入隊」のため傷病恩給の対象外となったのである[1]。しかし、国府台陸軍病院に入院した精神神経疾患の中には様々な病名が存在しており、それらの各疾患と傷病恩給の関係や戦後の状況は未だ明らかになっていないと言えるだろう。

本章の前半では、まず陸軍の恩給制度と国府台陸軍病院の恩給策定方針について確認した上で、戦争神経症の解釈と恩給策定の実態を検討したい。本章の後半では、戦後の戦争と精神疾患をめぐる議論や、恩給受給の実態について考察したい。

1　陸軍における恩給制度

(1)　恩給区分

陸軍軍人が傷痍疾病により除役された場合には、その傷病が公務に起因するならば恩給法に基づき恩給が、公務起因でない疾病ならば、転免役賜金令に基づき一時金が支払われることになっていた。[2] 公務起因の傷病の場合は、病床日誌の「傷痍疾病等差」の欄に「一等症」、公務起因でない場合は「二等症」と記入された。

恩給法（一九二三年四月一三日法律四八、改正加除…一九三三年法律五〇、一九三八年同五六、一九三九年同二八、一九四〇年同二一、一九四一年同一二、同一三、一九四二年同三四）で規定された、公務員本人を対象とした恩給には、以下の五種類があった。[3]

①普通恩給…法定の年数（准士官以上一三年、下士官兵一二年）在職した公務員自身に対して給与される年金。

②一時恩給…普通恩給年限に達せず退職した場合（下士官以上は三年以上一三年（下士官は一二年）未満）、公務員の階級に応じ本人に支給される一時金。

③増加恩給…公務の為に傷痍を受け、又は疾病に罹患した為に不具廃疾[4]の程度に至り、特別な失格原因なく退職した場合に給与される年金。在職年の長短を問わず普通恩給とともに併給される。表17で特別項症、第一項症

第一款症	一　一眼の視力か視標〇. 一を二. 五メートル以上にては弁別し得さるもの 二　一耳全く聾したるもの 三　一側拇指の機能を癈したるもの 四　一側示指乃至小指の機能を癈したるもの 五　一側総趾の機能を癈したるもの
第二款症	一　精神的又は身体的作業能力を軽度に妨くるもの 二　一眼の視力か視標〇. 一を三. 五メートル以上にては弁別し得さるもの 三　一耳の聴力か〇. 〇五メートル以上にては大声を解し得さるもの 四　一側睾丸を全く失ひたるもの 五　一側示指を全く失ひたるもの 六　一側第一趾を全く失ひたるもの
第三款症	一　一側示指の機能を癈したるもの 二　一側中指を全く失ひたるもの 三　一側第一趾の機能を癈したるもの 四　一側第二趾を全く失ひたるもの
第四款症	一　一眼の視力か〇. 一に満たさるもの 二　一耳の聴力か尋常の話声を〇. 五メートル以上にては解し得さるもの 三　一側中指の機能を癈したるもの 四　一側環指を全く失ひたるもの 五　一側第二趾の機能を癈したるもの 六　一側第三趾乃至第五趾の中二趾を全く失ひたるもの
第一目症	一　身体的作業能力を軽度に妨くることあるもの 二　一眼の視力か〇. 二に満たさるもの 三　一耳の聴力か尋常の話声を一メートル以上にては解し得さるもの 四　一側環指の機能を癈したるもの 五　一側小指を全く失ひたるもの 六　一側第三趾乃至第五趾の機能を癈したるもの
第二目症	一　一側小指の機能を癈したるもの 二　一側第三趾乃至第五趾の中二趾の機能を癈したるもの
第三目症	一　一眼の視力か〇. 三に満たさるもの 二　一耳の聴力か尋常の話声を三メートル以上にては解し得さるもの 三　一側第三趾乃至第五趾の中一趾を全く失ひたるもの
第四目症	一　一側第三趾乃至第五趾の中一趾の機能を癈したるもの 二　前目の各症に次く症を胎したるもの

出典：森松俊夫監修，松本一郎編纂『陸軍成規類聚 昭和版第二巻（下）』緑蔭書房，2010年，494-497，500頁.

表17　恩給法施行令（1923年8月16日勅令367号）第24条，第24条の2，第31条で定められた恩給傷病等差（1942年法律第34号による改正後）

特別項症	一	常に就床を要し且複雑なる介護を要するもの
	二	重大なる精神障碍の為常に監視又は複雑なる介護を要するもの
	三	両眼の視力か明暗を弁別し得さるもの
	四	身体諸部の障碍を総合して其の程度第一項症に第一項症乃至第六項症を加へたるもの
第一項症	一	複雑なる介護を要せさるも常に就床を要するもの
	二	精神的又は身体的作業能力を失ひ僅に自用を弁し得るに過きさるもの
	三	咀嚼及言語の機能を併せ癈したるもの
	四	両眼の視力か視標〇．一を〇．五メートル以上にては弁別し得さるもの
	五	肘関節以上にて両上肢を失ひたるもの
	六	膝関節以上にて両下肢を失ひたるもの
第二項症	一	精神的又は身体的作業能力の大部を失ひたるもの
	二	咀嚼又は言語の機能を癈したるもの
	三	両眼の視力か視標〇．一を一メートル以上にては弁別し得さるもの
	四	両耳全く聾したるもの
	五	大動脈瘤，鎖骨下動脈瘤，総頸動脈瘤，無名動脈瘤又は腸骨動脈瘤を発したるもの
	六	腕関節以上にて両上肢を失ひたるもの
	七	足関節以上にて両下肢を失ひたるもの
第三項症	一	肘関節以上にて一上肢を失ひたるもの
	二	膝関節以上にて一下肢を失ひたるもの
第四項症	一	精神的又は身体的作業能力を著しく妨くるもの
	二	咀嚼又は言語の機能を著しく妨くるもの
	三	両眼の視力か視標〇．一を二メートル以上にては弁別し得さるもの
	四	両耳の聴力か〇．〇五メートル以上にては大声を解し得さるもの
	五	泌尿器の機能を著しく妨くるもの
	六	両睾丸を全く失ひたるものにして脱落症状の著しからさるもの
	七	腕関節以上にて一上肢を失ひたるもの
	八	足関節以上にて一下肢を失ひたるもの
第五項症	一	頭部，顔面等に大なる醜形を残したるもの
	二	一眼の視力か視標〇．一を〇．五メートル以上にては弁別し得さるもの
	三	一側総指を全く失ひたるもの
第六項症	一	精神的又は身体的作業能力を高度に妨くるもの
	二	頸部又は軀幹の運動に著しく妨あるもの
	三	一眼の視力か視標〇．一を一メートル以上にては弁別し得さるもの
	四	脾臓を失ひたるもの
	五	一側拇指及示指を全く失ひたるもの
	六	一側総指の機能を癈したるもの
第七項症	一	一眼の視力か視標〇．一を二メートル以上にては弁別し得さるもの
	二	一耳全く聾し他耳尋常の話声を一．五メートル以上にては解し得さるもの
	三	一側腎臓を失ひたるもの
	四	一側拇指を全く失ひたるもの
	五	一側示指乃至小指を全く失ひたるもの
	六	一側足関節か直角位に於て強剛したるもの
	七	一側総趾を全く失ひたるもの

～第七項症程度の傷病が対象となり、各階級及び公務の種類に応じて給与される金額も異なる。

④傷病年金…公務の為傷痍を受け、又は疾病に罹患した為に、不具廃疾の程度には達しないが職務に堪えない程度の障害（**表17**で第一款症から第四款症相当程度）があり、失格原因なくその障害の為に職に堪えず、一年以内に退職した場合に給与されるもの。普通恩給を伴わない年金。

⑤傷病賜金…下士官以下の軍人が、公務の為に傷痍を受け、又は疾病に罹患し、**表17**で第一目症から第四目症に相当する程度の障害がある為に、職務に堪えず退職した場合、又は退職後三年以内にその程度に達した時に給与された一時金。

表18　転免役賜金表

恩給法施行令第24条特別項症乃至第四項症程度の者	1,000円
同条第五項症乃至第七項症程度の者	700円
同令第24条の2第一款症又は第二款症程度の者	450円
同条第三款症又は第四款症程度の者	300円
同令第31条第一目症又は第二目症程度の者	160円
同条第三目症又は第四目症程度の者	65円
死　　亡　　者	200円

〔備考〕一種以上の兵役を免ぜられ引続き陸海軍病院に於て官費治療中死亡したる者に付ては死亡者に対する額のみを給す

出典：森松俊夫監修，松本一郎編纂『陸軍成規類聚　昭和版第二巻（下）』緑蔭書房，2010年，861頁．

また、「転免役賜金」とは、在営期間（応召期間を含む）中に、故意又は自己の重大な過失によらず服務に関連し傷痍を受け、疾病に罹患した為、在営期間中又は在営期間より引き続き陸海軍において官費治療中一種以上の兵役を免ぜられた場合、又は死亡した場合に給与されたものである。すなわち、恩給を請求して資格なしと却下された場合、又は傷痍疾病等差が二等症の患者が除役された場合に**表18**の転免役賜金が支給された。(5)

（2）恩給の請求手続き

恩給給与規則・同細則と、陸軍恩給取扱手続の諸規則によれば、恩給はすべて本人からの請求によって支給さ

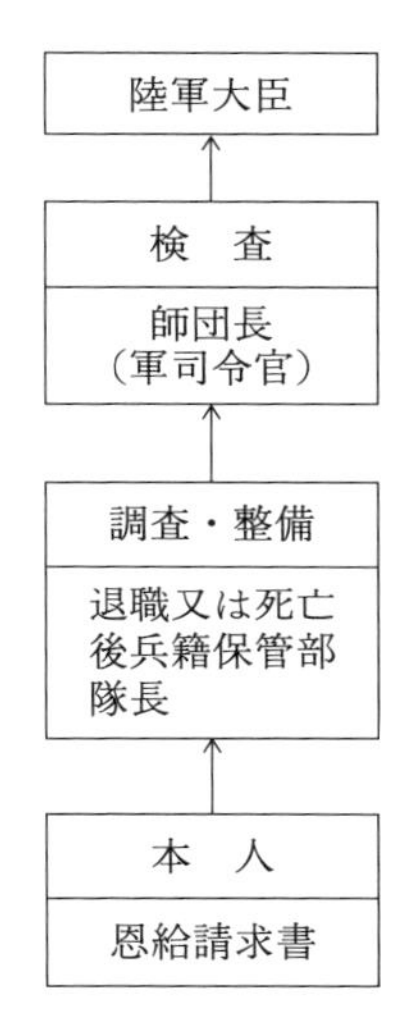

図 16　陸軍軍人，軍属恩給請求手続

出典：陸軍軍医団『昭和十八年編軍陣衛生要務講義録』第一巻，1943 年，169-170 頁をもとに作成.

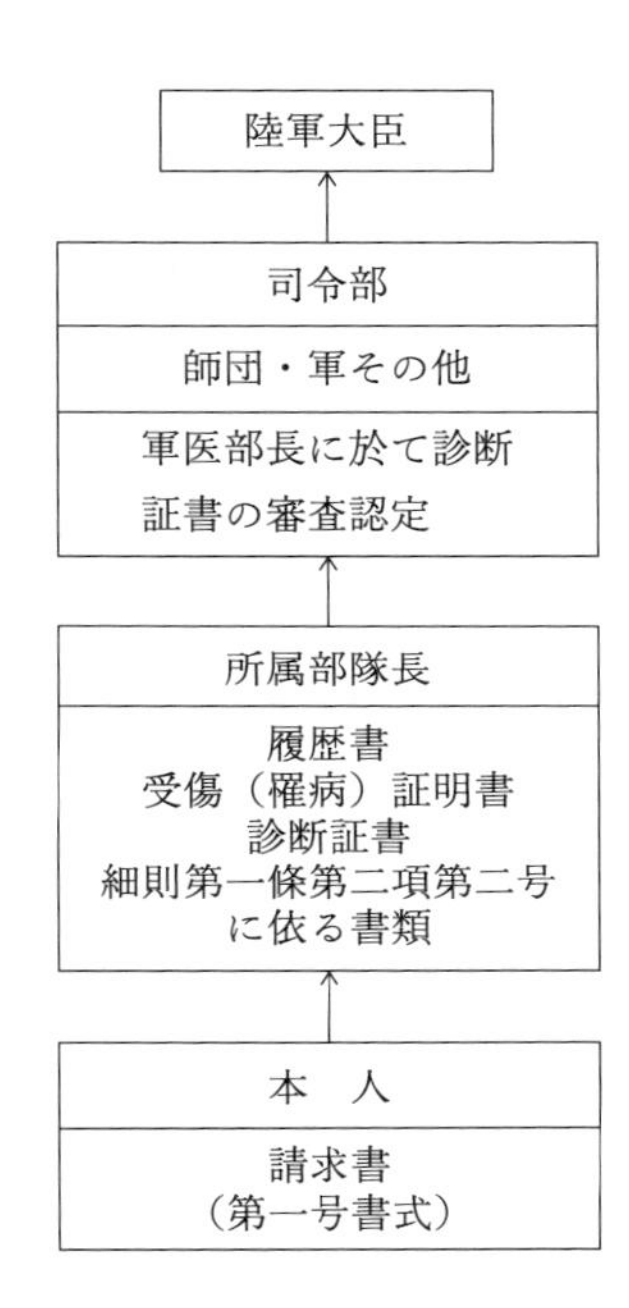

図 17　転免役賜金請求手続

出典：図 16 に同じ.

れるものであった。

恩給と転免役賜金の請求手続きの流れは、**図16・17**の通りである。

また、恩給の請求に必要な書類の一覧は、**表19**の通りである。これらの図表を総合して見ると、恩給が支給されるまでには、①公務起因を証明する書類が揃っていること、②傷病の状態を説明する恩給診断証書が揃っていること、③本人がその傷病は恩給を支給されるに値するものであると認識していることが前提条件であったことがわかる。①は直属上官、②は軍医が調製する書類であった。これら三者の間で、請求者本人の軍務への貢献度の評価、疾病観、恩給制度への理解が共有されている必要があるわけだが、それが時に矛盾をはらむ場合もあることを以下では見ていこう。

表19　恩給請求所要書類一覧表

区分	普通恩給	増加恩給				傷病年金			一時恩給	傷病賜金
		法46条第1項	法46条第2項	法46条第3項	法50条第2項	法46条の2第1項	法46条の2第2項	法50条第3項		
在職中の履歴書	○	○	○	○		○	○		○	○
戸籍抄・謄本	抄	抄	抄	抄		抄	抄			
現認証明書又は事実証明書		○	○	○		○	○			○
症状の経過を記載したる書類		○	○	○	○	○	○	○		○
診断証書		○	○	○	○	○	○	○		
既得恩給証書・裁定通知書			○	○	○		○	○		
前恩給請求時の診断証書写				○			○			
勤務日誌写	○	○	○	○					○	

出典：陸軍軍医団『昭和十八年編軍陣衛生要務講義録』第一巻、一九四三年、一七一―一七二頁をもとに、扶助料請求に必要な書類は省略して作成。
増加恩給・傷病年金内の区分については、森松俊夫監修、松本一郎編纂前掲書、四四五―四四六頁参照。

2　国府台陸軍病院における恩給策定

（1）「精神科懇談会」による恩給策定方針

国府台陸軍病院には、第Ⅰ部第二章でも述べた通り、国内最高レベルの精神科医たちが集結していたが、彼らは戦時精神疾患の診療方針だけでなく、恩給策定の方針についても定期的に会合を重ねて議論していたようである。一九三九年五月～四三年三月まで国府台陸軍病院に軍医として勤務し、その間二年間恩給業務に携わった小坂太郎によれば、精神疾患の公務起因の問題や、転免役の程度、恩給診断書作成に関する問題について本格的な議論が始まったのは、一九四〇年五月一三日に国府台陸軍病院の入退院係であった青木義治を中心に行われた会合が最初であった(6)。

その後、この精神科医官の会合はいつの頃からか「精神科懇談会」と呼ばれるようになり、数回の会合を重ね、一九四四年三月一日には「精神神経系戦傷病診療の参考　国府台陸軍病院」という資料が印刷配布された(7)。一九四四年六月には、この院内資料に基づいて、陸軍省医務局長・神林浩の名で『精神神経系戦傷病除役恩給業務等の参考』が全軍に配布された。**表20**は、この配布資料に基づいてまとめた病名別の等症と恩典の一覧表である。また**表21**は、同資料掲載の精神分裂病の症状等差判定標準である。この表は、躁鬱（そううつ）病や神経衰弱の判定の際にも参照されたようである。

これらの恩給策定方針に関する一連の議論において、当初から一等症とされていたのは頭部外傷やマラリアなどの流行病罹患後の精神神経疾患で、公務起因であることがわかりやすいものである。一方、原則として二等症とされたのは「帯患入隊」とされた「精神薄弱」であった。

国府台陸軍病院で最も患者数が多かった精神分裂病と、それに準ずるとされた躁鬱病、反応性精神病、神経衰

	も既に二等症と決定せられ且事実証明書添付しあらざる場合には一号紙写に其の旨附箋をなし事実証明書を請求し事実証明書到着次第一等症に改正す	
躁　鬱　病	概ね精神分裂病に準ず	1）証拠書類の整備に関しては精神分裂病に準ず 2）症状等差判定標準に関しても概ね精神分裂病に準ず．但し躁鬱病にありては完全寛解に達する者多きを以て「精神症状完全寛解状態に在りて概ね社会生活に支障なき」場合には一目症以下に判定す
癲　　癇	二等症を例とするも戦地事変地勤務に基因するものは一等症として取扱ふものとす	1）原則として既往症なく在営一ヶ月以上にて発病せる者には転免役診断証書を調製す 2）症状等差判定基準 通常一－二目症（但し既往なく発作月一回程度は四款症）発作頻発し知能低下，性格変化等を来したる場合は二款症又は其れ以上に判定して可なり
ヒステリー	二等症とす 但し心因性反応の或る特殊の形のものに於ては一等症たらしめ得る場合なきにしもあらず	1）転免役診断証書の調製 2）症状等差判定標準 目症とす．但し身体症状著明なるものは例外的に高位に判定する場合あり
外傷性神経症	外傷神経症を主病名とせば一等症たることに疑義を生じ易きを以て原傷名を抹消せざる様注意すべき	症状等差判定標準 原傷名に依る症状少くして兼発たる外傷性神経症症状のみ著明なる場合恩給診断証書判定欄には「現症記載の如き症状は何々を核心として発呈せる心因性疾患にして）心因性要素を介入するに依り其の程度は恩給法施行令第何条何々と判定す」等と記載す．而して斯かる場合の判定は目症程度とす
反応性精神病	戦地（事変地）発病は一等症たり得る場合多し	1）証拠書類の整備に関しては精神分裂病に準ず 2）症状等差判定標準　通常一目症以下とす
神 経 衰 弱	概ね精神分裂病に準ず	1）証拠書類の整備に関しては精神分裂病に準ず 2）症状等差判定標準　通常一目症以下とす
精 神 薄 弱	二　等　症	1）帯患なるを以て恩典なし 2）勤仕年月の長きものにありては神経衰弱，接枝性分裂病，分裂性反応，ヒステリー性反応等の存否を慎重検討し可及的恩典に浴せしめ得る如くす
精神病質（病的人格，精神変質症）	二　等　症	恩典なし

出典：陸軍省『精神神経系戦傷病除役恩給業務等の参考』（1944年6月）3-21頁をもとに作成．
引用者注：昭和15年勅令第266号では，公務による傷痍疾病を受けた患者が，離職離隊，休職後などに症状が増悪・再発した場合は官費で治療を受けられると定めている．

表20　主要疾患の等症と恩典に関する事項

病　名	等　症	恩　典
頭部戦傷（外傷）及外傷性癲癇	通常一等症	恩給診断証書現症欄に脳描写所見，実験的精神作業能力の記載を忘れざること
酒精中毒	通常二等症	通常は恩典なきも自己の過失に依るか服務関連かを慎重に考慮し後者と為し得る場合には転免役賜金診断証書作成して可なり
麻薬中毒	通常二等症	通常恩典なし
マラリア精神神経障碍	一　等　症	1）精神障碍を主とせる場合，症状等差判定要領は精神分裂病に準ずるも一般に精神分裂病より高く策定す 2）神経障碍を主とせる場合及精神神経障碍を胎せる場合には症例に依り個々の場合に就き策定す
一般症候性精神病	基礎疾患の等症に準ずるものにして戦地（事変地）発病者は一等症の場合多し	1）症状等差判定標準　一目症以下の場合多し 2）症候性精神病と精神薄弱と合併する場合あり前者は多くは一過性にして従つて後者に転症すべきが至当なる場合多きも勤仕年長き理由に依り後者を兼発として前者に対し恩給診断証書を作製する場合あり此の際現症欄には神経衰弱様症状のみ記載し心理検査等は省略するを可とし一目症以下に判定す
進行麻痺	原則として二等症とす	1）黴毒罹患は自己の過失なりと雖も進行麻痺の発呈は服務関連と認めらるるを以て転免役診断証書を調製するものとす．若年性進行麻痺の場合に就ては入隊一ヶ月以後に症状発生せるものは当然転免役賜金賜典の資格あり 2）症状等差判定標準は概ね精神分裂病に準ずるも一般に生命に対する予後不良なるを以て勤仕年長きものは相当高く策定して然る可し
精神分裂病	1）内地発病の精神分裂病は原則として二等症とす 2）戦地又は事変地（含満洲）勤務に基因すると認めらるるものは一等症とす 3）一等症疾患たる「マラリア，腸チフス其の他激烈なる流行病，頭部外傷其の他重篤なる戦傷等に続発したる場合には成るべく有利に取扱ふものとす 4）遺伝的負因の有無は考慮せざるを例とす 5）一等症患者にして事実証明書添付無き場合は病床日誌一号紙写を添へて留守部隊に連絡し原隊に事実証明書を請求す 6）一等症の資格ありと考へらるゝ	1）一等症として退院せる患者にして事実証明書到着せざる場合には恩給診断証書に其の旨附箋して発送す 2）昭和15年勅令第266号該当入院患者（＊注1）にして退院時恩給策定せんとする場合には事実証明書欠如せるもの多きを以て勤務の証明書（預め連隊区司令部より送付を受けたるもの）と「ハ」号書式証明書を合せ事実証明書に代ふるもの多し

表21　症状等差判定標準（精神分裂病）

精神症状	試験的作業能力	社会的適応性	症状等差
著明 （著明なる分裂病症状を有し症状未治なるもの）	心理検査施行不能程度	社会的適応性に欠け就職不能なるのみならず家庭生活又困難なり	五項以上
高度 （尚高度の分裂病症状を有するも症状軽快を認めらるるもの）	低下		六項
	低下著明ならず		七項
軽度 （軽症の分裂病症状を有し社会的寛解状態にあるもの）	低下	社会的適応性に乏しく就職に大なる支障あるも家庭生活は概ね可能なり	一款
	低下著明ならず		二款
	低下	社会的適応性保たれ就職可能なるも人格水準低下し将来増悪の処少しとせず	三款
（分裂病症状を認められず完全寛解状態にあるもの）	低下著明ならず	社会的適応性快復し就職可能なるもの	四款以下

注　寛解の基準

1　完全寛解…分裂病診断の根拠となった一切の病的症状が消失し，病前の健全人格が再現し社会的適応性の職業能力が回復し，家族並びに周囲に健全だという印象を与え，罹患に対して十分な病識を有するようになったもの

2　社会的寛解…著明な病的症状が消失し，且つ相当の社会的適応性を有し，ほぼ一定の職につくことができるものの，なおある程度の精神的能力低下が認められ，職業の質が低下し，性格上に何らかの変化を来たしあるいは多少の神経的自覚症の訴えを有するもの

3　軽快…なお多少にかかわらず分裂病症状の残存が認められるものの，その程度は家庭生活を妨げるに至らず，場合によってはある種の職業に従うことができるもの

出典：陸軍省『精神神経系戦傷病除役恩給業務等の参考』（1944年6月）をもとに作成．
引用者注：注は読みやすくなるよう修正し，備考は省略した．

弱、そして癲癇に関しては、恩給策定方針に関する一連の議論の中で、「戦地での発症」を公務起因判定の要素として重視する傾向が強まっていったと言える。

まず「精神分裂病」に関しては、一九四〇年に確認された方針では「主として二等症として取扱う」が、勤仕年にかかわらず戦場において甚だしく困難な環境に置かれたり、勤仕年六ヶ月以上という「一定の条件にかなうものは一等症」であった[8]。しかし、表20によれば、一九四四年の恩給策定方針における「精神分裂病」の判定基準では、戦地発病は一等症、内地は二等症ということが明確になり、一等症疾患であるマラリアなどの流行病に続発する場合も「成るべく有利に取扱ふ」とされた。また、一九四〇年の方針では遺伝的負因にかかわらず入隊前に精

神科の既往歴がある場合は公務起因とはみなさないとされていたが、一九四四年の方針では既往歴についての記述が削除され、「遺伝的負因の有無は考慮せざるを例とす」と明言されているのが注目される。このように恩給策定においては戦地での軍事的貢献が重視されたが、「甚だしく困難な環境」かどうかは後方にいる軍医だけでは判断が困難なため、事実証明書の添付が非常に重視されたようである。(9)

次に、精神分裂病に準ずるとされた「躁鬱病」は、一九四一年に確認された方針では、「原則として二等症、但し既往症無く勤仕年非常に長く事実証明書添付しある場合は一等症となし得る場合ある」となっていたが、表20の一九四四年の方針で、戦地及び事変地発病のものを公務起因とみなすことが明確になったといえる。このような戦地発病を重視する方針の明確化は、一九四二年七月二一日医第四四号の陸軍省医務局長より波集団参謀長宛「傷病等差決定並之か取扱に関する件回答」の中で、「戦地に於ける勤務に起因して罹患せる精神病（精神分裂症、躁鬱病等）は一等症とせられ度（たし）」とされたことから、(10)陸軍省医務局の影響と思われる。

このように、精神分裂病をはじめとして戦地及び事変地での軍事的貢献を評価する方針が確立し（具体的な行動だけでなく、勤務期間も評価の対象となった）、遺伝的負因や精神疾患の既往症よりもそうした貢献が重視されれば公務起因とみなされるケースも存在したものと考えられる。この問題について小坂は、「事変地発病の精神分裂病を、原則として公務起因と認めようとする態度の現われと考えられる」、(11)「『患者に有利に処理するよう心掛けよ』と機会ある毎に院長から指示されたが、これが国府台陸軍病院の一貫した根本方針であった」(12)と総括している。

しかし、国府台陸軍病院の院長であった諏訪敬三郎が、終戦から約三年後に発表した「今次戦争に於ける精神疾患の概況」という論文の中では、むしろ逆の印象を抱かせるような総括をしている。すなわち、精神分裂病患者の既往症を調査したところ、「その過半数は応召前精神異常の存在した者」であり、「発病年齢、部隊の年齢構成等を考慮すれば前大戦の経験と同様本病に対する戦争の影響は余り大きなものではないと考えられ」、「癲癇、躁鬱病、何れも精神分裂病と同様戦争直接の影響は認め難いものと思う」と諏訪は述べているのである[13]。本書では精神分裂病の病床日誌は検討していないが、今後、方針の変化が実際の恩給策定状況にどのように影響を与えたか検証する必要があるだろう。

続いて戦争神経症に関しては、まず前記一九四二年七月二一日の陸軍省医務局長の回答では、「一般に神経症の取扱に関しては軍の本質上極めて慎重を期すへく漫然之を一等症となすに於ては同種患者の続出を惹起すへき虞あるにより十分注意相成度」と記されており[14]、恩給の策定時に神経症患者を強く警戒していたことが伺える。また、第Ⅰ部第二章五九ページで触れた梛野巌によれば、戦争神経症に該当する診断名はヒステリーと神経衰弱であったが、表20の一九四四年の恩給策定方針では、「ヒステリー」は「二等症とす　但し心因性反応の或る特殊の形のものに於ては一等症たらしめ得る場合なきにしもあらず」と定められており、基本的には二等症であった。一方、「神経衰弱」に関しては、先に述べた通り「精神分裂病に準ずる」とされ、戦地発病の場合は公務起因とされていたため、「ヒステリー」との違いが存在した。

以下では、まずなぜ戦争神経症がここまで警戒されたのか、軍医による戦争神経症解釈そのものが恩給制度と密接に結びついていたことを明らかにする。続いて、戦争神経症のうち刊行資料によって病床日誌が確認できた「ヒステリー」の患者を中心に実際の恩給策定状況を分析する[15]。

（2）「戦時神経症」をめぐるアリーナとしての臨床

以下で検討するのは、国府台陸軍病院に勤務していた桜井図南男[16]という軍医の戦争神経症解釈である。桜井は、一九四一年〜四二年にかけて陸軍軍医の研究雑誌『軍医団雑誌』に寄せた「戦時神経症の精神病学的考察」という一連の論文の中で、戦争神経症について初めて体系的に論じた[17]。この論文は三篇に分かれており、第一篇が総説、第二篇が戦争神経症の発症メカニズムの説明と分類、第三篇が治療についてである。

桜井の回想によれば、当時の国府台陸軍病院には「一般の陸軍病院にはないような、アカデミックな雰囲気」があり、「汲めども尽きぬ宝庫がそこにあるような思い」だったという[18]。戦時中にこのような大部の論文が書かれて『軍医団雑誌』で多くの軍医に共有されたことは、戦争神経症の臨床が、まさに当時としては最先端の知を必要とする場として、陸軍軍医団・陸軍省医務局の目には映っていたことを示しているだろう。そして桜井自身も、論文の緒言において、戦争神経症に対する一般の無関心・無理解によって悪化するケースが多々あるため、予防と早期発見のためにも、精神科領域のみならず軍内治療に携わる全医官の理解が必要であることを強調している（①一六五三―一六五四頁）。

ここで指摘しておきたいのは、桜井の論文が掲載された時期は、陸軍省医務局の中で公傷病患者の「精神的創痍」が関心を集めていた時期であったということである。一九四〇年八月八日、陸軍省医務局長三木良英の名で出された通達医第八〇号において、「現在及将来内地陸軍病院入院中の症状概ね固定に近き公傷病患者にして所訴（自覚症）大にして而も他覚的所見之に伴はさる者」のうち「戦傷及外科的戦病」でかつ「受傷罹病後六ヶ月以上を経過せるもの」を「臨時東京第三、臨時名古屋第二及臨時大津各陸軍病院」で集中治療するよう指示が出された。そして、これらの治療の実施にあたっては「精神療法乃至精神的創痍の治療は極めて重大なる価値を有するもの」とされたのである。[19]

桜井も論文の冒頭において、このようないわゆる「自覚症状のみを主として他覚症状に乏しい患者」も、戦争神経症の問題と関連させて一貫した方式の下に処理しなければならないことを強調している。桜井の論文で挙げられているほとんどの症例が、程度の差はあれ何らかの身体的外傷を負った後に発症している「外傷性神経症」であるということも以上のような問題関心が背景にあったと考えられるだろう。「外傷性神経症」とは、一九世紀後半のヨーロッパで提唱された「鉄道脊椎症」を嚆矢とし、日本では一九二〇〜三〇年代に学術研究が進展した疾患である。勤労から逃れたいという患者の「欲望」が病気の原因であり、医療保険制度を悪用する「詐病」と紙一重であるというスティグマ化された疾患名であると言えるが、[20]戦争神経症の解釈においてもその枠組みが援用された。

桜井の定義では、神経症とは、「患者が自ら提起して居る病訴或は症候に対し之を客観的に説明するに足るべき器質的根拠を認めることの出来ない疾患」であり、多くはその疾患がなんらかの目的を持っている「目的反応」（心因性反応）である（①一六五六—一六五七頁）。すなわち、ある種の感動を伴う体験をした時に、心身が平常ならば何の問題にもならないのだが、素因・環境因子と何らかの動機がある場合にその体験が重要な意義を持つ。そしてその体験や感動が消失した後も、「病気になりたい」という意思が強く影響すると神経症は固定の段階に入る。しかし、病気を望むのは病気になった方が都合のよい原因があるからであり、この原因を解消することが治療の第一目標であった（②-a　三六—三八頁）。要するに、桜井は戦争神経症の発症メカニズムを説明する上で、患者の願望を重視していた。

桜井は、症状が固定するメカニズムによって、戦争神経症を心気型・偏執型・功利型・顕耀型・逃避型の五つに分類しているが、あらゆる病型が治療の長期化によって功利型（自己の傷痍を根拠に恩給・賜金や病院に残ることなどの利得を得ようとする）へと移行することに注意を促している（②-b 二一六頁）。桜井論文における戦争神経症の患者は、基本的に「不当に恩給等の利得を得ようとしている患者」であり、国家財政を不安定化させる警戒すべき存在であった。戦争神経症の治療の場は、まさに自らの生存・生活をかけた患者の訴えと、彼らが国家のために自らが払ったと主張する「犠牲」を客観的に証明できる器質的根拠がないことを立証しようとする軍医の主張がせめぎ合うアリーナであった。時としてこの対立は、臨床の場を超えて患者の周辺社会を巻き込み反軍的な様相をも帯びるものであり、だからこそこのような患者は警戒された。少し長いが桜井の言葉を引用しよう。

予等は時に一日に何通となく退院した本症患者から書面を貰ふことがあるが其の多くは判で押したやうに病気が悪くなつたから何とかして呉れ、働けないから扶助を貰へるやうにして呉れと云ふやうな内容である。（中略）彼等は訴へて思ふやうにならぬと今度は当局を非難し動もすれば反軍的なこと迄も云々する。陸軍は働けない傷病兵を餓死させるつもりかと云ふやうな脅迫的な言辞さへも予は耳にした。而も彼等には何等器質的な障碍の胎つて居る徴候が認められない。（中略）彼等は詐病ではないから実際、元気のない顔をして弱り果てて居る。見る人が見れば之が心因性の徴候であることは直ちに判るが素人ではさうはゆかない。怪我をした後はこんなものかと考へたり、軍医に判らない何か重篤な変化が潜んで居るに違ひないと考へたりする。自然に患者に同情するやうになり、患者は此等の同情に益々力を獲て茲に小さい輿論が形成される。家族だの、知人だの、時には町村当局等迄が患者の為に一肌脱いでやるつもりで何とかしてやつて呉れと云ふやうな談判の為に予等の所へ押し掛けて来ることがある。さふ云ふ場合に之が心因性のものであることを

納得させるのは非常に困難であり多くは釈然としないで帰つて行く。（①一六六五―一六六六頁）

前記の五つの型の中でも治療が「不愉快」になるほど桜井が手を焼いたのが、「功利型」と「偏執型」（軍医や衛生部員、時に陸軍など特定の第三者に対して自己の傷痍の責任を取るよう主張し、常に紛争的傾向を示した）であった。そしてこれらの患者の性格の特徴として、「変質的傾向」が強く、「我儘、自恣、道義観念薄く、利害の念のみ旺ん」（②-b　二一六頁）、「甚だ陰険で利己的」（②-a　四六頁）であることを挙げている。第Ⅰ部第二章の諏訪敬三郎、第Ⅱ部第一章の笠松章、細越正一と同じく、桜井もまた、患者の「素因」を重視した。

「疾病への逃避」は、自分の身を危険にさらす戦場を回避する兵士の無意識的な防衛反応とも考えられるが、今日のように、心的外傷体験の後に心身に起こる変化が明らかになっていない当時にあっては、兵士自身もまた自らの葛藤について語る言葉を持たなかったと言ってよいだろう。そもそも、彼らは精神病患者として扱われることを拒んだ。とりわけ頭部戦傷の患者は、その精神症状故に精神病患者として扱われることを嫌がったようである。例えば、桜井が「偏執型」の例として挙げている「症例四」は、右頭部・腰部を打撲した後、頭痛・眩暈・睡眠障害を訴え国府台陸軍病院に転送された。彼は「戦地では人一倍努力し」、「内地還送後も病院で暢気にして居ては済まぬと思つて国防献金をした」。それなのに軍医は真情を理解せず、彼は「唯、精神朦朧として居るとか頭が悪いとか云つて、其の結果遂に国府台の精神病院に転送されるやうになつてしまつた」と泣きながら語った（②-a　四八頁）。

そのような状況にあって国府台陸軍病院の患者たちがとった行動は、たとえわずかであっても自らの負った外傷がいかに犠牲的なものであるかを軍医や同じ病室の患者や慰問者たちに訴え、自分は名誉ある「白衣の勇士」として治療を受け、恩給を受けるに値すると周囲に理解して貰うことであった。桜井が「顕耀型」と呼ぶ患者たちの中には、周囲の注目を浴びるために「戦病患者が戦傷患者なるかの如く装ひ、内地患者が恰も還送患者なるかの如く振舞ひ」、「兎もすれば大袈裟に包帯を巻きたがり、杖を持ちたがる」光景が見られた（②-b 二二二頁）。

国府台陸軍病院では、戦争神経症は原則として公務によらない二等症として取り扱われたが、公務起因の一等症とみなされる疾患に続いて発症したものは一等症として処理していた（③-c 一一〇八頁）。前述のように、桜井論文で挙げられている症例はほとんど一等症の傷病に続発して発症したケースである。戦争神経症の治療で桜井ら国府台陸軍病院の軍医が最も苦心したのも、これら公傷患者の中で恩給や賜金に拘泥する「要償願望」のある患者をいかに処理するかであった。

これらの「要償願望」を持つ患者に対して、国府台陸軍病院ではスイスの医師ネーゲリが提唱する「一時金解雇」の方式が当初試みられた。つまり患者に一時賜金（恩給法施行令第三一条第一目症）を交付して除役退院させ、補償の責任対象である軍部との関係を断絶しようとしたのである。しかし、この方法は実際にはうまくいかなかった。その理由としては、戦傷患者は常に一等症であり、除役退院しても再入院が可能で、広範な傷痍軍人援護施設も存在するため患者を軍隊から完全に切り離すことが難しいこと、一時賜金の最高額は六〇〇円であり、患者は大抵満足しないこと、恩給に不満があれば、患者は常に再策定を要求できることなどが挙げられている（③-b 九八一―九八二頁）。

このように、「一時金解雇」による治療は困難となり、国府台陸軍病院では適用が断念されたのだが、この状況の突破口を開いたのが、「一時金解雇」のような温情的手段とは対照的に、威嚇などによって患者が原因の解決を自ら断念するよう仕向けるという強圧的手段である。この治療法は、桜井らが手を焼いているような「功利的で不当な恩給を要求して居る」患者や、「何年間でも退院しようとする気配を示さない」患者に対して、精神科病室への転室をちらつかせ、カルジアゾール痙攣療法[21]や電気痙攣療法[22]を行うことによって「病院を住み難くする」という方法であった（③-b 九七六―九七七頁）。

以上見てきたように桜井は、不当な恩給を要求し、病気を治そうという気持ちを持たない「要注意患者」に焦点を当てて論じており、さらには普通患者として処理されている者の中にも「神経症或は神経症的な」患者が潜んでいる可能性に注意を促している（①一六六〇―一六六一頁）。しかしそのような見方は、患者が意識的／無意識的に治らないことを望むほど凄まじい戦場・兵営での暴力が、どのような心的外傷を彼らにもたらしたのかということに目を閉ざすことにもつながったのである。

この点に関して、戦後の論文ではあるが、戦時中に小倉陸軍病院で軍医として戦争神経症患者の診断治療を行っていた中村強は以下のように反論している。

桜井氏は之〔戦争神経症のこと〕が増加を戦傷に対する補償制度の進歩に因ありとしているが余は近代戦争の持つ戦斗威力の増大、火器使用の増加、並びに戦斗に対する危険がその恐怖度と猛烈さを加え来つたことも重大な要素であると考える。[23]

また、前述のように患者の素因を強調する桜井とは対照的に、戦争神経症患者の前歴・兵科・階級等に特異なものは見られないとして「如何なる人も戦争と云う異常環境に於ては戦争神経症になり得る様である[24]」と中村は結論づけた。

以上見てきたような恩給の策定に不満をもらす傷病兵たちの存在は、長期戦による軍事援護の恒常化や戦争被害の深刻化に伴い、遺家族の間で援護＝権利意識が次第に浸透した現象[25]の一環として捉えることも可能であろう。こうした国家財政を不安定化させる傷病兵や遺家族の存在に直面した軍医たちは、戦争神経症患者の「願望」を病理化することによって恩給を節減しようとしたのではないだろうか。

また、桜井論文に登場する事例は、基本的には公傷病患者の「精神的創痍」であり、国府台陸軍病院の限られたごく一部の層であった。彼らが身体の傷や不調にこだわり、精神病者扱いされることを拒否したこと自体が、日本の軍隊において、兵士たちの「心の傷」が戦争被害として正当な位置をしめていなかったことを示しているのではないだろうか。彼らの「心の傷」は彼ら自身によって明確に言語化されることは少なかったが、本章で紹介したような、病訴を取り下げず病院に残ることを拒否していた兵士や、野田正彰が『戦争と罪責』の中で「壮健でなければならない戦場において、体が生きることを拒否していた」と紹介した、拒食症により「戦争栄養失調症」となった兵士[26]が発する無言の「言葉」にも耳を傾けてみる必要があるだろう。

（3）　戦争神経症患者の恩給策定状況

続いて、国府台陸軍病院病床日誌の抄録である、清水寛編『十五年戦争極秘資料集　補巻二八　資料集成・戦争と障害者』（不二出版、二〇〇七―二〇〇八年、以下『「病床日誌」資料集』）を用いて、上述のような国府台陸軍病院の恩給策定方針や桜井による戦争神経症解釈が、実態としてはどのように機能していたのかを分析していきたい。

この資料集は「『病床日誌』知的障害編」（第一・二冊）と「『病床日誌』戦争神経症編」（第五〜七冊）などに分かれており、「知的障害編」には四八六名分のカルテ等の抄録が、「戦争神経症編」には、国府台陸軍病院における「病床日誌」複写版の中で戦争神経症と診断された記録のうち、国府台の元軍医であった浅井利勇が「臓躁病（ヒステリー）」として分類・抽出したものから、「知的障害編」に収録されたものを除く八三二名（うち再入院が九名）分の資料が収録されている。

以下では、これら八三二名分の病床日誌の概要を確認した上で、恩給や転免役賜金の策定に関連する「傷痍疾病等差」の判定に着目し、（a）公務起因とされる「一等症」と判定された事例、（b）「恩給・転免役賜金不要」と判定された事例、（c）「一等症」から「二等症」に変更された事例に分類し、それぞれにどのような特徴が見られるかを分析する。また、恩給診断書等で恩給・転免役賜金のランクが判定されている場合は、具体的にどの程度であったかを確認する。

①　八三二名分の病床日誌の概要

まず、『「病床日誌」資料集』に収録された八三二名分の「病床日誌」の構成を確認しておこう。同資料集「刊行にあたって」によると、複写された「病床日誌」の枚数は患者一人につき平均二〇枚程度であるが、資料集成にはその中から抜粋された資料が収録され、枚数は一人あたり二枚〜八枚程度である。ほぼ全員について収録されているのは、第Ⅱ部第二章一五三ページ図12でもサンプルを紹介した、病床日誌の「第壱號紙」と呼ばれる資料である。また、国府台陸軍病院で除役退院となった患者の多くは、国府台陸軍病院担当軍医官と病院長による最終的な診断書が収録されている。

これらに加えて、病床日誌の「第二號紙」と呼ばれる縦書きの罫線紙で、各陸軍病院での日々の患者の症状・治療上の処置・食餌や起居に関する事項などが記入されたものの一部や、入営から発症に至るまでの軍隊での本人歴である「事実証明書」、患者の身上書類、家族からの手紙などが収録されている場合もある。「事実証明書」が公務起因との関係で重要視されていたことは第2節（1）で見てきた通りであるが、「第二號紙」の記述から

「事実証明書」の存在が明らかであるにもかかわらず収録されていないケースもあった。今後原資料にあたって精査の必要はあるが、以下では本資料集成に収録されている限りで事実証明書も重要な参照資料としたい。

次に、病床日誌「第壱號紙」の情報に基づいて、患者の国府台陸軍病院への入院年、階級、発病地、転帰について確認していこう。

〈国府台陸軍病院への入院年〉

まず、入院年別の患者数は表22の通りである。表中の入院年が「複数」とあるのは、病床日誌第壱號紙表面の「入院番号」欄に国府台陸軍病院が二回以上記入されているものであるが、印刷不鮮明のため読み取れないものもあり、全ての病床日誌を詳細に読み込めばさらに増加する可能性はある。大まかな傾向としては、一九四二年に一度患者数が減少するが、経年的に増加していくと言ってよいだろう。

〈階級〉

階級別の患者数は表23の通りである。「士官」のうち四名は軍医であった。「その他」には日赤救護員・陸軍予科士官学校生徒・陸軍技手・陸軍兵科甲種幹部候補生などが含まれている。

〈発病地〉

発病地別の患者数は、表24の通りである。発病地の分類は少々異なるが、国府台陸軍病院の精神・神経疾患患者全体の発病地別患者数は第Ⅱ部第一章一〇八ページ表5に示した通り、最も多いのは中国、続いて日本国内、満州の順であったが、戦争神経症の場合は中国に代わって内地の発病者が最も多くなっている。入院年別に見ると、図18の通り一九四一年までは中国が最も多かったが、一九四二年以降は内地が最も多くなり、終戦の年には六割近くをしめていた。

表22　国府台陸軍病院入院年別患者数

入院年	1938	1939	1940	1941	1942	1943	1944	1945	1946	複数	不明	合計
患者数	40	42	114	109	83	106	139	155	1	38	5	832

表23　階級別患者数

階　級	兵	下士官	准士官	見習士官	士官	軍属	その他	合　計
人　数	752	21	11	1	31	9	7	832

表24　発病地別患者数

入院年	内地	中国	満州	郷里・帯患	南方	外地	輸送中	その他・不明	入院年別合計
1938	3	32	3	1	0	1	0	0	40
1939	15	24	2	0	0	0	1	0	42
1940	33	60	17	2	0	1	1	0	114
1941	36	48	20	3	1	0	0	1	109
1942	30	20	21	5	2	4	1	0	83
1943	49	29	9	8	9	1	1	0	106
1944	64	32	17	10	9	2	3	2	139
1945	91	31	11	12	4	5	0	1	155
1946	0	1	0	0	0	0	0	0	1
合計※	330	300	104	44	26	15	8	5	

※入院年不明・複数を含む発病地別の合計人数

表25　転帰別患者数

除役	事故	治癒	死亡	軽快	不明	合計
529	222	62	7	1	11	832
63.5%	26.6%	7.4%	0.8%	0.1%	1.3%	100.0%

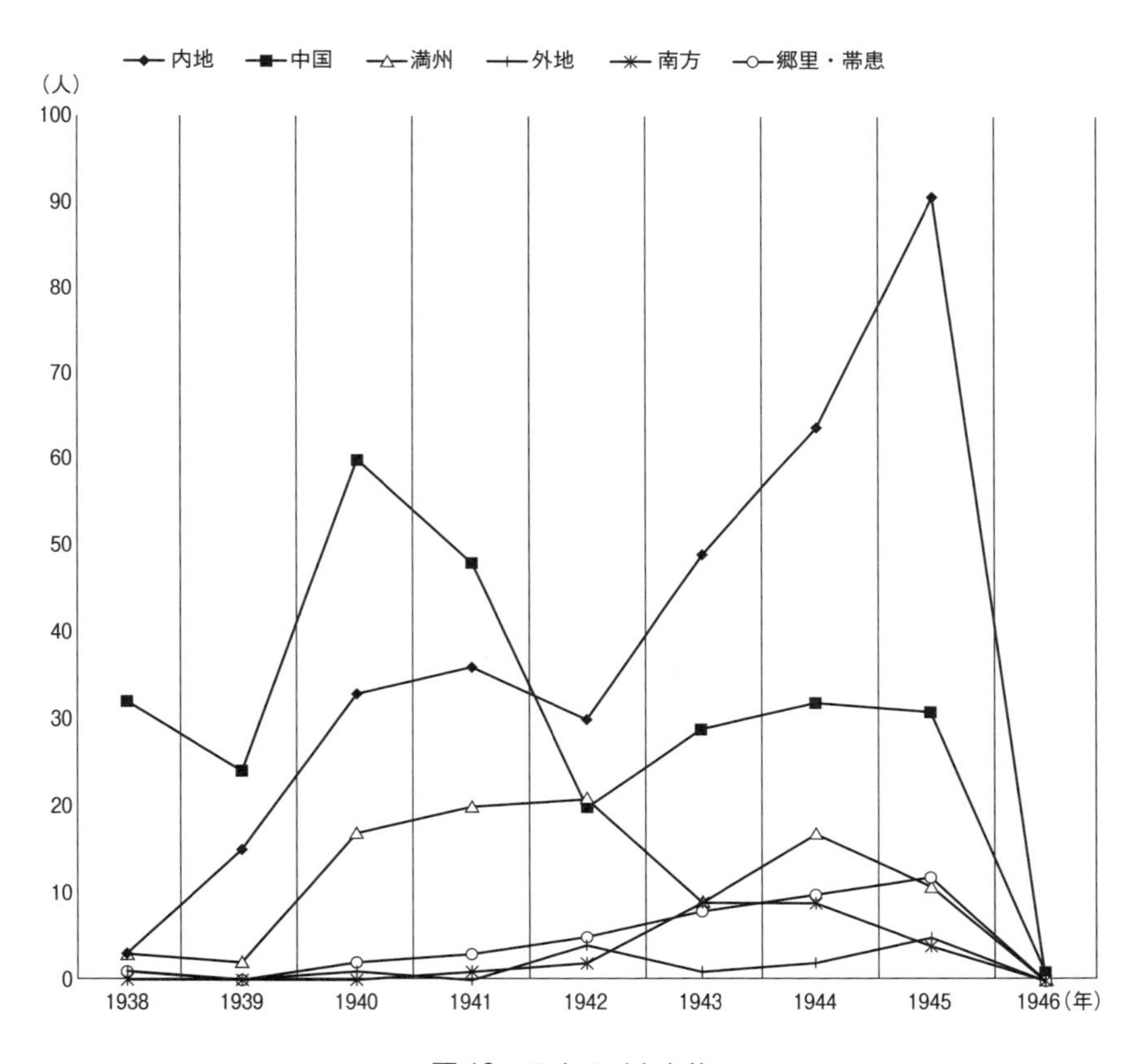
内地
中国
満州
外地
南方
郷里・帯患
（人）
100
90
80
70
60
50
40
30
20
10
0
1938
1939
1940
1941
1942
1943
1944
1945
1946（年）

図 18　発病地別患者数

〈転帰別患者数〉

転帰別患者数は、**表25**の通りである。「治癒」のうち（原隊復帰）と付記されているものは一〇名存在した。また、「事故」は帰郷療養や召集解除など様々なケースがあるが、病床日誌などから治癒・原隊復帰（見込）が九人、兵役免除の診断書が添付されているものが一〇名存在した。国府台陸軍病院の精神・神経疾患全体の転帰別患者数は第Ⅱ部第二章一六〇ページ**表14**に示した通りで、各転帰の割合にあまり違いはないが、戦争神経症の方が除役・死亡の割合が低く、事故・治癒の割合が高い。

これらの転帰のうち、原隊復帰も含む「治癒」と、兵役免除である「除役」の経年別の割合の変化を表したものが、**表26**及び**表27**である。

表26　治癒患者数経年別変化

入院年	治癒患者	患者数	%
1938	0	0	0
1939	1	42	2.3
1940	5	114	4.3
1941	10	109	9.1
1942	6	83	7.2
1943	8	106	7.5
1944	16	139	11.5
1945	16	155	10.3
1946	0	1	0

表27　除役患者数経年別変化

入院年	除役患者	全患者数	%
1938	34	40	85.0
1939	29	42	69.0
1940	85	114	74.5
1941	78	109	71.5
1942	53	83	63.8
1943	85	106	80.1
1944	85	139	61.1
1945	45	155	29.0
1946	0	1	0

※入院年複数・不明は除く.

これらの表からわかるのは、患者の転帰の大半をしめていた除役患者の割合が、一九四三年から四五年にかけて明らかに減少傾向を示し、終戦の年には三割程度にまで落ち込んでいることである。一方、治癒患者の全体にしめる割合は少ないのであるが、一九四四年、一九四五年と明らかに増加傾向を示している。先に発病地のところで、内地発病患者の割合が終戦にかけて急増することを指摘したが、そのこととも関連して、極力除役を減らして治癒を増やすことで、兵員の確保に努めようとした様子がうかがえよう。

②　戦争神経症患者の傷痍疾病等差

続いて、病床日誌「第壱號紙」に記された「傷痍疾病等差」に着目し、戦争神経症と公務起因、恩給・転免役賜金策定の関係について分析していきたい。

前述のように、国府台陸軍病院の恩給策定方針では、戦争神経症（ヒステリー）については基本的に「二等症」とする方針であったが、実際には最終的に「一等症」と判断された患者が九八名存在した。そのうち、二等症↓一等症、ないし一等症↓二等症↓一等症と変更されたのが九名であった。また、最終的に「二等症」と判断されたのは、七二三名であった。そのうち、一等症↓二等症、ないし二等症↓一等症↓二等症と変更されたのが一三三名であった。残り一一名は、判読不能や空欄などで不明であった。

表28は、一等症あるいは二等症と判定された患者の人数と割合の経年変化を示したものである。「二等症」に関しては全体の八割〜九割程度で推移しているのに対し、「一等症」は入院年によって変動があるが、一九四四年以降は減少傾向を示している。戦争神経症で例外的に「一等症」とされた患者に関しては、以下で見ていくように戦地（事変地）発病ということが大きな要因になっていた。この点では、戦地での発病を公務起因とみなす

表28　傷痍疾病等差

入院年	患者数	一等症		二等症		不明
		人数	%	人数	%	
1938	40	3	7.5	36	90.0	1
1939	42	8	19.0	33	78.5	1
1940	114	20	17.5	93	81.5	1
1941	109	14	12.8	93	85.3	2
1942	83	8	9.6	75	90.3	0
1943	106	17	16.0	89	83.9	0
1944	139	10	7.1	127	91.3	2
1945	155	12	7.7	140	90.3	3
1946	1	0	0.0	1	100.0	0
複数	38	4	—	34	—	0
不明	5	2	—	2	—	1
合計	832	98	11.8	723	86.9	11

精神分裂病等の方針の影響を受けているとも言えるが、実態としては一九四四年、四五年になると戦地からの内地還送が制限され、内地発病患者が増加したため、一等症患者は減少したと考えられる。

続いて、傷痍疾病等差が（a）公務起因とされる「一等症」と判定された事例、（b）「恩給・転免役賜金不要」と判定された事例、（c）「一等症」から「二等症」に変更された事例に分類し、それぞれにどのような特徴が見られるかを明らかにしていこう。

（a）傷痍疾病等差が「一等症」と判定された事例

傷痍疾病等差が「一等症」と判定された患者は、前述の通り九八名存在した。「一等症」と判定された事例の特徴として、まず上位の階級の者の多さが指摘できる。士官クラス（見習士官・准士官を含む）の患者は、『「病床日誌」資料集』に収録された戦争神経症患者八三二名全体の中では表23の通り四三名（五・二％）であったが、「一等症」と判定された九八名の患者の中では二五名（二五・五％）であった。中国で乖離性反応を発病し、一九三九年に国府台へ入院した予備役歩兵中佐の患者は、器物損壊や自殺企図などがあり、船内移送が困難であるため返送したい旨、病院船衛生員医長から病院列車医長に「返送理由書」が送られた。中国から国府台陸軍病院までの経路は印刷不鮮明のため不明であるが、この返送理由書の日付の五日後に病院船に乗ったことが不鮮明ながららも確認されるので、恐らく最終的には病院船に乗って内地へ送られてきたものと思われる（第Ⅰ部第二章五八ページ図2で示した通り、中国から内地へ送るためには陸上移送だけでは不可能である）。返送理由書には「地位と名誉を有する患者を監禁室に収容するに忍びす」と書かれており、士官クラスの患者に対しては特別な配慮が必要であると軍医の側が考えていた様子がうかがえる。(27)

二番目の特徴としては、「二等症」患者に比べて内地発病の患者の割合が少ないことである。「二等症」のうち内地発病患者は七二三名中三〇八名（四二・六％）であったが、「一等症」は九八名中九名（九・二％）であった。一九四四年に国府台へ入院した予備役陸軍上等兵の患者は、中国で神経衰弱症を発病し、その後多発性脳脊髄硬化症、「外傷性神経症（臓躁病）」と病名を改められ、添付された臨時東京第一陸軍病院の病床日誌に「本症は戦地勤務に由来し発病せるものなるを以て一等症となす」と記されていた。(28)

三番目の特徴としては、精神疾患だけではなくマラリア・パラチフスなどの流行病や、外傷などを兼発していたり、そうした疾患から精神疾患へ転症したケースが目立つことである。第2節（1）で述べてきた通り、一等症疾患である流行病や外傷に続発した場合はなるべく有利に取り扱う、という「精神分裂病」の方針が影響したものと思われる。

最後に、事実証明書が収録されている三一例について、どのような論理で公務起因が説明されているのかを確認しておこう。典型的なものとしては、激烈な戦地勤務、不慣れな気候風土、栄養不良などによって身体的・精神的に「悪感作」を受けた結果発症した、という論理である。士官・下士官クラスの場合は、責任感や部下を失った悲しみが理由として挙げられる場合もある。こうした環境の影響の大きさは、生来的な要因を最小化することで強調された。

例えば、一九四〇年に国府台へ入院した後備役鍛工軍曹の患者は、中国で心因性反応を発症し、のち乖離性反応に転じたが、事実証明書では「本人は生来強健にして著患を不識応召時も厳密なる身体検査に合格せるものにして（中略）公務に起因せるものと認む」と説明されていた。(29)　戦争神経症患者全体の中で、遺伝的負因や目立った既往症のある患者は管見の限りごくわずかであったが、「一等症」患者の場合は、たとえ入営前に既往症があったとしても、あまりに激烈な戦地勤務を経験している場合は環境要因の方が重視されるケースすらあった。一九三九年に国府台へ入院した歩兵一等兵の患者は、中国で神経衰弱を発症し、後に精神乖離性反応に転じたが、入営前に神経衰弱の既往症があったにもかかわらず、「戦闘に会して多大なる衝撃を受け爾後も数回の敵襲と危険なる警戒のため精神的疲労増加」し発症したと判断され、一等症と判定された。(30)　前述のように一九四〇年に出された恩給策定方針では、入営前の既往症がある場合は公務起因とみなさないという方針であったが、例外的にこうした事例も存在したのである。

以上見てきたように、「一等症」患者の特徴として、上位階級の割合の多さ、内地発病の割合の少なさ、流行病や外傷に続発した精神疾患の多さ、戦闘や不慣れな気候など環境の影響によって公務起因が説明されたことなどが挙げられる。

ただし、これら全ての患者に恩給が支給されたわけではない。この九八名のうち、恩給あるいは転免役賜金が不要というメモが付いている者が七名存在した。これらの患者については（b）で検討していこう。また、恩給や転免役賜金は傷痍疾病のため除役された場合に支給されるので、転帰が「治癒」「事故（原隊復帰）」「事故（治癒見込）」となっている者一〇名には支給されなかったものと思われる。さらに、「一等症」と判定されはしたが「要注意」患者とみなされていた事例もある。中国で躁病性反応を発症した補充兵役陸軍一等兵の患者は、一九四一年に国府台へ入院したが、軍医が書いた町長宛の手紙に、「等症は一等症と致しあるも疾病の性質上此の点に関しては疑問有之に就き申添へ候」と書かれている。(31)

（b）「恩給・転免役賜金不要」と判定された事例

恩給あるいは転免役賜金が「不要」と判定された患者は、五二名存在した。不要となる理由は院内でも次第に共通認識が出来上がっていったようで、一九四四年に国府台へ入院した第二国民兵役陸軍二等兵の患者(32)をはじめとして、恩給・転免役賜金不要と判定された患者には理由を並べたメモの該当する番号に丸をつける形式が取られるようになった。不要の理由としては、以下の一〇点が挙げられている。

1　前回退院時策定済
2　帯患（症状増悪を除く）
3　二等症　入隊後一ヶ月未満発病
4　二等症　下士官（在営期間中志願に依るに非すして兵より下士官に任せられた者を除く）
5　故意又は自己の重大な過失に依り罹患又は受傷
6　治癒退院
7　二等症　将校　軍属
8　一等症　将校、文官なるも目症程度以下
9　一等症にして事故退院して原隊復帰する者
10　其の他の理由

恐らくはこれ以前の患者の多くについても、上記の理由のいずれかにより不要と判定されたものと思われる。これら一〇項目の理由書は付されていないが、部隊から入手した患者の情報によって、不要と判断されたと思われる事例も存在した。一九四五年内地で発病した現役陸軍二等兵の患者の病床日誌には、病名のところに部隊から診療医官宛のメモが付されており、「本患者は本年五月一日入営以来急性肺炎、慢性中耳炎にて二度千葉陸軍病院に入院せるもこの間意志薄弱にして殆ど兵として勤務不可能なる程度の者にして中隊にても困却しある者にて然る可く御取計はれ度」と記されていた。(33)

（c）「一等症」から「二等症」に変更された事例

「一等症」から「二等症」に変更、あるいは二等症→一等症→二等症と変更された患者は、前述の通り一三三名存在した。このうち内地発病の者はわずか一二名であり、他は戦地（事変地）で発症し、内地還送された者であった。また、公務起因の重要な判断材料とされた事実証明書が、『病床日誌』資料集』に収録されていなかった者は一〇五名であった。ただしそのうち二名は病床日誌の記述から事実証明書の存在を国府台陸軍病院の軍医が確認したことがわかるので、事実証明書がなかったことは二等症変更の理由として想定し得るが、数を確定することは難しい。

ここで着目したいのは、診断書や病床日誌に「心因性反応」や「神経症的色彩」に関わる記述があった患者が六〇名存在したことである。第2節（2）で述べてきたような、なんらかの目的を持っている「目的反応」（心因性反応）として「神経症」を理解する桜井図南男論文の枠組みは、多くの国府台陸軍病院の軍医に共有されたものであったことがわかる。「心因性反応」や「神経症的色彩」に関わる記述は、「事実証明書があるにもかかわらず二等症に変更された」患者二六名のうち一〇名でも見られた。

例えば、一九四二年に入院し、「臓躁病」と診断された陸軍一等兵の病床日誌には、「本疾患は心因性機制の有在を想像せしむる如き状態にて発病経過し本病室に転入時の症状もその歩行障碍又誇張不自然にしてその治癒経過も器質的疾患を否定せしむる如きものなり（中略）事実証明書あるも該記載症状は本疾患の本質に触るもの少なし」とあり、そのために病名は臓躁病に決定し、等症を二等症に変更すると記入されていた。[34]

その他、「事実証明書があるにもかかわらず二等症に変更された」患者で、変更の理由が明確に書いてあるものを紹介しておこう。ある現役二等兵の患者の病床日誌には、「入営以来四ヶ月事変地到着後約三ヶ月間の勤仕月を有するのみ其間特別なる困苦状況下にありたるものと認むべき記事を一号紙中に見づ」傷痍疾病等差を変更したと書いてある。[35] また、勤務中全身違和感が起こり突然全身痙攣を起こした予備役陸軍上等兵の患者は、内地還送とともに発作が消失した点を考慮に入れ、病名を癲癇から臓躁病に、等症を二等症に変更した、と記録されている。[36] これらの事例からわかるのは、第2節（1）で確認したような、公務起因の一つの基準である「勤仕年月六ヶ月以上」を満たさないことに加え、[37] 公務起因と思われるような「困苦状況」が証明されていないと軍医が判断したこと、第Ⅱ部第一章で見てきたような内地還送に伴う患者の病像変化が恩給策定の点でも注目されていたことである。このように、軍医が恩給策定を行うということは、患者の病状診断という医学の域を超えて、軍務への貢献度の判断にまで関与するということを意味していた。

以上、傷痍疾病等差が「一等症」から「二等症」に変更された要因としては、事実証明書が存在しないこと、「心因性反応」や「神経症的色彩」が疑われたこと、勤仕年月六ヶ月以上を満たさないこと、事実証明書等はあるものの公務起因と判断するに足る「困苦状況」が見られないこと、あるいはこれらの要因が複数存在することなどであったと思われる。

（d）実際の恩給・転免役賜金策定状況

最後に、恩給診断書等で恩給・転免役賜金のランクが判定されたケースでは、具体的にどの程度であったかを確認しておこう。このような事例は、恩給・転免役合わせて六二名存在した。

二〇四―二〇五ページ表17の通り、恩給傷病等差には目症・款症・項症があったが、六二名のうち、目症程度と判定（見込）された者は四八名存在し、このうち転免役賜金と思われる者（「転免役策定済」のハンコが押された者、その他最終的に二等症と判定された者）は四〇名、恩給と思われる者（「恩給策定済」のハンコが押された者、その他一等症と判定された者）は八名存在した。また、款症程度と判定（見込）された者は一三名存在し、一名をのぞいて全て転免役であったと思われる。最後に項症程度と判定（見込）された者は一名のみで、戦地勤務のため一等症とされているので恐らく恩給の対象となったと思われる。

これら傷病等差が具体的に記入された患者は、実際に恩給や転免役賜金が支給された可能性が高いと思われるが、判定の程度は目症程度におさえられる者が大多数であり、恩給であっても一時金、そして多くは転免役賜金であった。

筆者は、戦後国立国府台病院で戦争神経症の患者を診察し、戦時中国府台陸軍病院に入院していた患者の追跡調査を行った目黒克己にインタビューを行った際、戦争神経症と軍人恩給について質問をした。目黒は国府台陸軍病院で勤務していた軍医とも戦後交流があったが、戦後聞いた話では、戦争神経症の患者には恩給は出さない、ただし一時賜金の最高額を出すという方針だったと繰り返し話していた」と証言した。(38)

本項で考察してきた戦争神経症の恩給・転免役賜金策定状況からも、概ね目黒の証言を裏づけることができたと言えるだろう。

以上、戦時中の軍人恩給制度における精神疾患の位置について確認してきたが、後半では戦後の戦争犠牲者に対する補償・援護制度の中でこの問題がどのように論じられてきたかを検討しよう。

3　戦後の精神疾患と傷病恩給をめぐる言説と実態

（1）　戦争犠牲者に対する補償・援護制度

周知の通り、第二次世界大戦の敗戦国となった日本では、占領軍による非軍事化政策のもとで、戦時中の軍に関係する担当省庁と関連組織が解体された。一九四五年一一月三〇日に陸海軍省が解体され、第一復員省と第二復員省になり、同日には厚生省外局の軍事保護院も廃止され、保護院と医療局になった。また、陸海軍病院と傷痍軍人療養所は国立病院と国立療養所に改組された[39]。さらに、旧軍人軍属の戦没者遺族や戦傷病者に対する公的な支援は原則として禁止もしくは制限された。まず、一九四六年二月、勅令第六八号「恩給法の特例に関する件」により、軍人恩給の停止と制限が決定された。ただし、重度の傷病恩給受給者については、支給額を当時の厚生年金保険法（昭和一六年法律第六〇号）の障害年金の額に照らして、一部減額の上で継続する措置をとった[40]。また、敗戦直後に海外から復員・引き揚げしてきた傷病者に対しては、国立病院等の入院療養費について一定期間国が負担した[41]。一九四六年には救護法・軍事扶助法・戦時災害保護法・母子保護法が廃止され、（旧）生活保護法が制定された。

本節では、一九五一年サンフランシスコ講和条約締結による日本の独立後に復活した軍人恩給（一九五三年）と、当初は軍人恩給復活までの暫定的な措置と位置づけられていた戦傷病者戦没者遺族等援護法（一九五二年成立、以下「援護法」と略称）をめぐる国会での議論の中で、戦争と精神疾患の問題がどのように論じられていたかをまず見ていきたい。

一九五〇年代の軍人恩給問題については、赤澤史朗による国会審議と新聞報道及び世論を分析した研究がある。また、援護法の制定過程については、その主軸となった厚生省内部の議論の変遷を追った植野真澄の研究が存在する。両者が指摘するように、恩給法と援護法は様々な差別を内包した法であり、民間人や旧植民地出身の軍人・軍属は対象から外された。それはつきつめれば両法が「国家との雇用関係」によって法の対象を線引きするという方針を有していたからであると言えよう。[42] しかしながら、「国家との雇用関係」にあったはずの日本人軍人という「身分」に限定してみても、その内部にはもう一つの境界線が存在した。それは赤澤と植野も若干触れてはいるが、その傷病が公務に起因するか否かということである。この基準は恩給法の方により厳格に適用されたと考えられるが、恩給法を「レベル・ダウン」[43]した援護法においても問われたことが以下の国会での議論を見るとわかるのである。本節では、元軍人の戦傷病の中でも、第2節で述べてきた通り戦前から公務起因に関する議論がなされていた精神疾患に対する戦後補償の問題について考察する。

（2）　戦争と精神疾患をめぐる国会での議論

以下では、戦後の国会における戦争と精神疾患をめぐる議論を確認していこう。

この問題について最初に議論となったのは、一九五二年三月二五日に行われた衆議院厚生委員会公聴会での援護法案に関する議論の中であった。当時、日本患者同盟（国公立・市立の病院・療養所の患者組織）の書記であった浦田博は、日本患者同盟を代表して戦傷病者に対する医療の保障を訴えた。浦田は、本法第一七条において、「きわめて限定した医療すなわち視力障害、聴力障害、肢体不自由、中枢神経機能障害」に対しては更生のための医療を給付することが規定されているのに対し、結核を含む医療一般が含まれていないことを指摘した。そして、「本法案が、内科疾患、またその大部分を占める結核、精神病、そういった一般の疾病を含まないならば、本法の題名でありますところの『戦傷病者』の文字の中から『病』の文字を削除しなければならないのではないか」という本質的な疑問を投げかけたのである[44]。

浦田の問題提起は反映されなかったことが、法案成立間近の一九五二年四月二四日に開催された、参議院厚生委員会における松原一彦[45]の発言からわかる。松原は、今回の援護法によって「恩給法では到底救済のできないところの多数の人々が一応の弔慰を受けることができる」と評価しつつも、未復員者給与法[46]に基づく六三四〇名の人々が援護法適用者から漏れていることについて「非常な遺憾を感ずる」と述べた。松原によれば、これらの人々は「戦争最中からの持越患者」で、八六・三％が結核患者、六・五三％が精神疾患患者であり、未復員者給与法によって入院して治療を受けることが継続されるようにはなっていたが、一銭の手当も与えられず、「葉書一枚も買うことのできないような生活」を続けていたという[47]。

援護法は、一九五二年四月二五日に成立、同月三〇日付をもって公布されたが、その後支給対象及び適用範囲の拡大、支給金額の引上げ等について議論がなされ、一九七一年までに二八回改正された[48]。この間、戦争と精神疾患の問題についても国会の議論の中でたびたび指摘された[49]。以下、順番に見ていこう。

一九五三年七月一六日衆議院厚生委員会における援護法改正をめぐる議論では、精神疾患が遺伝によるものか戦争によるものかという点が論点となった。当時厚生委員を務め、全国の恩給法や援護法の対象から外された人々から陳情や哀願の書類を受け取っていた中野四郎[50]は、「除隊直後において、戦争のために影響を受けて精神的に異状を来して発作が起こり、そのために社会人として通用しない人がある」と指摘した。中野によれば、こうした人々に対して、援護庁は「精神病者は現在の医学上から見れば遺伝と見る以外にはないから、援護対象にならぬという考え方を持って」いるが、「死生の間を彷徨して、そして自分の精神に大きな打撃を受けて、精神に異常を来すということは当然あり得る」と中野は主張した。

これに対して、引揚援護庁次長の田邊繁雄は、「精神病の方は相当おありになるだろうと思います」と答えた上で、「過去の戦争の例から申しますと、大多数はやはり先天性のものと思われます」という立場をとった。公務として取扱うべきものもないとは言えないが、専門家によれば公務と考えられない例が多い、というやや煮え切らない立場を取る政府委員に対して、中野は、「かりに精神病としましても、あるいは肺病というような場合にいたしましても、これが戦地に行かずにそのままじっとしてあればかりに遺伝といたしましても発作が起こらないでそのままに行ける可能性の人もあるだろうと思う」と反論した[51]。田邊の依拠した「専門家」が誰であるかは不明であるが、第Ⅰ部第二章の諏訪敬三郎に代表されるような、大部分は患者の「素因」に問題あり、という国府台陸軍病院の軍医たちの立場が影響していた可能性は高いだろう。とはいえ、第2節（1）で述べてきたように、「遺伝的負因の有無は考慮せざるを要す」とされた戦争末期の国府台陸軍病院の恩給策定方針と比べると、「遺伝」のみを問題とするここでの引揚援護庁の主張は、かなり対象を限定的に捉えており、戦時中の実態も反映されていないと言えるだろう。

また、一九六一年五月三〇日の社会労働委員会における議論では、委員の徳永正利[52]から、戦争から発病までの期間について問題提起があった。すなわち、死亡した軍人軍属の遺族に支給される特別弔慰金について、一般疾病による死亡の場合は除隊後一年、精神病や結核による死亡の場合は除隊後三年という区切りがあることについて、「長い間、十年もいくさに行って、そして病気になったり、あるいはまた、戦争でけがをして帰ってきた、病気になって帰ってきた、それを一年、三年で画一的に切っていくと、（中略）一年を一ヶ月過ぎてもうだめ、だというようなことはどうも私は納得できないのです」と徳永は述べた[53]。

こうした意見の影響を受けてか、一九六三年三月六日、一九六四年二月二〇日の社会労働委員会に提出された援護法の改正案には年限の延長について盛り込まれ、一般疾病による死亡は除隊後二年、精神病・結核の場合は除隊後六年以内とされた。また、一九六四年の改正案では、それまで軍人軍属の公務傷病の範囲を「大東亜戦争」中にかかった傷病に限定していたのに対し、「日華事変」以後までさかのぼって拡大することとなった[54]。

一九六四年六月一九日の社会労働委員会における議論では、滝井義高[55]から疾病罹患の証明の難しさについて指摘があった。援護法の改正によって、戦地勤務期間が六ヶ月以上の軍人軍属で、復員後一年以内、結核・精神病については三年以内に死亡した者の遺族に対して一時金十万円を支給すると定められた。しかし、医師でもある滝井の経験上、日中戦争からおよそ二五年経過した当時においては、在職期間中の負傷や疾病罹患を証明するとは困難であると滝井は述べた。その上で、「あなた方が親切心で結核と精神病というものを、普通の病気は一年だけれども、わざわざ復員後三年間と延ばしておきながら、そこの証明をということになると、はるか二十五年のかなたのことですからなかなかできない。こうなるとこの法文は死文になる可能性が出てくる。（中略）この遺族にとっては、確かに戦争で死んだのだけれども、うちのむすこだけは、うちのおとうさんだけは差別待遇をされているのだということで、むしろ国家を恨みこそすれ、決して靖国神社に祭（ママ）ってくれたからといって感謝していないのです。（中略）やはりこれはみんなの遺族と同じような取り扱いをして差し上げる必要がある」と政府委員に申し立てた。[56]

一九六五年三月三一日の社会労働委員会では、再び戦争が人間の精神にどの程度影響を及ぼすのかという点が論点となった。最初に口火を切ったのは、淡谷悠蔵[57]であった。淡谷は、援護審査会における疾病の公務性に関する議論の中で、ハンセン病や精神病が問題となっているのではないかと質問した。これに対して政府委員の鈴村信吾は、戦地での生活環境や特殊な困難な地位にあったために精神障がいになる場合もあれば、本人が入隊以前から持っていた場合もあるとし、公務性の判定においてはいつから幻覚や妄想などの症状が発現したかによって判断すると回答した。審査が行われている中に精神病は非常に少ないと聞いている、と述べる鈴村政府委員に対して、淡谷は「一件でも二件でもあれば、これは本人にとっては非常な大事だと思うのです。（中略）これはやはり一つの社会保障の立場からも見、遺族援護の立場からも見ましたならば、あまりに学理的につじつまを合わせるよりも、実際の症状に応じて処断されたほうが、遺族としてはたいへん助かると思う」と釘を刺し、これに対して神田博[58]厚生大臣が全面的に賛成を示した上で「省議を固めて処置いたしたい」と回答した。

以上の議論を聞いて発言したのは、戦時中軍医であった河野正[59]であった。河野は「戦争というモメントというものが精神上に及ぼす影響が非常に大きいということを科学的にも否定することはできない」という立場に立ち、当時の日本軍の基本的な考え方は「戦争という要因が精神上に及ぼす影響というものが非常に少ない」というものであったため様々な制約はあったものの、戦時中に『軍医団雑誌』で発表した論文でも右のような結論に達したと述べている。また、建前としては入隊の際に検査をして精神病の既往があれば当然チェックすることになっていたのだから、「やはり軍隊入隊後新しく起こってきた精神異常というものは、やはり戦争というモメントによって起こってきたという判断を下すのが私は至当ではなかろうか、こういうふうに思います」と指摘した。(60)

河野が戦時中『軍医団雑誌』に書いた論文というのは、「戦時に於ける神経衰弱性症状の観察」（一九四三年）であろうと思われる。当時陸軍軍医中尉であった河野は、①中国中部での長期戦闘参加後、②亜熱帯の中国南部における雨期、③酷暑の中行われた作戦後、④新入隊時、⑤中国南部大都市での警備といった様々な状況下で観察した一三〇〇名の兵士の症候を観察した。河野は、第一次世界大戦の時には独身者に比べて妻帯者に精神的負担が大きいと報告されたが日本軍では両者であまり差が見られなかったことや、未曾有の難行軍に堪えて身体神経衰弱症候（羸痩や震顫など）を示さなかった者がかなり存在したことから「皇軍兵員の素質の優秀、士気の昂揚を物語る」という結論を出しており、「皇軍の卓越」を強調する戦時下の影響がうかがえる。しかし一方で河野は、「持続或は反復せる心身の過労は縦ひ健全なる素質者と雖も神経衰弱症、少くとも身体的神経衰弱症状を発現し得る」と「純疲憊性神経衰弱」の存在を立証したという結論も出している。(61)

このようにかなり限定的な形ではあるが、戦時中確かに河野は戦争が人間の心身に及ぼす影響について考察していた。しかも、調査の際に「疾病（精神病状態を含む）中の者は素より其の他の特殊状態に在る者は除外すべく留意」し、「先づ健康なりと信ずる者のみを網羅」するという手法をとった結果として、ストレス要因の多い環境下において「誰でもなりうる心身の不調」という、それまでの精神医学ではあまり注目されてこなかった新しいタイプの問題に取り組んだと言えるだろう。

一九七三年四月五日の衆議院社会労働委員会においては、田口一男(62)から「勤務関連傷病による障害者の処遇」に関して、却下裁定の中に精神病がどの程度存在していたのかという質問が出された。田口は、日中戦争の時点では「入って一週間なり十日なり、勤務に耐えられなくなって精神病になったり、結核になった場合には、当時はまだ軍病院が完備をしておりましたから、（中略）そこに入った人は、勤務との関連で精神病になったんだ、また結核になったんだということで、カルテなんかでいまも記録されておるわけです」と述べた。しかし戦争末期の召集者は即日帰郷というものもほとんどなく、「指が四本切れるとか、足に少々の障害があっても、全部そのまま編成をして、野戦は行けませんから、海岸方面の防備隊に配属をする。そこで精神病になる。こういう方々は、日華事変の当時のように、発病したから軍病院に入院させようというふうなことは全くなされていなかった。（中略）当時はああいう状態ですから記録も何もない。そういった方々が勤務関連傷病ということで死んだり、いまなおそういう病気で苦しんでおっても証明するすべがないわけですね」と田口は述べ、戦争末期には軍務に適さない者までが召集された上に証明する書類も残っていないという問題を指摘した。回答した厚生省援護局長の高木玄によれば、一九七二年一二月末時点での援護法による障害年金の裁定状況は、軍人・軍属・準軍属合わせて六万四三一〇件の請求があり、そのうち却下されたものは七・五％にあたる四七九六件であった。

これに対して田口は、却下の理由を「私、ちょいちょい、それぞれ該当する方から聞いておるのですが、精神病、結核、こういった勤務関連傷病が多いんじゃないか」、「他の例を聞いてもほとんどが、昭和十九年の末から昭和二十年の初めに召集されて、それで軍隊におって、即日帰郷じゃなしに、そのままほうり出されて復員をした。当時ぶらぶらして、あの当時はまだ強制措置〔恐らく措置入院のことと思われる〕というようなことがございませんから、いわゆる座敷牢のようなところに閉じ込められて大半は死んでおるのです」と指摘した。これに対して高木政府委員は、却下したものは恐らく公務による傷病ではなかったというケースや障がいの程度が障害年金を支給するほどではないというふうに認定されたケースが多かったのではないかと回答した上で、「勤務関連傷病」とは「勤務の影響が否定できないと考えられる傷病」「勤務従事期間中にかかりました肺結核、精神病」であると述べ、直接証明できる書類がなくとも「復員、帰郷後に受診いたしました医師のカルテ等によりまして、総合的に判断いたしまして在隊中の罹病が推定される者については、やってまいりたい、かように考えます」と述べた(63)。

ここまでは援護法と精神疾患に関わる議論について確認してきたが、恩給法の改正をめぐる議論において精神疾患に焦点が当てられたのは、管見の限り一九六九年六月一〇日の衆議院内閣委員会が唯一である。ここでも再び淡谷悠蔵が、「精神病の例などは、私実際(ママ)に手がけた問題ですけれども、（中略）基因が戦争かどうかでかなりこれは冷たい待遇を受けた実例があるのです」と政府委員を問い質した。総理府恩給局次長の平川幸蔵は、一九五七年にできた「傷病恩給調査会」において、「結核・精神障害・外傷性てんかん」が「特定三病」として取り上げられ、「これは法改正しませんでしたが、総理府令で、総理府告示で出ております。したがいまして、精神障害自体はもちろん立証さえされるならば、恩給の対象になる、給付の対象になるということは問題ないわけでございます」と述べた。これに対して淡谷は、なぜ法律改正しないのか、「全部省令か何かでやってしまうということに、私は非常に不安を感ずる」「国会の段階で法律になっておりませんと審議の対象にならぬのですな」と平川委員に詰め寄った(64)。

平川は「傷病恩給調査会」と述べているが、これは内容からして「傷病恩給症状等差の調査に関する専門調査会」のことではないかと思われる。同調査会は一九五七年ではなく一九五八年に設置され、三月二九日の第一回会合以降一五回にわたって会合を重ね、同年九月三〇日に報告をまとめた(65)。しかし、この時は査定上の指針が示されたにとどまり、症状等差に関する全面的検討はなされなかった。この専門調査会の報告に基づき、「肺結核・精神障害・外傷性てんかん」に関わる査定基準の適正化がはかられた後においても、「内部疾患と他の傷病との均衡問題などについては、なお関係者の間に不満の声が存する」状況を鑑み、一九六七年に設置されたのが傷病恩給症状等差調査会であった(66)。

先の淡谷と平川の議論に戻ると、ここで議題となっている恩給法の改正案には傷病恩給症状等差の是正が盛込まれており、この一つ前の内閣委員会において平川は、「御承知のように内部疾患、たとえば結核、精神障害あるいは心臓、腎臓、肝臓機能の障害等につきましては、従来、率直に申し上げますとややもすれば辛いのではないかというような御不満もございましたので、この際われわれといたしましては率直にそういうことを考え合わせまして、幸い内部疾患につきましては〔症状等差が〕現状維持かないしはすべて上がる、こういう答申を〔傷病恩給症状等差調査会から〕いただいておりますので、これを全面的に採用さしていただいたわけであります」と述べている(67)。

以上、国会における戦争と精神疾患に関する議論を見てきた。たびたび改正が重ねられた恩給法と援護法の法案をめぐる議論では、特に後者について多くの議員から戦争によって発病したと考えられる精神疾患者への処遇を改善するよう政府に促す発言が出された。滝井義高や河野正などの戦時・戦後に医師としての職歴を有していた議員がこうした問題に取り組んでいたのも特徴的だろう。この結果、援護法に関しては、精神疾患で死亡した者の遺族に対する弔慰金に関して、復員から死亡までの年限の延長がなされ、戦争が人間の精神に与える影響についてもより配慮がなされるようになったことが政府委員の回答からはうかがえる。また、恩給法に関しては精神疾患を含む内部疾患の症状等差改善が行われるという一定の成果も見られた。しかしながら、補償額や補償範囲の拡大をもたらした一要因と考えられる高度経済成長を経た一九七〇年代に至ってもなお、補償の対象からもれる精神疾患者が存在していたことが、田口一男の発言からはわかるのである。また、年月が経つほど証明書類の入手が困難になるという新たな問題も生じていた。

復員後精神疾患に苦しむ人々の待遇改善を訴えた議員たちの背景には、自らの苦境を訴える病者やその家族が存在した。兵役義務履行の結果として精神疾患を発症したと考える彼らが国家に対して補償を求めていく手立てとしては、こうした議員を通じた要望の伝達に加えて、恩給の請求やその前段階として全国各地で開かれていた戦傷病者向けの相談会へ行くことも含まれていた。以下では新潟県の元軍人を対象に、そうした行動を起こした人々の事例を見ていこう。

（3）戦傷病者と恩給相談のネットワーク――新潟県傷痍軍人会の活動――

軍人恩給の請求は、請求者が恩給局に直接請求する方法と、請求者から市町村役場・県庁援護課・厚生省援護局を通じて恩給局に請求する方法の二通りがあった。いずれにしても、何度も改正を重ねていた恩給法について理解し、戦後何十年も経ってから各種証明書類を揃えることは、国会での議論でも指摘されていたように個人のレベルでは到底困難なことであった。そのため、日本傷痍軍人会を中心として各地域に存在していた傷痍軍人会が、機関紙の発刊による情報の提供や傷病恩給等の指導の役割を担っていたのである。占領期には禁じられていた傷痍軍人団体の活動は、日本の独立とともに再開され、一九五二年に日本傷痍軍人会と各都道府県傷痍軍人会が発足した。また以下で事例分析を行う新潟県では、新潟県傷痍軍人会創立十周年記念大会にあわせ、一九六一年に県傷妻の会結成式が新発田市で開催された(68)。

一九七七年の段階で新潟県傷痍軍人会は全国第二位の会員数を擁し、「『新潟県傷を見習え』が日傷の合言葉になつている」ほどの規模であった。[69]一九七五年六月七日付で創刊された機関紙『県傷きずな』は年二回発刊され、一九七九年二月の段階で各号四八〇〇部印刷されていたが、すでにこの頃から会員の老齢化が誌上でも指摘されており、一九八一年二月の段階では印刷部数が一〇〇部減少している。[70]

日本傷痍軍人会の綱領には、第一項として「傷痍軍人は身体の障害を克服し以て世人の儀表たること」と掲げられていた。また、当時新潟県傷痍軍人会会長であった小野塚祐治は、「肉体的には不具廃疾者であっても、精神的には、本会の目的綱領に則っとり人生の終局を全っとうしたいと希うものであります」と創刊の言葉の冒頭で述べた。[71]これらの理念が、基本的には身体障がい者を中心とした戦前の大日本傷痍軍人会の理念を継承していたことは明らかであろう。

しかし、一九七五年以降の新潟県傷痍軍人会の活動を見る限り、彼らの相互扶助のネットワークには精神障がい者も含まれていたようである。まず、一九七五年四月から新しい恩給診断書の書式が設けられたことにあわせて、県内では公務傷病による恩給診断を行っていたが、「外科」「内科」「眼科」「耳鼻科」に加えて「精神科」という分類があった（一九七六年一〇月の計画表より「歯科」も追加）。一九七四年度の事業報告では、五科あわせて一八八名の恩給診断利用者があったと報告されている。[72]一九七六年八月の計画表を例にとると、精神科の診断日時は「指定された日の午前中」で、恩給診断指定病院・医師は、新津精神病院の小島保であった。診断料金は「各料四〇〇〇円前後」で、この他に文書作成料が「会員二〇〇〇円　非会員五〇〇〇円」かかった。また、「精神科は必ず付添人を同行すること」と指定されていた。[73]県傷主任の川島健次郎が、請求から裁定まで一～二年かかる手続きの中で「特に精神科における、妻の内助のご努力に感謝しなければなりません」と書いているところから、この「付添人」の多くは妻であったと考えられる。ただし中部ブロックの協議事項の中で、妻がおらず事実上妻と同じように戦傷病者の介護に当たっている者に、妻同様の給付金の支給を要望する声が挙がっている[75]ことから、他の家族等が付き添いをした可能性も考えられる。

恩給診断を希望する者は、恩給診断申込書・症状経過書・公務を立証する証明書（軍隊手帳、現認（事実）証明書、兵籍の写、病歴書、裁定通知書等）を整備し、各支部の支部長、分会長、戦傷病者相談員等を通じて県傷事務局に申し込む必要があった。中でも、戦後年月が経ってから恩給を請求する場合には、「中間的医師の加療証明が重要視」されたようである[76]。長年月の経過により書類の入手が困難をきたしたことは、先の国会での議論でも指摘されていた通りである。

傷痍軍人会のネットワークは、こうした書類の不備を補う役割も果たしていた。第七号の誌上には、「病院に照会しても記録がなく、兵籍にも記載さにて（ママ）いないため」困り果てた北海道美唄支部の戦傷相談員から、マニラ陸軍病院に同じ時期に入院していた新潟県人の名前とともに現住所を問い合わせる連絡があったという話が掲載されている。その後、その新潟県人と無事に連絡が取れたと同相談員から報告があり、その人物から「できるだけの誠意を込めて当時の状況を詳しく書いて回答された」と「戦友愛に燃える美談の一端」として紹介された[77]。また第九号では、第Ⅱ部第二章で登場した新発田陸軍病院が戦後膨大な病歴書を県に移管したことが紹介され、戦前新発田陸軍病院で衛生曹長として勤務し、戦後国立新発田病院、県立新発田病院に勤務した後、戦傷病者相談員を務めた前田平助に対して県傷理事会から感謝状が贈られたようである[78]。

こうした長年の戦傷病者相談の努力の中で、発症から三八年目にして第七項症の恩給が裁定された精神障がい者の例が、県傷副会長で戦傷病者相談員であった中島日出夫によって紹介されている[79]。この男性は一九四一年、朝鮮の羅南屯営で「腸チフスによる精神分裂病」と診断・治療を受け、一九四三年帰郷した。それ以来家族は看護を続けてきたが、傷病恩給請求のための公的証明もなく、彼の弟は出征中という状態で、七〇歳の老親一人ではどうしようもない状態であった。それでも「兎に角一度だけ恩給診断を」と思い、一九六一年に新津精神病院の小島医師に自宅まで出張して恩給診断をして貰った。この医師は恐らく前述の恩給診断計画の精神科担当の医師と同一人物と思われ、この頃からすでに傷痍軍人会とのネットワークが形成されていたことがわかる。

ところが、当時羅南は内地発病にあたり、恩給法に該当しなかった。その後「特例法が制定〔され、〕再度申請と思ったところ、こんどは発病期日が早い為その期日に制約され」たとのことだが、この「特例法」とは恐らく一九七一年法律第八一号をもって設けられた「特例傷病恩給」のことを指していると思われる。これにより「戦地でなかつた本邦（本土）樺太千島列島、朝鮮、満洲、台湾」で発病した傷病も傷病恩給の対象となったが、一九四一年一二月八日以降受傷・発病した者を対象としていたため、外されたものと考えられる[80]。

その後この男性は無断で家を飛び出し、地域の者に迷惑をかけるということが頻発していたため、親族会議で「施設に入所でも」という話になったが、「やはり親として障害のある子ほど可愛もので、田畑を売尽しても施設にだけは入所させせない様に」と願ったという。転機となったのは、家屋を改造していた際に「三百弐拾円傷病賜金裁定通知書」を偶然見つけたことであった。これをもとに「爾後重症申請」（公務上の傷病の程度が悪化した場合に行う恩給申請のこと）をすることとなり、先の小島医師に再び恩給診断を依頼、本人と家族に代わって相談員の中島が書類を代筆して申請したところ、わずか一年未満で第七項症と裁定されたという。

中島がこの事例を「一番難ケース」と述べていることからも、こうした裁定の事例は稀であり、また腸チフスという伝染病罹患後の精神疾患発病という点で特殊なケースとも言えるかもしれないが、相談員や医師らの協力によって恩給を受給できた精神障がい者も存在した。もっとも、一七年間にわたって県傷佐渡支部で恩給事務を務めた川嶋健次郎が「棄却裁定は、内科と精神科に多い」と述べていること[81]から、多くの精神障がい者は請求を棄却されていたと考えられる。

（4）戦時～戦後の恩給診断状況――高田陸軍病院・国立高田病院の例――

最後に、一九三九年～一九六六年にかけて高田陸軍病院及び国立高田病院（現在の上越地域医療センター病院）で作成された恩給診断書をもとに、戦時～戦後の診断状況と、精神疾患の診断事例がどの程度存在したかを確認しておこう。参照したのは、新潟県福祉保健部福祉保健課所蔵の「恩給診断書（高田陸軍病院）」という資料群[82]であるが、この中から読み取り不明のものや「公務と認められず失格」とメモがあるもの、口述書・意見書など別のタイプの資料を除いた。これらのうち、戦前に作成されたものはのべ一〇七二名、戦後に作成されたものはのべ七四九名、合計一八二一名であった。

なお、診断書の作成年は簿冊の表紙に記入された年をそのままデータとして用いている。情報公開の手続き上全ての文書を公開するには長い年月を要するため、今回は全患者の病名がわかる表紙のページのみを閲覧した。二〇名の患者を無作為抽出して診断年月日がわかるページまで全て閲覧したところ、実際の診断年と簿冊の表紙に記入された年がずれている者が四名存在したため、今後正確な作成年を算出し直す必要はあるが、一番数の多い一九四〇年の患者については退院年から診断書作成が一九四〇年と推定されるものが多かったため、参考として簿冊の表紙に記入された年をここでは用いたい。

この一八二一名を、診断名に基づいて「戦傷」（戦闘その他軍務中の創傷や骨折など）、「戦病」（肺結核・脚気など）、「戦傷病」（傷病兼発又は受傷後の後遺症や機能障害など）の三種類に分類した。基本的には診断書に「傷名」

表29　1939年〜66年高田陸軍病院・国立高田病院恩給診断書診断名別人数

作成年	戦傷	戦病	戦傷病	合計
1939	17	17	2	36
1940	467	281	9	757
1941	15	0	0	15
1942	67	1	2	70
1943	0	95	0	95
1944	0	81	0	81
1945	0	18	0	18
1946	28	4	3	35
1949	3	5	1	9
1950	46	6	0	52
1951	29	6	3	38
1952	99	20	4	123
1953	85	21	5	111
1954	83	12	0	95
1956	12	4	1	17
1957	7	6	3	16
1958	26	10	0	36
1959	72	29	10	111
1963	6	18	62	86
1965	3	1	10	14
1966	2	0	4	6

と書かれているものは「戦傷」、「病名」は「戦病」、「傷病名」は「戦傷病」にあたるが、明らかな間違い（肺尖炎が「傷名」と書かれているなど）は筆者が分類し直した。これら三種類の患者数とその合計の経年変化を示したものが表29である。戦時中に関しては、一九四二年まで戦病に比べて戦傷が多かったのに対し、一九四三年以降は戦病の方が多くなっている。戦後になると再び戦傷が多くなるが、一九六三年以降は戦傷病が多くなる。

全患者のうち、精神神経疾患にあたるのは、頭部外傷後の失語症・頭重朦朧感（外傷性神経症）二名、癲癇六名（うち四名は頭部外傷後の癲癇）と、精神分裂病が一名のみである。このうち、精神分裂病の事例を紹介しておこう。この患者は一九四四年に徴集された元陸軍上等兵で、「原因並経過」では、一九四六年「ソ連地区に於て収容中発病（本人記憶なき為詳細事項不明）」、同年一二月舞鶴に上陸復員、「復員後家庭にありて唯々寝食するのみ」、一九四七年五月高田脳病院に入院治療するが軽快せず、同年八月退院、「自宅に於て閑居現在に至る」という状況であった。一九五二年三月に国立高田病院に恩給診断のため来院したが、同院には精神科がなかった為、「高田脳病院に於て別紙現症診断書作成依頼」の上、同日付で国立高田病院において「恩給法施行令第二十四条第一項症」と判定された[83]。

この患者は、一九五六年にも再び恩給再審査のため国立高田病院に来院した。その時に作成された恩給診断書によれば、前述の通り一九五二年三月に高田病院では第一項症と判定されたものの、一九五四年二月の裁定結果は第六項症で症状等差が下げられる結果となった。一九五三年末頃より自宅療養困難となり、一九五四年八月高田西城病院に入院、一九五六年九月期間満了による恩給審査請求のため「別紙診断書」（恐らく今回も別の精神科医師のいる病院で作成したものと思われる）により、「恩給法第四十九条の二第一項症」と判定された[84]。

この患者の一枚目の診断書には「尚（なお）本患者は入隊前は普通人として精神的障害なく就業せしものなり」と記述されているが、戦後の恩給診断では、入隊前の精神疾患の既往歴の有無が重要な判断材料と考えられていたことをうかがわせるものと言えよう。それにしても全体的に精神神経疾患の診断例はごくわずかであったと言える。前述の通り、国立高田病院に精神科が存在しなかったことも関係しているかもしれないが、先の精神分裂病の患者のように付近の精神病院に「外注」することも可能であったはずである。また、戦前の高田陸軍病院は前章の新発田陸軍病院と大体同規模の病院であったが[85]、戦時中の精神神経疾患の診断事例は、「昭南島昭南市」（シンガポール）で「真性癲癇」を発症した一例[86]のみであった。そもそも精神神経疾患患者があまり審査請求のため来院しなかった、あるいは頭部外傷後の精神障がいや、精神疾患の既往がなく苛烈な戦闘体験をしたことが明らかな事例以外は、公務起因が証明できないとして「門前払い」していたなど様々な原因は考えられるが、他の病院との比較などを通じて今後の課題としたい。

小　括

以上、戦時〜戦後にかけての軍人恩給制度や戦傷病者に対する補償・援護制度における精神疾患の位置について確認してきた。本章で中心的に検討してきた戦争神経症は、戦争当初から恩給の受給や戦地からの逃避という患者の「願望」と結びつけられ、国府台陸軍病院の軍医たちが最も頭を悩ませた疾患群であった。戦争末期になって責任感の強さや過酷な環境に起因する事例を「公務起因」とする見方も出てきたことは注目すべき変化であるが、実態としては一九四二年以降内地発病の患者が増え、また末期になるほど除役を減らして治癒を増やすという傾向が見られるようになったため、こうした「公務起因」の患者は少数にとどまったと思われる。

終戦直後の諏訪敬三郎による総括は、精神分裂病の策定方針の変更など戦時中に存在した様々な「公務起因」の可能性には触れず、戦争と精神疾患の関係をほとんど全面的に否定するものであった。また、遺伝と精神疾患の関係については、戦争末期に考慮しないという方針が出されたにもかかわらず、戦後は再び「公務起因」を査定する際の重要な情報となった。度々改正が重ねられた恩給法と援護法の法案をめぐる議論では、特に後者について多くの議員から戦争によって発病したと考えられる精神疾患患者への処遇を改善するよう政府に促す発言が出された。この結果、援護法に関しては、精神疾患で死亡した者の遺族に対する弔慰金に関して、復員から死亡までの年限の延長がなされ、戦争が人間の精神に与える影響についてもより配慮がなされるようになったことが政府委員の回答からはうかがえる。また、恩給法に関しては精神疾患を含む内部疾患の症状等差改善の方針が出されるという一定の成果も見られた。しかしながら、補償額や補償範囲の拡大をもたらした一要因と考えられる高度経済成長を経た一九七〇年代以降もなお、補償の対象からもれる精神障がい者が存在していたことが、新潟県の戦傷病者相談や恩給診断の事例から浮かび上がってきた。

　恩給申請という行為への着目は、個人及び集団の戦争の記憶が構築され、戦われる場[87]や、自己の問題経験を定義し、社会や国家に向けて訴えようとした主体としての戦争被害者像を前景化させる。しかし一方で、その語りはある一貫したストーリーと公務起因という法の規範を満たしていなければ裁定には結びつかなかったものと考えられる。援護法をめぐる議論でも指摘されたように、公務起因の要件として発症時期は限定されており、戦後長期間を経て発症した遅発性ＰＴＳＤ[88]は対象外となった可能性が高いだろう。また、言語化不可能（困難）であるというトラウマの性質[89]や、戦争・軍隊経験のように、戦地で殺し殺される恐怖、厳格な上下関係、飢えや病に苦しみながらの果てしない行軍など種々のストレスが複合的に絡み合う経験[90]とは馴染みにくい制度であるとも言えるのである。恩給の申請を行う人々の裏側には、裁定棄却の事例とともに、申請しない／沈黙という別の「選択」があった可能性についても最後に付言しておきたい。

［注］

（1）清水寛「戦傷精神障害兵員の戦中・戦後」『季論21』二九号、二〇一五年、一〇四頁。

（2）恩給法第四九条では、公務を「戦闘又は戦闘に準すへき公務」と、「普通公務」の二種類に区分している。「戦闘に準すへき公務による傷痍疾病」とは、恩給法施行令第二三条によれば、以下の七つであった。

①指定地域に勤務中、敵の設置・遺棄した危険物による、又は敵対行動中の不可抗力に因る傷痍疾病

②暴徒鎮圧又は集団を為す馬賊・海賊・蕃人等討伐中の敵対行動による、又は敵対行動中の不可抗力に因る傷痍疾病

③外国の交戦若くは擾乱の地域内において勤務中、又は該地域内を職務を以て旅行中における該交戦又は擾乱による傷痍疾

病

④　航空機で航空勤務中、又は潜水艦で潜航勤務中の不可抗力に因る傷痍疾病

⑤　職務を以て兇賊又は脱獄囚を逮捕するに当り危害を加えられることが予想されるにもかかわらず危険を冒して其の職務を執行した為に加えられた傷痍疾病

⑥　職務を以てコレラ又はペストの防疫、診療又は看護に直接従事した為に罹患した該疾病

⑦　急流其の他生命の危険を感じる事情下での潜水勤務による傷痍疾病

（森松俊夫監修、松本一郎編纂『陸軍成規類聚　昭和版第二巻（下）』緑蔭書房、二〇一〇年、四四六、四九三―四九四頁）。また、「普通公務に由る傷痍疾病」とは、「戦闘又は戦闘に準すへき公務」以外の公務による傷痍疾病を指す。なお、疾病の中には指定地在勤中指定の流行病に罹患した場合や、戦地又は公務旅行中指定の流行病に罹患した場合などがある（陸軍軍医団『昭和十八年編軍陣衛生要務講義録』第一巻、一九四三年、一六六頁）。

(3)　以下の恩給の説明は、陸軍軍医団前掲書、一六二―一六三頁による。なお、恩給法における「公務員」とは、文官、軍人、教育職員及警察監獄職員並びに恩給法第二四条で定められた待遇職員を指すが、陸軍においては軍人・準軍人・軍属を指す（森松俊夫監修、松本一郎編纂前掲書、四四〇頁、陸軍軍医団前掲書、一六四頁）。

(4)　「不具」とは傷痍高度で身体一部の有形的永久的欠損、「廃疾」とは疾病が亢進し、身体機能の一部的永久的喪失であり、いずれも永久性を帯びた故障である。

(5)　陸軍軍医団前掲書、一六四頁。

(6)　小坂太郎「精神疾患の恩給策定―特に公務起因について―」諏訪敬三郎編『第二次大戦における精神神経学的経験』非売品、一九六六年、二三一頁。

(7)　同前、二三四頁。

(8)　同前、二三一頁。

(9)　同前、二三一頁。

(10)　「事実証明書類の取扱及調製要領」『防疟指導部要員　実務教育計画表　昭和一九年』三九頁（防衛省防衛研究所所蔵）。

(11)　小坂前掲論文、二三二頁。

(12)　同前、二三五頁。

(13) 諏訪敬三郎「今次戦争に於ける精神疾患の概況」『医療』第一巻第四号、一九四八年四月、一八頁。
(14) 注(10)に同じ。
(15) なお、本書脱稿後に、細渕富夫・清水寛編『資料集成 精神障害兵士「病床日誌」』第一巻・第二巻が六花出版より刊行された（第一巻は二〇一六年一二月、第二巻は二〇一七年六月刊行）。本資料集は、国府台陸軍病院に入院した「神経衰弱」患者の病床日誌の抄録であり、戦争神経症の二大疾患名である「ヒステリー」と「神経衰弱」の違いを解明できる貴重な資料集である。患者数の最も多かった精神分裂病患者も含めて、今後の検討の課題としたい。
(16) 桜井図南男（一九〇七―一九八八）は日本の精神科医・精神医学者。一九三五年九州帝大卒、精神科入局（下田光造教授）。三七年五月一三日国府台陸軍病院に召集され、四一年六月二〇日に召集解除。その後は九大精神科講師として働き、途中一年間は三井産業医学研究所の神経科部長も務めた。一九四五年三月二〇日に再召集され、東京第二陸軍病院大蔵分院を経て、五月には精神科専門の陸軍病院として開設された九州の竹田陸軍病院に赴任し、そこで終戦を迎えた。戦後は徳島医専、徳島大を経て、五七年一一月から七〇年三月まで九州大学教授。
(17) 以下、桜井論文からの引用・要約は、下記の番号と頁を本文中に記す。
①桜井図南男「戦時神経症の精神病学的考察　第一篇　戦時神経症の概説」『軍医団雑誌』第三四三号、一九四一年
②-a　同「第二篇　戦時神経症の発病機転と分類（其の一）」『軍医団雑誌』第三四四号、一九四二年
②-b　同「第二篇　戦時神経症の発病機転と分類（其の二）」『軍医団雑誌』第三四五号、一九四二年
③-a　同「第三篇　戦時神経症の処理（其の一）」『軍医団雑誌』第三四九号、一九四二年
③-b　同「第三篇　戦時神経症の処理（其の二）」『軍医団雑誌』第三五〇号、一九四二年
③-c　同「第三篇　戦時神経症の処理（其の三）」『軍医団雑誌』第三五一号、一九四二年
(18) 桜井図南男『人生遍路』葦書房、一九八二年、二二〇頁。
(19) 一九四〇年八月八日医第八〇号「他覚症状に比較し自覚症大なる患者の収療に関する指示」。本資料は目黒克己氏より提供を受けた。記して感謝申し上げたい。
(20) 「外傷性神経症」については、佐藤雅浩『精神疾患言説の歴史社会学―「心の病」はなぜ流行するのか』（新曜社、二〇一三年）第四章参照。
(21) カルジアゾール痙攣療法は、精神病に対する治療手段としてハンガリーのメドゥナ（L. J. Meduna）によって一九三五年に始

められたショック療法。メドゥナは、てんかんと分裂病には何らかの生物学的拮抗因子があると考え、この方法を創始した。一〇％カルジアゾールをかなり急速に静注し、全身けいれんを起こさせる方法で、現在ではほとんど用いられることのない歴史的療法である。

(22) 電気痙攣療法は、頭部に通電し、全身痙攣（ショック）を起こさせることによって精神症状の改善をはかる治療法。イタリアのツェルレッティ（U. Cerletti）及びビニ（L. Bini）が一九三八年に創始した。治療に対する恐怖感が激しい場合や骨折・脱臼・記憶障害などを防ぐために様々な電気ショック療法が生まれた。向精神薬療法の登場で例外的な治療手段となったが、身体的治療の一つとして現在でも有用な方法とされている。

(23) 中村強「戦争神経症の統計的観察」『医学研究』第二五巻第一〇号、一九五五年、一八〇五頁。この論文では、中村の勤務病院が「K病院」と表記されているが、中村の自伝である『俺は生きるばい　ガンと闘ったある内科医の記録』（青藍社、一九八〇年）によれば、中村は、戦時中小倉陸軍病院で勤務していた。

(24) 同前、一八一〇頁。

(25) 一ノ瀬俊也『銃後の社会史―戦死者と遺族』吉川弘文館、二〇〇五年。佐賀朝「日中戦争期における軍事援護事業の展開」『日本史研究』三八五号、一九九四年、二七―五六頁。

(26) 野田正彰『戦争と罪責』岩波書店、一九九八年、第三章参照。

(27) 清水寛編『十五年戦争極秘資料集　補巻二八　資料集成・戦争と障害者「病床日誌」戦争神経症編』第五冊、不二出版、二〇〇七年、七五頁掲載の患者WN-52。

(28) 清水前掲書、第七冊、一四〇―一四一頁掲載の患者WN-652。

(29) 清水前掲書、第五冊、一六〇頁掲載の患者WN-99。

(30) 清水前掲書、第五冊、九五頁掲載の患者WN-63。

(31) 清水前掲書、第六冊、六六―六七頁掲載の患者WN-300。

(32) 清水前掲書、第七冊、一七頁掲載の患者WN-560。

(33) 清水前掲書、第七冊、三五三頁掲載の患者WN-817。

(34) 清水前掲書、第六冊、一九八―一九九頁掲載の患者WN-400。

(35) 清水前掲書、第五冊、三一五―三一六頁掲載の患者WN-208。

(36) 清水前掲書、第六冊、一六七―一六八頁掲載の患者WN-375。
(37) 「一等症」から「二等症」に変更された事例一三三名中、勤仕年月六ヶ月未満は五二名（うち一名は帯患扱い）、六ヶ月以上は六六名、不明は一五名存在した。
(38) 二〇一三年六月一九日目黒克己氏の自宅で行われたインタビュー。目黒氏の経歴と研究については第Ⅱ部第四章で詳述する。
(39) 厚生省医務局『国立病院十年の歩み』五宝堂印刷株式会社、一九五五年、五―七頁。厚生省医務局療養所課内国立療養所研究会編『国立療養所史　精神編』厚生省医務局、一九七五―七六年、序文。
(40) 総理府恩給局『恩給百年』総理府恩給局、一九七五年、二一五―二一六頁。
(41) 厚生省援護局編『引揚げと援護三〇年のあゆみ』ぎょうせい、一九七八年、一二八―一二九頁。
(42) 赤澤史朗「一九五〇年代の軍人恩給問題（一）」『立命館法学』二〇一〇年、五・六号（三三三・三三四号）、五頁。植野真澄『戦後日本の戦争犠牲者援護と傷痍軍人』第四章「戦傷病者戦没者遺族等援護法の制定過程―『援護』理念の再創出と傷痍軍人」大阪大学大学院文学研究科博士学位申請論文、二〇一二年、八二頁。
(43) 赤澤前掲論文、六頁参照。第一六回国会衆議院厚生委員会会議録第一五号（一九五三年七月七日）、田邊繁雄引揚援護庁次長の発言。
(44) 第一三回国会衆議院厚生委員会公聴会会議録第一号（一九五二年三月二五日）、浦田博の発言。
(45) 松原一彦（一八八一―一九六六）は日本の政治家。衆議院議員選挙当選二回（第二二・二三回…いずれも国民協同党）、参議院議員選挙当選一回（第二回…無所属）。衆議院決算委員長、参議院懲罰委員長、第三次鳩山内閣法務政務次官、国民協同党代議士会長、自由民主党総務を務めた。
(46) 未帰還者のうち、陸・海軍に属していた者でまだ復員していない者（未復員者）に対しては、未復員者給与法（昭和二十二年法律第一八二号）が適用され、本人に対する俸給と扶養手当を一定の親族に支払うことによって、間接的に留守家族の援護が行われていた。また、未復員者が未復員中に自己の責に帰することのできない事由によって疾病にかかったり負傷したりして復員後療養を要する場合は、国がその者に対して復員後二年間必要な治療を行い、障がいの程度に応じて障害一時金を支給した。未復員者給与法は、特別未帰還者給与法と合わせて未帰還者留守家族等援護法（一九五三年八月一日法律第一六一号）へ引き継がれた（厚生省引揚援護局編『続・引揚援護の記録』厚生省、一九五五年、九五―一〇一頁）。
(47) 第一三回国会参議院厚生委員会会議録第一六号（一九五二年四月二四日）、松原一彦の発言。

(48) 新潟県民生部援護課『新潟県終戦処理の記録』新潟県、一九七二年、二八六頁。
(49) 本文中で引用した発言のほか、一九五三年一〇月三一日衆議院「海外同胞引き揚げ及び遺家族援護に関する調査特別委員会」及び一九五三年一二月一一日厚生委員会における中川源一郎の発言、一九五四年三月一六日「海外同胞引き揚げ及び遺家族援護に関する調査特別委員会」における福田喜東の発言なども参照。
(50) 中野四郎（一九〇七―一九八五）は日本の政治家。衆議院議員選挙当選一三回（第二二～二四回…日本農民党、第二五～二六回…改進党、第二九～三二回、第三四～三七回…いずれも自由民主党）。第一次大平内閣の国務大臣、国土庁長官、衆議院社会労働委員長、同予算委員長、同公職選挙法改正に関する調査特別委員長、同懲罰委員長となった。また、日本農民党中央執行委員長、改進党政調会副会長、自由民主党代議士会長、国会対策委員長、全国保育関係議員連盟会長、国民運動本部長、党顧問を歴任した。
(51) 第一六回国会衆議院厚生委員会会議録第一九号（一九五三年七月一六日）、中野四朗及び田邊繁雄の発言。
(52) 徳永正利（一九一三―一九九〇）は日本の政治家。参議院議員選挙当選五回（第五・七・九・一一・一三回…いずれも自由民主党）。海軍通信学校卒、南太平洋各地を歴戦、海軍中尉となり、日本遺族厚生連盟事務局長を経て議員となった。自由民主党政調労働部会長、党副幹事長、第三次池田内閣、第一次佐藤内閣各厚生政務次官、参議院大蔵、議院運営、予算各委員長、参議院自由民主党幹事長、同議員会長、第二次田中（角）内閣運輸大臣、第14代参議院議長、皇室会議議員、皇室経済会議議員、党最高顧問等歴任。
(53) 第三八回国会参議院社会労働委員会会議録第三一号（一九六一年五月三〇日）、徳永正利の発言。
(54) 第四三回国会衆議院社会労働委員会会議録第一七号（一九六三年三月六日）、西村英一厚生大臣による援護法の一部改正法案説明…第四六回国会衆議院社会労働委員会会議録第一一号（一九六四年二月二〇日）、小林武治厚生大臣による援護法の一部改正法案説明。
(55) 滝井義高（一九一五―二〇〇五）は日本の政治家・医師。衆議院議員選挙当選五回（第二六～三〇回…いずれも日本社会党）。一九四一年東京慈恵会医科大学卒。陸軍軍医少尉、滝井病院院長、田川市議会議員、福岡県議会議員、臨時恩給等調査会委員、国土総合開発審議会委員となる。また日本社会党中央委員、政策審議会税制政策委員長、年金政策特別委員会主査、社会保障、労働政策各委員会主査、政策審議委員、政審社会保障部長、年金制度調査特別委員会事務局長、石炭対策特別委員会副委員長、病院スト対策特別委員会事務局長、国会対策副委員長、社会労働部会長となり、のち田川市長となった。

(56) 第四六回国会衆議院社会労働委員会第五七号（一九六四年六月一九日）、滝井義高の発言。

(57) 淡谷悠蔵（一八九七―一九九五）は日本の政治家・農民運動家・作家。衆議院議員選挙当選六回（第二六～三一回…いずれも日本社会党）。日本社会党本部統制委員、組織部長、中央執行委員、中央機関紙部長、教宣局機関紙室長、機関紙局長、選挙対策副委員長、綱紀粛正特別委員会事務局長、東北開発特別委員長、農村対策副委員長、三里塚空港設置反対斗争委員長、国会対策副委員長となった。

(58) 神田博（一九〇三―一九七七）は日本の政治家。衆議院議員選挙当選八回（第二二・二三回…日本自由党、第二四回…民主自由党、二七回…自由党、二九～三二回…自由民主党）、参議院議員選挙当選一回（第一〇回…自由民主党）。第二次吉田内閣の経済安定政務次官、衆議院商工委員長、石橋内閣・第一次岸内閣・第三次池田内閣・第一次佐藤内閣の各厚生大臣を務めた。日本自由党代議士会副会長、民主自由党総務、自由党総務、自由民主党総務、政調会顧問、同党県連会長となった。

(59) 河野正（一九一四―二〇〇七）は日本の政治家・医師。衆議院議員選挙当選八回（第二七～三一回、三五・三七・三八回…いずれも日本社会党）。一九三五年九州医学専門学校卒、医学博士。九州帝大医学部勤務傍ら九大附属医学専門部助教授となり、のち医療法人済世会を設立、理事長・河野病院長となる。福岡県会議員、衆議院公害対策並びに環境保全特別委員長、日本社会党中央委員、同党福岡県本部委員長、党本部政策審議会社会労働部会長、内閣社会保障制度審議会委員、日本社会党政策審議会主査、日中国交回復特別委員会副委員長、志免対策特別委員会事務局長となった。

(60) 第四八回国会衆議院社会労働委員会会議録第一四号（一九六五年三月三一日）、淡谷悠蔵、鈴村信吾、神田博、河野正の発言。

(61) 河野正「戦時に於ける神経衰弱性症状の観察」『軍医団雑誌』第三六四号、一九四三年、一〇七一―一〇八三頁。戦後における河野の言説の変遷及びその理由については今後の考察の課題としたい。

(62) 田口一男（一九二五―一九八三）は日本の政治家。衆議院議員選挙当選四回（第三三～三六回…いずれも日本社会党）。日本社会党労働政策委員長、廃棄物問題対策特別委員会事務局長等を務め、党三重県本部顧問、自治労特別執行委員となった。

(63) 第七一回国会衆議院社会労働委員会会議録第一三号（一九七三年四月五日）、田口一男、高木玄の発言。

(64) 第六一回国会衆議院内閣委員会会議録第二九号（一九六九年六月一〇日）、淡谷悠蔵及び平川幸蔵の発言。また平川は、精神障がいは本人に判断力がなかったり記憶喪失している場合が多いため、症状や経過について本人が書くわけにいかず、「われわれといたしましては、むしろ客観的な事実におきましてできるだけ把握していきたい」と述べた。これに対して淡谷は、「精神病の特徴として、おれはばかじゃないのにみんなでばかだばかだと言うというのが特徴」であるから、そういう点にも配慮しないと異議申し立てや審査請求に時間がかかり、その間の遺家族の心労も大きいため「十分御配慮願いたい」と注文をつけた。

(65) 総理府恩給局編『恩給局開局百年史』一九八四年、二一〇―二一六頁。

(66) 総理府恩給局編同書、二二一頁。

(67) 第六一回国会衆議院内閣委員会会議録第二八号（一九六九年六月六日）、平川幸蔵の発言。

(68) 新潟県傷痍軍人会『県傷きずな』第一号、一九七五年六月、一、六頁。

(69) 同『県傷きずな』第四号、一九七七年二月、一頁。

(70) 同『県傷きずな』第八号、一九七九年二月、六頁。第一二号、一九八一年二月、二頁。

(71) 同『県傷きずな』第一号、一九七五年六月、一頁。

(72) 「新潟県傷痍軍人会　昭和四十九年度事業報告」『県傷きずな』第一号、一九七五年六月、二頁。

(73) 「恩給診断計画表（昭和五一年八月）」『県傷きずな』第三号、一九七六年一〇月、八頁。

(74) 川島健次郎「傷病恩給の裁定　三十数年目に喜びの涙」『県傷きずな』第四号、一九七七年二月、五頁。

(75) 沢正司「中部ブロック会に参加して」『県傷きずな』第五号、一九七七年一〇月、四頁。

(76) 「恩給診断計画表（昭和五一年八月）」『県傷きずな』第三号、一九七六年一〇月、八頁。

(77) 「戦友愛に燃えて」『県傷きずな』第七号、一九七八年一〇月、二頁。

(78) 「戦傷病者に〝命の恩人〟前田平助殿へ感謝状」『県傷きずな』第九号、一九七九年一〇月、九頁。こうした病歴書などの公文書を行政の責任において管理し、請求者が容易にアクセスできれば戦傷病者の苦労も軽減されたものと思われるが、他の地域における戦後の傷病恩給に関わる公的書類の管理状況については、今後調査していきたい。

(79) 以下、この段落の事例紹介については、特に注のない限り以下の記事を参照。中島日出夫「神は捨てなかつた精神障害者　三八年目に七項症（初度）」『県傷きずな』第一〇号、一九八〇年二月、六頁。

(80) 特例傷病恩給については、以下の記事を参照。「戦傷病者必携 第二部 質疑回答」『県傷きずな』特集号、一九七六年一月、二頁。

(81) 川嶋健次郎「公務傷病恩給事務　十七年間を顧みて」『県傷きずな』第二九号、一九八九年一〇月、一二頁。

(82) 以下に『新潟県公文書簿冊目録　第五集（平成八・九年度移管文書）』（新潟県立公文書館、二〇〇〇年）掲載の請求番号・登録番号・表題年と簿冊表題を記しておく。以下引用の際にはこれらの請求番号と登録番号を記す。

H97福福‐32「昭14〔高田陸病　新潟県傷痍軍人〕1～37、1～22（恩給診断書）」。

H97福福‐45「昭15〔高田陸病　新潟県傷痍軍人〕1～116、117～213（恩給診断書）」。

H97福福‐46「昭15〔高田陸病　新潟県傷痍軍人〕215～317、318～421、422～504（恩給診断書）」。

H97福福‐47「昭15〔高田陸病　新潟県傷痍軍人〕505～574、575～670、671～770（恩給診断書）」。

H97福福‐64「昭17〔高田陸病　新潟県傷痍軍人会〕（恩給診断書）」。

H97福福‐85「昭18〔高田陸病　新潟県傷痍軍人会〕（恩給診断書）」。

H97福福‐141「昭20～昭26〔高田陸病　新潟県傷痍軍人会〕（恩給診断書）」。

H97福福‐409「昭27恩給診断書（高田陸院）」。

H97福福‐445「昭31恩給診断書（高田陸院）」。

(83) H97福福‐409。
(84) H97福福‐445。
(85) 陸上自衛隊衛生学校修親会編『陸軍衛生制度史〔昭和篇〕』原書房、一九九〇年。
(86) H97福福‐85。
(87) Paul Lerner, *Hysterical Men: War, Psychiatry, and the Politics of Trauma in Germany, 1890-1930*, New York: Cornell University Press, 2003, p. 225.
(88) 現在のPTSDの診断基準では、トラウマ体験から六ヶ月以内に発症とされているが、六ヶ月以上経過して症状が現れるものを遅発性PTSDとして区別している。
(89) キャシー・カルース編、下河辺美知子訳『トラウマへの探究―証言の不可能性と可能性』作品社、二〇〇〇年。
(90) 精神科医のジュディス・ハーマンは、単回性のトラウマを想定したPTSDの診断基準を批判的に検討し、長期的に支配関係に置かれ、繰り返しトラウマ体験を受け続けた人たちの症状をより包括的に理解するために、複雑性PTSDという概念を提唱している。複雑性PTSDについては、ジュディス・L・ハーマン、中井久夫訳『心的外傷と回復〔増補版〕』みすず書房、一九九九年、一八一―二〇一頁参照。

第四章

アジア・太平洋戦争と元兵士のトラウマ
――地域に残された戦争の傷跡――

戦時中、精神障がい者や頭部戦傷患者として傷痍軍人武蔵・下総療養所に収容され、重症であったり家族に引き取られなかったりした元兵士たちの多くは、戦争が終わっても引き続き国立療養所に残ることになった。これらの国立療養所に取り残された元兵士たちの戦後については、ジャーナリストによる先駆的な仕事が注目される。TBSのプロデューサーであった吉永春子は、一九七〇年・七一年・八四年の三回にわたる「さすらいの未復員」シリーズで国立武蔵療養所に残る精神障がい者を取材し[1]、国立下総療養所を取材した清水光雄は、『最後の皇軍兵士』という詳細なルポルタージュを出版した[2]。また、写真家の樋口健二の作品「忘れられた皇軍兵士」（一九七〇―七一年）は、アジア・太平洋戦争で心身に傷を負った元兵士たちの姿をおさめた貴重な記録である[3]。さらに、人文・社会科学領域で戦争精神疾患兵士の研究を切り拓いた清水寛の研究[4]でも、吉永の仕事に触発される形で国立療養所の患者への聞き取りを行っている。

これらの聞き取りの中でたびたび登場する「未復員」という言葉は、もともと戦後における戦傷病者援護の先駆けとなった「未復員者給与法」（一九四七年）に由来するが、それ以上の意味もこめられている。すなわち、彼らの心身を蝕む傷の深さであり、まさに彼らにとってはまだ「戦争が終わっていない」ということである。また、彼らが自らの傷を認識しようとせず、敗戦で日本が大きく変わったことも全く知らないかのように、過去の戦争体験の中だけで生きている、という意味である。

戦争と心の傷に向き合うことを阻まれていたのは、「未復員」だけではない。戦時中に軍隊における精神神経疾患が軍事医療において注目を集めたにもかかわらず、戦後は陸海軍の解体とともに彼らへの関心は消失してしまい、戦後も吉永や清水が何度か「未復員」について問題化する契機はあったものの、公的な戦争の記憶から彼らの存在は排除されていたと言えるだろう。序章でも述べた通り、一九九五年の阪神・淡路大震災と地下鉄サリン事件を契機に、日本社会で圧倒的な衝撃体験が人間の心身に及ぼす影響についての関心が広まるまで、いわば戦後五〇年以上もの間、戦争とトラウマの問題を社会が忘却し続ける「潜伏期間」(5)が存在したということである。

本章では、第1節で国府台陸軍病院入院患者の戦後の状況について確認した上で、この長期的な「潜伏期間」をもたらした要因を探るべく、戦後日本の精神医学や社会における戦争神経症の位置について分析する。その上で、第2節と第3節では、「潜伏期間」にあたる時期に、地域の精神医療の場に残された戦争の傷跡を考察し、これまで注目されてきた国立療養所以外の場に広く存在していた「未復員」の存在を浮かび上がらせたい。

本章で分析する資料は、公文書館で保存・公開されている戦後の精神病院の入院記録と、戦争体験者を診療した医師のオーラルヒストリーである。このような資料を用いた分析には、以下二点の意義がある。

第一に、冒頭で触れた「未復員」の取材や研究は、戦時中精神神経疾患の特殊治療施設とされた旧傷痍軍人武蔵・下総療養所の入所者を中心に進められ、総じて彼らを家族や郷里から切り離された存在として描いてきたが、実際には「未復員」たちは全国各地に存在していたものと思われる。第Ⅱ部第一章において筆者は、戦時中の精神疾患兵士の発生・移送の実態について分析し、少なくとも日本の総力戦期においては精神疾患兵士のうち内地に還送された者はかなり限定的であったことを示した。とりわけ、太平洋戦線における患者はほとんどが戦地でのではないだろうか。

治療も受けられなかったものと思われる。精神疾患を発症したものの戦地に取り残された人々の中には死亡した者も多かったと考えられるが、中には戦争が終わって生きて故郷に帰った人々もいただろう。これらの人々は、吉永らが対象とした国立療養所だけではなく、全国の他の精神医療施設で治療を受けたり、あるいは本書第Ⅱ部第三章二四七―二四八ページで紹介した精神障がい者の男性のように家族と生活したり、地域の中で生きてきたのではないだろうか。

第二に、「未復員」に関する諸作品は患者本人に対する聞き取りという手法を用いて行われてきたが、今日ではそうした手法が成立しにくい状況がある。まず、戦争体験者の多くが世を去りつつあるために、当事者に対する聞き取りが困難となってきており、文字資料を用いて戦争の歴史叙述を深めていくことが必要である。そのため本章では、公文書館で患者氏名等の個人識別情報をマスキングした上で開示された、戦後の精神病院の医療アーカイブズを利用する。こうした医療アーカイブズは、その専門性ゆえにこれまでの戦争史研究では着目されてこなかったと言えるが、定型のフォーマットに沿って記入され、組織的に残された大量のデータを利用することが可能である。

当事者に対する聞き取りのもう一つの難しさは、患者自身の沈黙という問題である。これは精神症状の重さゆえの場合もあれば、本章で明らかにするように、精神疾患に対する社会的偏見のために証言をためらう場合もあると考えられる。本章では精神病院の入院記録に加えて、戦争体験者の診療にあたった医師のオーラルヒストリーも分析することで、回想録や証言などの形で自ら言葉を残すことがほとんどなかった患者たちの戦後の状況を浮き彫りにしていきたい。

1　旧国府台陸軍病院入院患者の戦後

（1）　終戦直後の国府台陸軍病院

終戦直後の国府台陸軍病院の様子については、新井尚賢・斎藤茂太など何名かの医師が記述しているが、患者の病像変化については、一九四二年七月から終戦後約二ヶ月まで国府台陸軍病院の第五内科で勤務していた細越正一が詳細な記録を残している。[6] 細越は終戦後約三週間にわたって三五名の神経症患者を観察した。軍医たちは突然の終戦で患者が動揺することを恐れたが、「事態は予想に反して平穏」であり、「患者はただ一日も早く帰宅することを切望するのみ」であった。[7]

細越は、観察した患者を第一群（内地発病）二三名、第二群（外地発病）七名、第三群（再入院患者）五名の三種類に分類した。このうち、第一群は、岐阜県から送られてきた一例をのぞく全ての患者が国府台陸軍病院付近の部隊から送られてきた患者であり、病像は固定されておらず、「意識性が強かった」のだという。これに対して、第二群と第三群は病像が固定され、二次的な症状が現れていた。

観察の結果、病状を回復した者は一〇名で全体の二九％に相当するが、これをさらに各群に分けると、第一群が九名（九〇％）、第二群が〇名、第三群が一名（一〇％）であった。総じて、内地発病患者たちは回復が著しかったが、症状の固定した第二群と入退院を繰り返していた第三群は回復が認められず、むしろ第三群の二例は症状が悪化した。この事例が悪化した理由について、深刻な生活難が予期されることと、家族との不和を細越が挙げているのは重要であろう。軍事心理学者のデーヴ・グロスマンは、心的外傷後の反応の大きさを規定するものとして、最初のトラウマの強度だけではなく、トラウマを負った個人に対する社会の支援構造も極めて重要な因子となると指摘している。(8) 細越も、「全快に近い状態」で去っていった多くの神経症患者が、その後の「終戦による新たなコンプレックス」によって「悪化こそすれ病像の好転は望まれなかったと考える」と憂慮している。

（2）目黒克己による二〇年後の予後調査

細越の予測は、終戦から二〇年後の一九六五年に行われた目黒克己による調査で的中することとなった。当時、国立国府台病院及び国立精神衛生研究所に勤務していた目黒克己は、旧国府台陸軍病院に入院していた戦争神経症患者二二〇五名のうち、頭部外傷を合併した者をのぞき、一九四一年から一九四四年一二月の間に退院した者から二二五名を抽出し、このうち生存が確認された一七六名に対して予後調査を行った。(9)

調査は、まず二回にわたって質問用紙を郵送して行われ、回答が得られた者のうち、さらに家庭訪問を了承した者には直接の面接が実施された。しかし、郵送回答の返信率は、第一回が一七六名中一〇四名で五九・一％、第二回が一〇四名（第一回返信者）中三五名で三三・六％にとどまった。さらに「今後いっさいこのような連絡をしないでくれ、今回かぎりに願いたい」という返信が多く、家庭訪問による面接に応じたのはわずか二〇名にとどまり、距離の関係などで面接が実現したのは一三名であった。

第一回郵送法によって得られた知見は、以下の通りである。

①被調査者のうち、完全に症状がなくなり、さらに仕事も結婚もしている「社会適応群」は五六・七％であった。

②症状はほぼ消失し、医学的には治癒しているが、職もなく未婚のままであり必ずしも社会に適応していると

は言えない「社会不適応群」が一八・三％いた。

③まだ本人が過去の神経症が治ったとは考えていない「未治群」が二五・〇％いた。

つまり、戦後二〇年経っているにもかかわらず、全体の約四三％の人が社会に適応するのに何らかの問題を抱えている（と考えられている、もしくは本人がそう感じている）という結果が出たのである。

目黒は入院当時のカルテに記載された病名を、約二〇年後の診断基準で病像別に分類し直している。この病像別に見ると、入院時にヒステリーのような転換症状（失立失歩など平時の市民にみられるものより劇的・原始的な症状）や、不眠・幻覚・妄想・自殺を主とする精神症状を呈していた患者の予後が、自律神経症状や急性意識障害を主とする患者の予後に比べて悪かった。その理由として、転換症状を起こす患者には「ヒステリー人格」が多く、精神症状を示すのは「素因的なものの度合いの高い神経症群」であることを目黒は挙げている。ここでは、症状が固定化し、難治性の事例を患者の「人格」や「素因」の問題として説明しているが、本章の第3節では、患者個人の内面の問題ではなく、外部のトラウマ体験に注目した治療の試みを示す。

さらに、ここで想定されている「社会適応」とは、有職で既婚であることとほぼ等しく理解されていたが、精神疾患の「回復」とはそのような限定的な理解でよいのだろうか。生瀬克己は、戦時中の傷痍軍人援護が「勤労」と「妻帯」という当時の男性が「普通の市民＝一級市民」とみなされるための指標に大きく規定されていたことを鋭く指摘した[10]が、そのような障がい者の「社会適応」の理解と恐らく無関係ではなかっただろう。

（3）　戦後日本社会における戦争神経症の位置

現在から見ると以上のような再考の余地はあるが、戦後日本社会において戦争神経症患者の予後調査を行った例は、目黒の調査を除いて存在しない。また、日本の精神医学では長らく内因性疾患である精神分裂病（現在は統合失調症と呼ばれる）の研究が主流であったが、目黒の研究は戦争によるストレスに着目した先駆的な研究であった。

とりわけ強く印象に残るのは、患者の多くが調査を受けること自体を拒否したことである。これは戦後日本社会における戦争神経症や精神疾患患者の置かれていた位置と無関係ではないと思われるので、以下では調査を行った目黒克己へのインタビュー[11]に基づいて、この点をさらに掘り下げて考察したい。

目黒が戦争神経症の研究を始めたきっかけは、国立国府台病院で受け持った一人の「未復員」患者（生活給付金や医療費も国費で出していた）であったという。入所した当時の所長は宮崎達博士であった。目黒が勤務したのは四〇床神経科病棟と呼ばれる木造建ての病棟で、ここは「加藤正明[12]先生を始め戦時神経症患者を治療していた伝統のある病棟だった」と目黒は振り返る。目黒と看護助手の若い女性以外は軍歴があり、軍医として召集されていた人も多く、国立国府台病院には「硫黄島会」というものもあった。

目黒が患者と面接した時の様子を聞くために、筆者は「戦時中に国府台陸軍病院に入院していたことは、どのような経験として被調査者に記憶されていましたか」と質問した。これに対して、目黒は以下のように回答した。

現在はそうでもないですが、調査した時点では精神病患者に対する差別があり、精神病であるということだけで日本の社会の中で切り離されていましたね。たとえ症状が軽くても本人も親族も言わないし、言えば就職も結婚もできない、出世もできないというのが普通でした。彼らは精神病であるということ自体を恥と考えていたし、その延長線上で返事をしない人々が多数いました。調査の依頼の葉書には「当時貴方が〇〇年から〇〇年にかけて入院していた国府台陸軍病院の当時の状況についてお知らせください」とのみ書いて慎重を期しましたが、それでもダメでした。会ってくれた人も、完全に部屋を閉め切った状態で話を聞きました。たとえ治ったとしても、過去に精神病であったことは絶対に人には話さなかったようです。例えば戦後になって結婚した人も、家族には話していなかったんじゃないでしょうか。

目黒の証言からは、かつて国府台陸軍病院に入院していた人々が、精神疾患への社会的偏見のために戦時の入院体験すら語ることが困難であった状況がわかる。家族や社会に向けても語られず、当事者にも認められずに闇へと葬り去られた戦争のトラウマは、恐らく目黒の調査の対象者以外にも存在したことだろう。

次に筆者は、戦後日本の精神医学界や一般社会で戦争神経症がどの程度認知されていたかについても尋ねた。目黒によれば、「戦争神経症」という言葉は「精神医学の専門家だけで使われていた言葉」であり、人口に膾炙した言葉ではなかったという。さらに、精神医学界で目黒の研究がどのように受け止められたかについては以下のように語った。

「戦争」とついていれば全て悪いものというのが日本中の常識でした。「反体制」の人びとは、戦争神経症の研究に対しても批判的で、「国府台の医師達も物好きだ」という感じで、戦後の精神医学界の中では「右寄り」だと言われましたね。精神医学は内村祐之[13]以来左翼的な流れで〔医学の中でも〕疎外されていて、その中でさらに戦争について研究していたら「あー何やってんだ」という感じで無視されましたよ。だから当時戦争神経症について発表したら驚かれました。〔目黒の研究報告を〕関心を持って聞いていたのは、調査対象になった国府台陸軍病院の患者のカルテを書いた主治医ばかりでしたね。

こうした戦争神経症への無関心の背景には、日本の精神医学において長らくストレスが軽視されてきたことがあると目黒は指摘した。ストレス学説自体は、内分泌学者のハンス・セリエ（Hans Selye 1907-1982）が一九三〇年代以降研究を進め、一九五〇年に提唱したものなので、当時としては比較的新しい概念であったと言えるだろう。目黒は当時からストレスと精神障がいという観点から戦争神経症に関心を抱いており、「日本のストレス研究の中では変わっていた」という。

戦後二八年目にグアム島から残留日本兵の横井庄一が帰還した事件があったが、目黒によればアメリカではこのような事件が起きると精神科医も救出に行くのが一般的であるにもかかわらず、日本では内科医が行き、精神科医を出さなかった。その理由は、「一般社会はストレスに関する知識が低く、精神科医は精神病を診る医師であり、帰還兵を精神病扱いには出来ないということでした」と目黒は語った。その当時、目黒は厚生省の行政官だったため、内村祐之や土居健郎[14]らに「なぜ精神科医を派遣しない」と批判されたが、「あなた方は日本の精神医学界の指導者として、ストレスや神経症を軽視してきたじゃないですか」と反論したという。目黒によれば、「精神分裂病を診るのが本物の精神科医だ」という風潮が根強くあり、ストレスに起因するものは長らく軽視されてきた。

このようなストレス軽視の研究状況に加えて、前述のような戦後日本社会で広く見られた軍隊と戦争に対する強い忌避感は、アカデミズムのあり方をも規定するものであった[15]。国府台陸軍病院の院長であった諏訪敬三郎は、「この種の研究は公表すると必ず差し障りがあるので、五〇年は口を閉じていた方が良い」と目黒に伝え、目黒はその後様々な取材依頼が来ても一切拒否していたという。心的外傷の歴史を記したジュディス・ハーマンは、「歴史は心的外傷をくり返し忘れてきた」と指摘したが、戦後日本における軍隊と戦争に対する拒否反応は、戦争神経症を研究の主題とすることすら躊躇させるものであり、その歴史を忘却することにつながったと言えるだろう。

2　神奈川県の精神病院に入院した元兵士たち

（1）使用する資料について

以上、国府台陸軍病院の患者の戦後の状況を見てきたが、戦後、精神疾患を発症した復員軍人の中には、全国各地の精神病院を利用した人々もいたと考えられる。本節ではその一例として、一九五〇〜六〇年代における神奈川県の精神病院入院記録を分析し、患者の戦時〜戦後の状況や、復員後の心身の変化、家族との関係を明らかにする。

今回用いた入院記録は、神奈川県立公文書館所蔵の以下のものである。[16]

・「昭和二七年精神障害者入院許可関係綴」（以下、「資料群①」と表記する）

・「昭和三四年精神障害者診察保護申請関係綴」（「資料群②」）

・「昭和三七年度精神障害者措置入院関係書類（二冊の一）」（「資料群③」）

また、「資料群③」については、「昭和三七年度精神障害者措置入院関係書類（二冊の二）」というファイルの中に、重複すると思われる四例（症例22・23・33・34）の医療保護申請書類が存在したため、適宜参照した。これらの資料には多くの個人情報が含まれているため、同文書館では、氏名・住所・誕生日など個人を特定できる情報をマスキングした上で公開している。[17]

当時の精神病院の入院形態について確認しておくと、一九五〇年五月一日公布の精神衛生法により、「病院以外の場所に精神障害者を収容」することが禁じられ、私宅監置が禁止された。その代わりに定められたのが、措置入院制度と同意入院制度である。

措置入院は都道府県の知事の権限による強制入院であり、知事は、指定医の診察の結果、「精神障害者であり、かつ、医療及び保護のために入院させなければその精神障害のために自身を傷つけ又は他人に害を及ぼすおそれがある」と認めた時、国・都道府県立精神病院または指定病院に入院させることができた[18]。同意入院は精神障害と診断され、医療および保護のために入院が必要と認められる場合、患者本人の同意がなくても保護義務者の同意で入院させることができ、一種の強制入院とも言われる[19]。上記資料は、入院の形態という点では資料群①と③が措置入院、資料群②が同意入院に分類される。

各資料群に記録が残された人数は以下の通りである（括弧内は本書の対象となる男性の人数）。資料群①…九（八）人、資料群②…六六（四三）人、資料群③…三四九（一九六）人。このうち軍歴が書いてある者四一名を抜き出し、その中で頭部外傷、進行麻痺、脳膜炎後に精神障がいが見られた六名を除外した三五名についての分析を行った。三五名の患者に関する情報は、表30・31（二七四―二七六ページ）の通りである（措置入院か同意入院かで書類の項目が異なるため、入院の形態によって分類した）。なお、軍歴について記載はないものの出生年から見て軍歴がある可能性が高い例も少なからず存在するが、断片的な資料から判断するのは困難であるため、本章では取り扱わない。また、この病がどのように記録されるかということは、戦争・軍隊経験が人間の精神に与えるインパクトについて、記録する側（医師）や、患者の情報を提供する側（患者自身や家族）がどのように認識しているかということにも関係すると思われるが、その点についても最後に考察してみたい。

（2）患者入院記録の分析

まず発症の時期について確認しておくと、①戦時中に精神疾患を発症し、戦後再発あるいは継続している者が一一名、②終戦後に発症した者が二三名、不明が一名である。以下ではまず、①のグループの戦時中の入院状況について確認し、その後①と②のグループの戦後の入院状況について考察する。

①　戦時中の入院状況

〈戦時中の神奈川県の精神病院〉

戦時中に精神神経疾患を発症した兵士の治療施設として、これまでの研究では国府台陸軍病院のみが注目を集めてきたと言ってよいが[20]、陸海軍病院以外の病院に入院する患者も存在した。

例えば［患者3］は、小児期特に著患なく、尋常科六年を中等度の成績で卒業。性質は「やや我儘な所」はあるが、交際も良く快活な方であった。家業の漁業に従事していた一六歳の頃、「精神異常」があった。この時は自然に治癒したが、上海事変に応召して帰還後に再び「精神異常」があった。家業を怠り不機嫌で外出徘徊がちとなり、常に家人に乱暴行為をくり返し、時に附近の家に水をかけたり留守中の他家に上り放尿した。一時警察にも保護され、一九四一年一〇月、鎌倉脳病院（現在の医療法人社団清心会　藤沢病院）に入院した。退院後も症状は一進一退であり、一九四二年〜四三年にも再入院している。復員後は、精神鑑定が行われる二ヶ月前の一九五二年七月頃までは比較的よく仕事もしていたが、その頃から不眠、真夜中の徘徊、独語が続いていた。鑑定の結果、措置入院の必要ありと判断され、鎌倉脳病院に入院することとなった。

発　病　年	鑑　　定　　結　　果
復員後	自他の安全に危険を及ぼす惧れが充分にあるため，相当長期間，適当な施設に収容され，保護，指導，訓練を受ける必要を有する．
戦時中	覚醒剤の脱慣には最低二週間前後の隔離観察を必要とするため約一週間収容されるのが自他の安寧を保つために必要である．彼の将来については適当な監督・指導を要するが，これを長期間精神病院に収容するのは至当ではない．
戦時中	精神分裂症に罹患し，相当陳旧性のものにして人格崩壊状態にあり．現在夜間不眠，不安，外出，徘徊等の行為あり．且つ病識は全然欠如せるため，当分入院加療の要あるものと認む．
1953 年	要措置（12 ヶ月以上）
1951 年	要措置（1 年以上）
1945 年(戦後)	要措置（1 年以上）
1959 年	要措置（1 年以上）
戦時中	要措置（6 ヶ月）
1945 年(戦後)	要措置（1 年以上）
1947 年	要措置（1 年以上）
1945 年	要措置（1 年以上）
1960 年	要措置（1 年以上）
1946 年	要措置（1 年以上）
1939 年	要措置（1 年以上）
1945 年(戦後)	要措置（1 年以上）
1945 年(戦後)	要措置（1 年以上）
1941 年	要措置（1 年以上）
1943 年	要措置（1 年以上）
1946 年	要措置（1 年以上）
1955 年	要措置（1 年以上）
1959 年	要措置（1 年以上）
1945 年	要措置（1 年）
1955 年	要措置（1 年）
1951 年	要措置（12 ヶ月）
1953 年	要措置（12 ヶ月）
1950 年	要措置（12 ヶ月）
1940 年	要措置（12 ヶ月）
1958 年	要措置（1 ヶ年）
1945 年	要措置（1 ヶ年）
1952 年	要措置（1 ヶ年）
不　明	要措置（6 ヶ月）

表30　措置入院患者一覧

患者No.	資料群No.	生年又は年齢	診断名	職業	結婚
1	1	1952年診断 時点で30歳	精神病質 （意思薄弱性）	呉服商	既婚 （二度離婚）
2	1	1924年	覚醒剤中毒性精神病	無職	既婚
3	1	1952年診断 時点で52歳	精神分裂症（ママ）	漁業	既婚
8	3	1925年	精神分裂病	無職	不明
9	3	1919年	精神分裂病	無職	既婚
10	3	1917年	精神分裂病	無職	不明
11	3	1924年	精神分裂病	無職	不明
12	3	1915年	精神分裂病	漁業	既婚
13	3	1925年	精神分裂病	無職	不明
14	3	1915年	精神分裂病	工員	不明
15	3	1926年	精神分裂病	人夫	不明
16	3	1918年	精神分裂病	日雇人夫	不明
17	3	1924年	精神分裂病	駐留軍傭兵	不明
18	3	1913年	精神分裂病	無職	不明
19	3	1923年	精神分裂病	無職	既婚
20	3	1917年	精神分裂病	農業	不明
21	3	1917年	精神分裂病	無職	不明
22	3	1916年	精神分裂病	農業	不明
23	3	1925年	精神分裂病	無職	不明
24	3	1925年	精神分裂病	農業	既婚
25	3	1925年	精神分裂病	農業	既婚
26	3	1925年	精神分裂病	新聞販売業	不明
27	3	1923年	精神分裂病	鍛冶工	不明
28	3	1913年	精神分裂病	工員	不明
29	3	1922年	精神分裂病	元工員	不明
30	3	1922年	精神分裂病	船員	不明
31	3	1915年	精神分裂病	農業	離婚
32	3	1921年	精神分裂病	農業	既婚
33	3	1926年	精神分裂病	無職	不明
34	3	1919年	精神分裂病	無職	不明
35	3	1905年	老人性精神病？	無職	妻子戦災死

表31　同意入院患者一覧

患者No.	資料群No.	生年又は年齢	職業	結婚	発病年	申請者	保護義務者
4	2	1925年	家具職人	離婚	1946年	母	母
5	2	1901年	漁　業	既婚	1942年	地区担当民生委員	妻
6	2	1921年	無　職	未婚	復員後	実兄	実兄
7	2	1917年	不安定	離婚	1955年	ケースワーカー	知人医師

一九三一年設立の鎌倉脳病院は、一九四二年から軍人の入院が増加した。[21] また、日本で五番目の公立精神病院として一九二九年に設立された芹香院（きんこういん）（現在の㈱神奈川県立病院機構　神奈川県立精神医療センター）には、一九四四年に入ると野比海軍病院で「一日中、さかだちのしっぱなしとか全く動かないというはでな病像をもつ患者が続出した」ため、溢れた患者が回されてきた。芹香院では、軍人の患者は一般の患者に比べて、治療や入浴、食事などの面で優遇されていたという。さらに、こうした患者の間には軍隊の規律が残されており、盗食をしたり集合時間に遅れたりした患者は、下士官クラスの患者に「軍人精神注入棒」で尻を五〇〜六〇回殴られるというしごきを受けた、と当時の職員は証言している。[22] 海軍には国府台陸軍病院のような精神神経疾患専門の病院はなかったが、国府台陸軍病院の軍医であった斎藤茂太の回想によれば、一九四二年頃、野比海軍病院に精神病棟ができたとのことであり、中には近隣にあった芹香院のような民間の治療施設に転送されたケースもあったようである。[23]

〈戦争で心身を傷つけられた兵士たち〉

以下の事例からは、長期にわたる戦争の中で複数回にわたり召集を受け、心身を傷つけられた人々の姿が浮かび上がってくる。［患者21］は無口でおとなしく、高等小学校卒業後実業補習学校に通い、大工として働いていたが、一九三七年五月に召集を受けた。中国戦線で左臀部と左下腿に銃創を受け復員したが、一九四二年七月に再召集を受け、一九四三年四月に召集解除となった。その頃から家で寝てばかりいた。高等小学校卒業後農業をしていた［患者22］も二度の召集を受け、二八歳（一九四四年頃か）から独語・空笑・外出徘徊・不眠・粗暴行為・衝動行為があった。医療保護の申請書類を見ると、一度目の帰郷時から「精神に異状をきたして」いたという。

複数回の戦地派遣の問題は、現代においてもアフガニスタン・イラク戦争へ送られた米兵の心身を蝕んでいることが指摘されている。二〇〇九年五月の時点で戦地へ送られた米兵は約二三〇万人、そのうち約一〇〇万人は二回以上派遣されていた[24]。兵員の供給に苦しむアメリカ国防総省は、外傷性脳損傷や心的外傷後ストレス障害（PTSD）などの医学的に戦闘不適格と認定された兵士までも再度戦地へ派遣してきた[25]。かつてないほど多くの兵士が戦地へ送られたアジア・太平洋戦争期の日本は、こうした心身のリスクと「いつ戦地へ送られるかわからない」という恐怖を強いられる社会であったと言えるだろう。第Ⅱ部第一章で述べてきた通り、「兵士であること」は、まさしく細越正一が述べたごとく「拘禁状態」に近い環境に身を置くということであった。

また、戦時中に数多く生み出された「傷痍軍人」には、「傷痍軍人五訓」に示されるような「再起奉公」が求められていたが、以下の事例は、それが困難であった人々の存在を浮き彫りにする。［患者5］は真面目な工兵上等兵だったが、右眼負傷のため失明、除隊となる。帰還後結婚、三人の子どもが生まれる（うち一人死亡）が、春秋には眼の痛みを訴え、痛み出すと焼酎を飲むことが多くなった。漁により生計を立てていたが一九四二年頃から「異常」があり、一九四三年頃から鎌倉脳病院に三、四回入院した。最後の退院は一九五四年四月頃でそれからは医療をうけていない。退院後は落ち着いて漁に出たり山へ薪木を取りに行ったりしていた。一九五八年一二月以降は漁にも出ず終日酒を呑んでいることが多くなった。

一家の収入は患者の軍人恩給（月三二五〇円）のみで「生活費　不足」と記録されているが、軍人恩給について記載があったのはこの患者のみであるため、恐らく精神疾患ではなく戦傷による失明に対して支給されていたものであると思われる。日中戦争以降、国策として傷痍軍人との結婚が奨励され、[26]当時の新聞には傷痍軍人と結婚した妻の献身的な働きぶりを讃える記事が掲載されているが、この事例からは、そのような「美談」が実際の傷痍軍人やその妻の直面した困難を削ぎ落とした上で描かれていたことがわかる。

〈応召前に精神病院への入院歴がある例〉

徴兵検査の際、「精神の異常ある者」は原則として丁種で不合格となったが、[27]在郷軍人の健康状態に関しても、軍が各市町村役場に作成させた「在郷軍人名簿」と呼ばれる簿冊で管理されていた。[28]この名簿で精神病院への入院歴まで管理していたかは不明であるが、今回分析した資料の中には応召前に精神病院への入院歴がある事例が二例あった。

［患者18］は二七歳で精神分裂病を発病し、慶應病院に一ヶ月入院していたが、一九四三年九月応召し、中国北部に従軍、すぐ精神分裂病となり旅順の陸軍病院に入院した。また、［患者31］は一九四〇年頃から精神沈鬱となり自殺念慮があった。一九四一年頃、約一年間芹香院に入院していたが、一九四四年召集された。第Ⅱ部第一章一〇七ページで指摘したように、一九四〇年の徴兵身体検査の基準の緩和により、精神病院への入院歴がある人々が徴集・召集されるケースが増加した可能性は否定できないだろう。

第Ⅰ部第二章で見てきた通り、国府台陸軍病院の院長であった諏訪敬三郎は、戦後直後に発表した「今次戦争に於ける精神疾患の概況」という論文の中で、戦時軍隊内の精神疾患は「戦争の為（ため）新に発生するもの」と「異常者が入隊後環境順応困難となり或は症状増悪して発見せられた者」の二種類存在するが、数・質の点で実際上重要なのは後者の方であると結論づけた。

心的外傷の表出の仕方・受け止められ方については、外的環境からの脅威・圧迫の質や強度と内的な素因（遺伝や過去の生育史・生活環境など）[29]のほか、外傷的な出来事が起こったコンテクスト[30]や体験後の周囲のサポート[31]といったその人の置かれた文化・社会的状況など様々な因子が指摘されており、これらの要素が複合的に関わっていると思われる。そのような視点に立つと、この諏訪の総括はやや単純化し過ぎていると言えるだろう。また、入営前の素因を重視する立場に立つとしても、すでに精神病院への入院歴がある人物が戦地で精神疾患を発症したとすれば、選兵の際のスクリーニングが機能していなかったということであり、軍の行政管理に問題があったと言えるだろう。清水寛は本来兵役を免除されるはずの知的障がい者までもが戦地に送られたことを指摘したが[32]、これは軍事医学的に軍務に適さないと考えられるような人々にも依存せざるを得ないほど日本の軍隊が構造的な問題を抱えていたことを示している。このような「帯患入隊者」は、疾病と戦争との関連性を軽視されてしまい、兵役義務の履行に伴う精神的・身体的負担に対する国家の責任が免責されることにつながったと言えるだろう。

〈「**疾病利得」と結びつけられた「戦時神経症」**〉

第Ⅱ部第三章で見てきた通り、戦時中に「戦時神経症」の発症要因を分析した国府台陸軍病院の桜井図南男は、神経症は何らかの目的を持っている「心因性反応」であり[33]、患者が病気を望むのは病気になった方が都合がよいからであると説明した[34]。

［患者2］は、高等小学校卒業後、軍属・工夫として南方へ行き、一九四四年兵役に服したが、朦朧状態を発して精神病舎に収容され、兵役免除となった。戦後この患者の精神鑑定を行った医師は、「彼のこの状態は心因

動機があって発したものと推定される」と記録しているが、この「心因動機」とは恐らく桜井が考えた神経症の発症メカニズムと同様であろう。国府台陸軍病院の軍医たちは、患者が病気を望む動機とは、具体的には兵役免除や「不当な」恩給の要求であると説明した。しかし、戦争終結後、陸海軍省は解体され、一九四六年二月の勅令第六八号により、重度の傷病者に対する傷病恩給を除いて軍人恩給は廃止された――すなわち、戦後発病することで得られる「疾病利得」はなくなってしまった――にもかかわらず、この症例も含めて、戦争が終わってもなお継続する精神疾患が存在したのである。

②復員者の戦後の入院状況

以下では、三五名の患者の戦後の入院状況や症状、家族との関係などについて考察する。患者の職業は、一四名が無職で、その他は何らかの職業が記入されていたが、人夫などの不安定な仕事を転々としていたり、体調が良い時に漁業や農業などの家業を手伝うという事例もしばしば存在した。また、婚姻については、内縁関係を含めて既婚が一〇名、離婚・死別が四名、他は不明であった。

〈復員後の心身の変化〉

復員後に発病した者の発病時期は、復員直後〜一九六〇年まで様々であった。前述の患者18と31以外の患者は精神科の既往歴がなかったが、復員後彼らの心身には様々な変化が現れた。一九四六年ニューギニアより復員した［患者23］は、復員直後から神経質で夜間不眠があり、一九五〇年頃から怒り易く器物破壊、夜間不眠、嫌人的、一九五一年春頃から話がまとまらず誇大妄想が見られた。独語空笑、家人に対する暴行行為も認められ、外出徘徊をして手におえなくなり、一九五一年冬に入院した。その後も時々昏迷状態となり、衒奇行為、幻聴や誇大妄想があり、「自己主張強く理解悪く」、易怒、亢奮、暴行等を繰り返した。

また、一九四四年に満州に出征した［患者10］は、一九四五年帰国後、約二年半無為、屎尿失禁、多食傾向があり、一九四六年からは独語、衝動行為、しかめ顔、常同症が現れた。一九四九年からはモーター会社で働くようになり、通勤は比較的良好の様子だったが、年収のうち三ヶ月分程度しか家計に入れず、使途不明の浪費をなして徘徊するようになった。一九五一年に理由なく会社を退職し、その直後から以前の独語に加えて、不潔、不穏、不眠症状が現れ、受診に至った。電撃療法により独語、しかめ顔、無為以外の症状がほぼなくなったため、外来通院を中止した。しかし、一九五二年から再び不眠、独語、空笑、衝動的暴行、徘徊、器物破壊、暴行等があり受診することになった。

［患者1］と［患者2］は覚醒剤中毒の事例である。覚醒剤は戦時中航空兵に対して使用されていたが、戦後巷間にも流れ出て社会問題となり、一九五一年六月には覚醒剤取締法が施行されるに至った[35]。このような嗜癖がどの程度復員兵の間に存在したかは明らかでないが、薬物乱用が問題となったヴェトナム復員兵の社会適応に関する研究では、アルコールや薬物の乱用者の場合、「他の復員兵のサンプルでは認められるような多くの症状が隠されてしまっているという可能性はある」と指摘されている[36]。

［患者1］は一九四五年六月三重航空隊において飛行機が不時着した際に衝撃を受け、その後人柄が一変して感情暴発の反応を示すようになり、殊に飲酒後には異常酩酊の状態となってたびたび興奮・暴行するようになった。暴行は年々悪化していたため、横浜脳病院（現在の公益財団法人紫雲会　横浜病院）に入院中、神奈川県知事宛に、「完全治癒しない限り収容施設から退院させない様に」と家族や近隣住民を含む計一九名の者から連名で

嘆願書が提出されている。

〈自己及び他者への攻撃性〉

このように、復員兵には様々な心身の変化が見られたが、特に顕著だったのは三五名のうち二五名の患者において、自己又は他者あるいは両者への攻撃が見られたことである。今回分析した多くの事例は「自傷他害のおそれがある」という理由で入院に至った措置入院のケースであるので、そのような点で資料のバイアスがあることは考慮しなければならない。しかし、兵士として「人を殺せる」ようにトレーニングされ、死を前提とした日々を送っていた人々が再び市民社会に適応するためには、様々な困難を伴ったと考えられる。

暴力的であることは、軍隊においてはある意味で生存技術であるが、市民社会においては許容されない。ヴェトナム復員兵の経験した情緒的混乱について論じたシャータンがいみじくも指摘したように、「軍隊の現実が市民の現実にとって代る時、感情や行為や認知のスタイルも変化する…この新しい認知の仕方、体験の仕方を身につけるということは人格の完全な変容を意味する」のである[37]。

さらに、暴行の対象は、ほとんどが家族（とりわけ妻）である。敗戦後の日本社会を「虚脱」というキーワードで鋭く論じたジョン・ダワーは、戦後の犯罪発生率について、「警察の記録を見ると、降伏後の無法状態はそれほど深刻ではなかったとの印象を受ける」と述べているが[38]、ここでは親密な領域における暴力は見落とされてしまっている。また、今回見てきた事例では、暴力をふるった夫の方は治療を受けていても、暴力をふるわれた妻に対するケアは行われていなかった。

〈病名・症状と医療記録の残し方〉

今回分析した措置入院患者三一名のうち二八名は、表30に見られるように「精神分裂病」（現在の統合失調症）と診断された。また、「精神分裂病」の症状とされる幻覚と妄想は、二二名と多くの患者に見られた。

こうした「精神分裂病」と診断された患者の中に、現在の診断基準ではＰＴＳＤとされるような人々が含まれているのではないかということが、近年トラウマ研究者から指摘されている。戦争神経症・ＰＴＳＤに関する数多くの欧米の研究書を翻訳してきた中井久夫は、多くの戦争神経症患者が統合失調症として治療されてきた、というアラン・ヤングの指摘をふまえた上で、統合失調症の特徴的な症状とされる幻覚症状が、ＰＴＳＤのフラッシュバックではないか、と指摘している[39]。また、沖縄戦を体験した高齢者の診療経験から、『沖縄戦と心の傷』をまとめた蟻塚亮二も、「喪失体験やトラウマ反応の結果としての幻聴や、視覚のモノトーン化など『トラウマ後の知覚の変容』はとても多い」と指摘している[40]。

今回分析した事例の中にも、不眠、理由もなく怒り出す、仕事がまとまらない（集中困難）、衝動行為などＰＴＳＤの過覚醒（過度の緊張や警戒が続く状態）症状に類似した症状が三〇名、感情鈍麻、嫌人、無為、寡黙などＰＴＳＤの否定的認知・気分（強い情動に耐えられなくなって感情を感じなくなり、心が萎縮してしまう現象（麻痺）と、自己・他者・世界へのネガティブで強固な思い込み（否定的認知））に類似した症状が二三名存在した。

一方、回避（トラウマ体験と関連するものやトラウマを思い起こさせるものを持続的に避ける行動）に該当しそうなものは記録されていなかった。再体験（事件の時の記憶や感覚、その時見たものや聞いた言葉・音、においや味、触覚や身体感覚が甦ってくること）も、［患者33］のみである。［患者33］は小学校卒業後、満蒙開拓青少年義勇兵となり、今回の調査対象者の中では最年少である。発病は一九四五年頃とされており、一九四八年国立国府台病院でロボトミー手術を行った。一九五八年神奈川精神病院に入院した時には、無為・自閉・幻聴・妄想・独語・拒絶症を示しており、「現在も飛行機の音を聞くと興奮する」と記されている。

また、今回分析した資料は入院時の状況を記した資料のため、幻覚・幻聴の内容は詳しく書かれていないが、「隣人を人殺しして防空壕の中に沢山死体がある」（［患者31］）、「人が自分を殺す」（［患者32］）など、戦争の影響をうかがわせる妄想も存在した。

ここで重要なのは、医師がその症状が重要だと考え、患者や家族からの情報がなければ症状に関する記録は残らないということである。当時はＰＴＳＤの診断基準がなかったため、当然、そのような観点から症状は記録されず、精神分裂病との鑑別診断も行われない。ＰＴＳＤの症状の中でも、過覚醒や否定的認知・気分は、比較的対人関係に影響を及ぼす症状であるため記録に残される可能性が高いが、回避や再体験などの症状は、患者が言語化しなければ記録に残りにくいと思われる。

さらに指摘しておきたいのは、戦時中の軍病院の診療録は、入院前の生活歴に加えて戦闘・軍隊体験について記すことが定型化されていたが、戦後数十年経ってから残された医療記録の場合、そうした具体的な記録はあまり残らないということである。ヴェトナム復員兵の家族療法について研究したスタントンとフィグレーは、「退役軍人管理局内外での精神衛生にたずさわる大部分の人たちは一般的な軍隊体験や、特に戦闘体験についてクライエントに尋ねることは稀である」と指摘している。[41] 本節で扱った精神病院の入院記録では、措置入院の場合二名の医師による精神鑑定書が書かれたが、同じ人物に対して一人は軍歴について書いているのにもう一人は書いていないというケースも存在し、片方について軍歴が書いてある場合は検討の対象としたが、両方とも軍歴が書いていない場合は対象から外した。

このように、戦闘・軍隊体験に関する記述がかなり限定的であり、かつ現在とは診断基準の異なる時代の精神病院の記録を用いて、現在の基準でのＰＴＳＤの遡及的診断を行うことは困難であると思われるが、一九五〇～六〇年代の神奈川県の精神病院の入院記録には、断片的な形で戦時中の精神医療の状況や復員後の心身の変化が記録されていた。次節では、本節よりももう少し後の時期である、一九八〇年代以降の統合失調症患者を主な対象とした臨床現場に目を向け、一九九五年以降のトラウマ概念の社会的関心の高まりを経た変化も踏まえた上で、トラウマの「潜伏期」の診療記録には残されなかった戦争の傷跡を浮かび上がらせてみたい。

３　臨床の場に現れた戦争の傷跡

(1)　聞き取りの対象者について

本節では、戦後山形の精神病院で診療を続けてきた精神科医の五十嵐善雄[42]への聞き取りに基づき、臨床の場に現れた戦争の傷跡について考察する。

五十嵐の臨床経験が戦後日本社会に残されたトラウマを考える上で重要な理由は二点ある。第一に、五十嵐は長年統合失調症のリハビリテーションに関わってきた医師であり、一九九五年の阪神・淡路大震災以降はトラウマやＰＴＳＤの理論にも大きな影響を受けるようになった。そのため、前述の統合失調症とトラウマの問題について、実際の診療経験に基づいた見解を聞き取ることができるのではないかと考えられる。五十嵐は研修医時代から現在に至るまで臨床の場で出会った戦争体験者とともに年齢を重ねており、患者をとりまく精神保健福祉の状況の変化も明らかにできるだろう。

第二に、五十嵐が長年フィールドとしてきた山形という地域と戦争の関係性である。後述するように、山形からは兵士として戦場へ送られた人々だけではなく、満蒙開拓団として満州へ渡った人々も数多く存在した。また、山形には一九七〇年代以降深刻化した東北農村の過疎化・少子高齢化・後継者不足解消のため、いわゆる「外国人花嫁」が多数定住するようになった[43]。五十嵐も臨床の場でそうした人々と出会っており、断片的ではあるが兵士以外の戦争体験者や日本による植民地支配・軍事占領を受けた地域の出身者のトラウマについても浮き彫りにできると思われる。

（2）満州引揚者と外国人花嫁について

一九八四年に五十嵐が二年目の研修医として赴任した医療法人二本松会上山病院（以下上山病院）は、山形県内の精神科としては最も古い二本松会山形病院の収容施設型の分院として一九五六年に設立された。同院では設立当初から作業療法やレクリエーション療法が盛んであり、一九七〇年代から病棟の開放運動が進められた。また、一九六四年には患者自治会である「つくし会」が結成され、一九六五年一月には、同年九月の全国精神障害者家族連合会（全家連）結成に先駆けて家族会が結成された[44]。

五十嵐が上山病院で任されたのは、慢性の統合失調症の人々が長期入院している病棟であった。研修医時代は「どう診ていったらいいかわからなかったので、とにかく〔患者や家族の〕話を聞く」という姿勢で向き合っていたが、一九八五年～八九年に勤務した国内初の公立のデイケアセンターである北九州市立デイケアセンターで、五十嵐の指導医師であった坂口信貴から家族歴の聞き方などを学び、再び上山病院に戻ってきてからの診療でも九州での経験が活かされたという。家系図を描きながら、三世代あるいは四世代まで遡って丹念に話を聞いていく中で、五十嵐は地域に残された戦争の傷跡の多さに気づくことになった。

上山病院の家族会では、年に一度、患者や家族が病院関係者とともに一緒に温泉に行く機会があり、五十嵐は好んで参加していた。ともに温泉に入り、お酒を飲んだり漬物を食べたりしながら交流を深める中で、「うちの息子は、戦争に行って、悲惨な目にあって、発狂して、戻ってきた。それ以後、元のような状態に戻れない」というような話を、家族は「割合とざっくばらんに」話してくれるようになったという。病院のある上山市は、古くから湯治場として栄え、市内の至るところに安い公衆浴場が設置され、一九九〇年代でも患者が障害年金だけで十分に単身生活が可能な家賃二万円前後の安価なアパートがまだ残っていた。(45) こうした社会資源は、戦争のトラウマを抱えた地域社会のレジリエンス（逆境をはねかえす力）を補強する役割を果たしていたと言えるだろう。また、慢性の統合失調症患者は自分の成育歴や病歴のことをあまり話さないため、五十嵐が戦争の爪跡に気づいていく上で、家族会が非常に重要な役割を果たしていたことが窺える。

こうした家族会の集まりの中で、研修医時代の五十嵐は、統合失調症の娘を持つある女性から話を聞いてほしいと言われた。五十嵐はこの女性から、「このことは人に話してもいいけれども、私と娘が死んでからにしてくれ」と念を押されて、ずっと心の中にしまってきたが、「二人とも亡くなったからね、今は話せる」と、筆者に語ってくれた。

この女性は姉妹で満州の開拓団に行っていたが、引き揚げ時に、妹だけロシア人につかまえられ、レイプされて殺されたという経験があった。彼女はずっとそのことを忘れようと思ってきたが、自分の娘が成長するにつれてどんどん妹に似てきたという。そして、その娘が統合失調症になり、具合が悪くなると「助けてー」と言うようになった。彼女は、その時の娘の声が、妹がロシア人に無理矢理連れて行かれた時の「助けてー」という声とそっくりだと言い、「私は妹も救えなかったし、ましてや娘さえも救えなかった」と語った。

この話からは、妹がレイプされ、殺されるのを目の当たりにしながら何もできなかったことに対して、この女性が強い無力感と自責感を抱いており、それが娘の発病をきっかけに甦ってしまった様子が伝わってくる。当時の五十嵐は、「戦争に関心があったわけではないし、そういったことを精力的に調べようという気持ちもなかった」が、この話を聞いた時に、「戦争はまだまだ終わってない」と思ったという。

五十嵐は、研修医時代に外国人花嫁にも出会っていた。彼女たちの出身国は、韓国、中国、フィリピン、タイ、台湾、アメリカなど、かつて日本が植民地支配をしていたり、戦時中侵略した国々が多かった。精神症状が強くなった患者から、「五〇年も日帝支配していて、また私を支配するのか」と興奮して、唾をかけられたり、往復ビンタをされることもあった。しかし、診療を始めた当時の五十嵐は、統合失調症のリハビリテーションのことにしか関心がなく、彼女たちが外国人花嫁であることを意識していなかったという。

五十嵐が外国人花嫁の歩んできた歴史を意識するようになったのは、オーストラリアのタスマニア島で出会った中学生の少年との出会いがきっかけだった。少年に「日本とオーストラリアで何があったか知っている？」と聞かれた五十嵐は、「戦争の時代に、日本はオーストラリアに爆撃をして、多くの人に辛い思いをさせたり、女性に対しても辛いことをしてしまった。申し訳ないと思う。僕がしたわけじゃないんだけど、僕の先祖がそういうことをしたということに責任を感じているし、謝罪をしたいと思う」と答えた。少年は「それを言ってもらって嬉しい」と言い、「連合国の一員として、広島と長崎に原子爆弾を落とした」ことを「僕も謝罪しなければいけない」と五十嵐に伝えた。少年はちょうどその日の授業で日本とオーストラリアの間で戦時中何があったかを習い、「でも今日本とオーストラリアでは経済的に協力しあってとても大事な国になっているので、過去の事実をきちんと知って、いま君たちが日本人とどう付き合うのか、日本という国をどう考えていくのかというのは、君たち一人一人が考えて、決断して行動すべきことなんだ」と教師に言われてきたところだった。

この少年の話に感激した五十嵐は、外国人花嫁と結婚する人々のほとんどが、相手の国の言葉を学ぼうとしないことに関して、「日本人が持っているアジアに対する蔑視」を痛切に感じたという。このオーストラリアでの経験をきっかけに、五十嵐は韓国や台湾や中国から日本はどう見えるのかを意識するようになり、外国人花嫁の異文化適応の支援活動に関わっていくようになった。

(3) 元兵士について

五十嵐は、二〇〇七年一一月に山形市で診療所を開設した際に、長年続けてきた統合失調症患者のケアをやめることを決断したが、症状が安定した後に近所の老健施設に移った慢性の統合失調症患者の外来診療は行ってきた。この診療経験の中で五十嵐が出会った「Bさん[46]」は、初診時八三歳で、戦時中に学徒出陣で出征、戦後四年間の抑留生活の後に帰国した。家業の手伝いをしていた時に発病。幻聴や自傷行為が続いたため、四〇代後半から約三〇年間入院生活を送り、兄が亡くなったのを機に親戚の希望で老健施設へ移ることになった。

Bさんは月に一度の診療を続け、戦時中出征した旧満州のことなどを五十嵐に話していたが、一年ほど経った頃、薬のために口が思うように動かないので何とかならないかと訴えた。半分まで減薬した頃、Bさんは長年聴こえてきた幻聴の内容を語るようになった。そして初診から四年が過ぎた二〇一二年に、Bさんは施設の付き添いの介護士に席を外すよう頼み、戦時中に上官の命令で罪もない市民を殺してしまったと涙を流しながら語った。

その後、本人の希望もあって診療を週に一度に増やし、時間も長めにとるようになった。この間薬物は増量せず、ＴＦＴ（思考場療法）のタッピングや呼吸法を使った治療を続けた結果、Ｂさんは一通り話し終えて安堵したのか、外来は二週間に一度になった。減薬も続けたが、副作用もなく十分な睡眠をとれるようになった。

五十嵐によれば、Ｂさんの幻聴は深刻味のなくなった慢性の統合失調症のものとは異なり、「生々しくリアルな響き」を持っていたという。さらに話を聞いていく中で、Ｂさんの幻聴は、死んでいく人々の声や表情がフラッシュバックしていたことが明らかになった。以上の観察をふまえ、五十嵐は、Ｂさんは長年統合失調症として薬物治療を受けていたが、ＰＴＳＤであった可能性があると指摘している[47]。

五十嵐への聞き取りからは、前項で述べてきたような家族会との交流をしていた当時は「ＰＴＳＤなんて知らなかった」が、患者の妄想に残された戦争の爪跡を感じ取っていたことが窺える。五十嵐によれば、彼らの妄想は、「ちょっと毒々しいっていうかむごたらしいっていうか。恐怖を秘めているような感じ」であった。そのため、「もしかしたらこの人たちは、そういう体験をしてきた人たちなんじゃないかなって。あるいは見てきた人たちなんじゃないか」と考えていたという。

このように長年疑問を抱いていた五十嵐にとって、阪神・淡路大震災の後、精神科医の中井久夫が翻訳したジュディス・Ｌ・ハーマン『心的外傷と回復』（みすず書房、一九九六年）との出会いは、トラウマやＰＴＳＤについての理解を深める上で大きな転機となった。その当時のことを、五十嵐は以下のように回想する。

あれを読んで腑に落ちた。もうしまったと思ったね。統合失調症にしてしまってたんじゃないかって思われる人が何人かいました。それからね、戦争が背景にあるのではないか、そういう疑いのある人たちで結構な量の薬を飲んでた人たちがいたので、薬を少しずつ減らした。ハーマンの本で、アルコール中毒とか、女性のレイプ体験の背景にある解離のことを、初めて知って、考えるようになってね。そういうことを考えておかないと、その人の抜けている病理性が把握できないことを考えさせられた。解離していることを把握できていれば、統合失調症と鑑別診断できていたのではないか。衝撃的だったんですよ、ハーマンの本は。

上述のBさんに対する治療は、五十嵐が長年信条としてきた、「患者の話にじっくり耳を傾ける」という姿勢と、ハーマンとの衝撃的な出会いによって獲得されたトラウマという視点が折り重なった上で行われたものと言えるだろう。

五十嵐は、Bさん以外にも、戦時中の中国での市民に対する加害行為によってトラウマを抱えていた慢性の統合失調症患者数名に出会ってきたという。以下の元兵士の事例は、たとえ加害行為を行わなかったとしても、「人を殺す」ことが日常となっていた日本軍の状況が、いかに戦後も個々の人間に大きな精神的負担を強いることになったかを示す例である。

戦争でね、中国人を刺せって言われて、できなかった人が、上官に殴られて。顔が変形するまでね。で、まあ統合失調症になっていた人なんだけども。その人はやっぱりなんか、〔中国人を殺すことが〕できなかったことをね、自分の良心に忠実だったんだけども。それで上官から与えられた暴力も、それに耐えられなかった自分も受け入れられなかった。そういう人がいましたよ。

これまでの章でも見てきた通り、当時の軍事精神医学では、戦争神経症は個人の脆弱性や逸脱性に矮小化した解釈がなされてきた。しかし五十嵐は、PTSDを発症するかどうかは「その人の価値観とか、周りの状況とか、社会的な価値観によって左右される」と言い、「周りから見れば『こんなちっちゃなこと』って思っても、その人にとっては抱えきれないくらい大きな問題だったりすることがあると思うんです」と指摘する。PTSDはよく「異常な状況に対する正常な反応」であると言われるが、そもそも正常／異常の境界線は、文化やその時代の価値観に大きな影響を受ける。「日常的に人を殺す」ことが「異常」であると考えるのは戦後の市民社会における価値観であると言えるだろう。「人を殺せる」兵士こそが「正常」であるという圧倒的な価値体系のもとで生きなければならなかった元兵士の中には、そうした軍隊の論理と、個人の良心や戦後の市民社会における加害行為を否定する論理とのギャップに苦しみながら戦後を生きた人々もいたのではないだろうか。

小括

以上、国府台陸軍病院入院患者の戦後に加えて、神奈川県と山形県の精神病院を事例に、地域に残された戦争の傷跡について考察してきた。

まず、第2節の神奈川県の精神病院の入院記録からは、戦時中の軍隊で発生した精神神経疾患患者に対して、軍の医療施設だけではなく、民間病院や自宅療養など多様なケアの場が存在していたことや、これまであまり知られてこなかった海軍の患者の事例を明らかにすることができた。元兵士たちは、復員直後あるいは戦後数十年経ってからも種々の心身の不調やアルコール・覚醒剤への嗜癖、職場や家庭での人間関係の困難を抱えることになった。これらの患者の多くは経済的に不安定であったと考えられるが、こうした経済状況の困難は、第1節で細越正一や目黒克己が対象とした国府台陸軍病院の元患者だけでなく、戦後精神病院に入院した患者も同様の問題に直面していた。

また、第1節の目黒のインタビューによれば、調査の際には初めから家族に会うことは期待せず、本人からしか話を聞いていないため、家族の話は全然出てこなかったそうであるが、神奈川県の精神病院入院患者の事例では、患者と家族の関係についても考察した。少なからぬ患者が結婚をしており、妻をはじめとする家族への暴力がしばしば見られた。DV（ドメスティック・バイオレンス）被害の深刻さが認識されるまでは親密な領域における暴力は「暴力」とみなされてこなかったが、就労と婚姻を要件とする「社会適応」の概念自体を再考する必要があるのではないだろうか。

続いて、第3節の五十嵐善雄のインタビューでは、長年慢性の統合失調症患者のリハビリテーションに携わってきた医師が、患者や家族の話に耳を傾ける中で、患者の内面や「二次的利得」ではなく、彼らの精神のバランスを崩す要因となった戦争という外部のトラウマ体験に注目するに至った臨床経験を考察した。五十嵐の出会った高齢の元兵士の事例からは、戦時中のトラウマ記憶がいかに戦後長期にわたって彼らを苦しめたかということが伝わってくる。症状の発現が遅れる遅発性PTSDや、沖縄戦を生き延びた高齢者を診療した精神科医の蟻塚亮二が指摘した晩発性PTSD（壮年期においては見られず、晩年になって発症したPTSD）[48]の例も含めて、高齢となった戦争体験者のトラウマケアに関する知識は、高齢者医療福祉の現場でも広く共有するべきものであると考えられる。[49]

さらに、目黒のインタビューで語られた、戦後の精神医学における戦争や軍隊への忌避感情は、戦争神経症研究の停滞につながっただけではなく、患者の医療記録の残し方にも影響したのではないかということを指摘した。目黒や五十嵐のインタビューでも触れられていたように、医師の側だけでなく患者の側にも戦争体験について語ることには強いためらいがあっただろう。彼らは戦後日本社会における戦争や軍隊への忌避感を敏感に察知しただけでなく、「辛い体験」が「当たり前」という感覚もあったと思われる。以上の点を考慮すると、本章で検討した以外にも「隠れた戦争トラウマ」が存在したかもしれないということを最後に書き添えておきたい。

［注］

(1) 吉永春子『さすらいの〈未復員〉』筑摩書房、一九八七年。
(2) 清水光雄『最後の皇軍兵士―空白の時、戦傷病棟から』現代評論社、一九八五年。
(3) 樋口健二『樋口健二報道写真集成 日本列島'66-'05』（こぶし書房、二〇〇五年）所収。のち樋口健二『忘れられた皇軍兵士たち』（こぶし書房、二〇一七年）として刊行。
(4) 清水寛編著『日本帝国陸軍と精神障害兵士』不二出版、二〇〇六年。
(5) 下河辺美知子『歴史とトラウマ―記憶と忘却のメカニズム』作品社、二〇〇〇年、一五頁。
(6) 以下の内容は、特に注のない限り細越正一「終戦直後における戦時神経症病像の変化について」（一九四五年一〇月二五日）（陸上自衛隊衛生学校編『大東亜戦争陸軍衛生史　巻六　軍陣内科・軍陣精神神経科・軍陣レントゲン科・軍陣病理』一九六八年、九〇―一〇七頁）による。
(7) 細越正一「続第五内科回顧録」（一九四五年一〇月二五日）陸上自衛隊衛生学校編前掲書、六九頁。
(8) デーヴ・グロスマン、安原和見訳『戦争における「人殺し」の心理学』筑摩書房、二〇〇四年、四三八頁。
(9) 以下の内容は、特に注のない限り、目黒克己「二〇年後の予後調査からみた戦争神経症（第一報）」（『精神医学』第八巻一二号、一九六六年、九九九―一〇〇七頁）による。
(10) 生瀬克己「日中戦争期の障害者観と傷痍軍人の処遇をめぐって」『桃山学院大学人間科学』二四号、二〇〇三年一月、二一一頁。
(11) 以下の内容は、二〇一三年六月一九日に筆者が行った目黒克己氏への聞き取りに基づく。聞き取りは目黒氏の自宅で行われた。目黒氏の略歴は以下の通りである。一九三二年一二月リオデジャネイロ生まれ。国分寺で育ち、立川高校、慶應医学部卒業。中学一年の時立川飛行場へ動員されて空襲も受けた。家は代々医者である。一九六二年国立国府台病院神経科病棟へ勤務の後、ハーバード大学医学部へ一年間国費留学。帰国後クラーク勧告によって厚生省精神衛生課へ移動。厚生省退職後は国会の承認人事である社会保険審査会で、主として厚生年金をはじめ社会保険のクレームを審査する社会保険審査会委員、その他経歴多数。現在は医療法人高仁会の顧問で、昔研究所で開発した精神科のデイケアの指導をしている。

(12)　加藤正明（一九一三—二〇〇三）は、日本の精神科医・精神医学者。ストレス研究、メンタルヘルス研究の第一人者で、薬物乱用・アルコール障害・自殺などの社会精神医学的研究で知られる。一九三七年東京医専卒。東京帝大精神科入局（内村祐之教授）、三八年五月～四一年三月国府台陸軍病院勤務、四一年国立下総療養所勤務、四七年国立国府台病院神経科医長、五五年一〇月国立精神衛生研究所心理学部長、六〇年一〇月精神衛生部長、七三年七月老人精神衛生部長、七四年一二月東京医大教授、七七年三月国立精神衛生研究所所長、八三年一月退官。退官後、八三年五月～富士心身リハビリテーション研究所理事長所長。在職中に逝去。

(13)　内村祐之については、第Ⅰ部第二章注（35）を参照。

(14)　土居健郎（一九二〇—二〇〇九）は、日本の精神科医・精神医学者。主著『「甘え」の構造』（弘文堂、一九七一年）はベストセラーとなり、政治・社会・心理・文化人類学の諸領域に大きな影響をあたえた。一九四二年一二月東京帝大卒。皮膚科入局（太田正雄教授）、応召（四二年一〇月陸軍軍医予備員、四五年九月復員）、四六年一月～五〇年二月聖路加国際病院内科、五〇年七月～五二年七月米国留学（メニンガー精神医学校において精神分析学的精神医学を学ぶ）、五二年八月～五六年八月東大助手（精神科内村祐之教授）、五五年七月～五六年七月米国出張、五六年九月聖路加国際病院精神科副医長、五七年一二月医長、六一年一一月～六三年三月米国NIH客員研究員、七一年四月東大教授（医学部保健学科精神衛生学）、七九年四月医学部附属病院精神神経科長、八〇年三月退官。退官後、八〇年四月～八二年一二月国際基督教大学教授、八三年一月～八五年四月国立精神衛生研究所長、聖路加国際病院顧問。

(15)　吉田裕「戦争と軍隊—日本近代軍事史研究の現在」（『歴史評論』六三〇号、二〇〇二年一〇月、四〇—五一頁）が指摘するように、筆者の専攻する歴史学もまたその制約から自由ではなかった。

(16)　各資料群の請求記号は以下の通り。資料群①…1200416548、資料群②…1199503506、資料群③…1199413206。

(17)　神奈川県立公文書館においては、神奈川県立公文書館条例施行規則第四条第一項の規定に基づき、以下の個人に関する情報をマスキングによる制限処理をした上で資料を提供している。
（ア）氏名（家族、近隣、交友関係を含む）
（イ）年令及び学令（家族の年齢及び学齢を含む）
（ウ）生年月日（ただし元号は除く）
（エ）住所、本籍の一部（自治体名は市は市まで、政令指定都市は区まで、町村はその町村の所在する郡名までは公開）

（オ）勤務先、学校
（カ）職業（ただし会社員等個人が識別できないものを除く）
（陳岡信夫（神奈川県立公文書館行政資料課長）「歴史的公文書の公開と個人情報保護―神奈川県立公文書館を中心に」『アーカイブズ』三五号、二〇〇九年三月、四五―四九頁参照）

(18) 加藤正明ほか編『縮刷版精神医学事典』弘文堂、二〇〇一年、五〇五頁。
(19) 同前、五七六―五七七頁。
(20) 清水前掲書。野田正彰『戦争と罪責』岩波書店、一九九八年。
(21) 藤沢病院編『藤沢病院50周年史』非売品、一九八二年、一五頁。
(22) 鈴木敦子『あすを拓く―芹香院・五〇年の精神医療』非売品、一九七九年、九八頁。
(23) 斎藤茂太「国府台の人びと〔軍医時代の回想〕」浅井利勇編著『うずもれた大戦の犠牲者』国府台陸軍精神科病歴分析資料・文献論集記念刊行委員会、一九九三年、五八頁。また、元海軍軍医の黒丸正四郎（神戸大学名誉教授）は、海軍の精神医療についてのインタビューの中で、「陸軍と違って、それまでの海軍には精神病患者やその治療についての関心、配慮は全くありませんでした。（中略）徴集の陸軍とは違い海軍は全員志願でしたからよけいにそんな風潮が強かったのでしょう」と海軍のエリート主義と精神医療の対応不足について指摘している（黒丸正四郎「海軍の精神医療―黒丸正四郎先生に聞く」『精神医療　第四次』第一二号、一九九七年、八二―八五頁）。
(24) 「テロとの戦いと米国　第2部　疲弊する兵士1　終わらない従軍、重圧に」『毎日新聞』二〇〇九年五月二一日付。
(25) 反戦イラク帰還兵の会、アーロン・グランツ、TUP訳『冬の兵士―イラク・アフガン帰還米兵が語る戦場の真実』岩波書店、二〇〇九年、二二九―二三〇頁。
(26) 生瀬克己「一五年戦争期における〈傷痍軍人の結婚斡旋〉運動覚書」『桃山学院大学人間科学』一二号、一九九七年。
(27) 陸軍軍医団『昭和十八年度　軍陣衛生要務講義録 第一巻』一九四三年、一九―二〇頁。
(28) 小澤眞人・NHK取材班『赤紙』創元社、一九九七年、四九―五六頁。
(29) 和田秀樹「外傷性精神障害の精神病理と治療」『精神神経学雑誌』第一〇二巻第四号、二〇〇〇年、三三八―三四〇頁。
(30) ベセル・A・ヴァン・デア・コルク、アレキサンダー・C・マクファーレン、ラース・ウェイゼス編、西澤哲監訳『トラウマティック・ストレス―PTSDおよびトラウマ反応の臨床と研究のすべて』誠信書房、二〇〇一年、九頁。

(31) 宮地尚子『トラウマ』岩波書店、二〇一三年、二三頁。
(32) 清水前掲書、一二四頁。
(33) 桜井図南男「戦時神経症の精神病学的考察　第一篇」『軍医団雑誌』第三四三号、一九四一年、一六五七頁。
(34) 桜井図南男「戦時神経症の精神病学的考察　第二篇（其の一）」『軍医団雑誌』第三四四号、一九四二年、三八頁。
(35) 新井尚賢「精神医学的見地からみた犯罪現象の変遷」刑事学研究会編『法務資料第三三一号　本邦戦時・戦後の犯罪現象（第一編）』法務大臣官房調査課、一九五四年、一二六―一二八頁。
(36) エドガー・P・ニースほか「ベトナム復員兵薬物乱用者の退役二年後の適応状況」C・R・フィグレー編、辰沼利彦監訳『ベトナム戦争神経症―復員米兵のストレスの研究』岩崎学術出版社、一九八四年、一〇二頁。
(37) チャイム・F・シャータン「ベトナム復員兵のストレス病―持続する感情障害―」フィグレー編前掲書、七三頁。
(38) ジョン・ダワー、三浦陽一・高杉忠明訳『敗北を抱きしめて』岩波書店、二〇〇一年、一二七頁。
(39) 中井久夫「トラウマとその治療経験―外傷性障害私見」『徴候・記憶・外傷』みすず書房、二〇〇四年、九八―一〇〇、一〇五頁。
(40) 蟻塚亮二『沖縄戦と心の傷』大月書店、二〇一四年、九三頁。
(41) M・ダンカン・スタントン、チャールズ・R・フィグレー「ベトナム復員兵の家族療法」フィグレー編前掲書、二二六頁。
(42) 以下の内容は、特に注がない限り、二〇一七年三月一九日に筆者が行った五十嵐善雄氏への聞き取りに基づく。聞き取りは都内の喫茶店で行われた。五十嵐氏の略歴は以下の通りである。一九五二年山形の農家の一人息子として生まれた。医学の道を志したきっかけは、当時社会問題化していた水俣病や、身近で感じていた農薬による健康被害の問題であった。一九八三年に岩手医科大学卒業後、山形大学精神神経科入局。山形の二本松会上山病院、福岡の北九州市立デイケアセンターでの勤務を経て、再び二本松会上山病院に戻り、二〇〇五年に霞城メンタルクリニック院長となる。二〇〇七年山形にヒッポメンタルクリニックを開設し、現在に至る。統合失調症患者のリハビリテーション、外国人花嫁の異文化適応・メンタルヘルス、東日本大震災後の心のケアに関わってきた。
(43) 例えば、山形県最上地区では、一九八〇年代後半以降行政が主導して外国人配偶者の受け入れを推進した。
(44) 五十嵐善雄「精神病院と地域活動―可能性と限界性」『精神医療　第四次』三四号、二〇〇四年、四七～四八頁。本院の二本松会上山病院は、一九二二年に二本松医院として設立され、一九二四年には「山形脳病院」と改称されて県内初の単科精神病院として発足するに至った。一九五七年には「脳病院」という呼称の差別性に配慮したためか、「山形精神病院」と改称された。しかし、同時期の山形で子供時代を送った五十嵐は、悪さをすると「二本松の脳病院に入れるぞ」、「上山にも二本松の脳病院があって、そこに永久に入れるぞ」と脅されて育ったと言い、他の地域と同様、山形でも精神疾患に対する偏見は根強かったと回想する。

(45) 五十嵐善雄「分裂病者の家族援助」『精神療法』第一九巻第二号、一九九三年、九頁。

(46) 以下のBさんについての記述は、五十嵐善雄「外来での工夫」(『精神科臨床サービス』第一四巻一号、二〇一四年、三六～三七頁)参照。

(47) 同前、三八頁。

(48) 蟻塚前掲書、一三―一六頁。

(49) 五十嵐は、インタビューの中で、統合失調症で長期入院していた患者が老健施設に移るケースが近年増えており、中にはトラウマ記憶を抱えた戦争体験者がいると考えられるが、高齢者医療福祉の現場ではそうした問題意識が希薄と思われると指摘した。

終章　なぜ戦争神経症は戦後長らく忘却されてきたのか？

本書では、戦時中から戦後にかけての（元）兵士の精神疾患を取り巻く言説や構造と実体を明らかにすることによって、戦争と精神疾患あるいはトラウマに関する集合的記憶の不在につながる歴史的背景を考察してきた。以下、本書のこれまでの議論をまとめておきたい。

第Ⅰ部では、総力戦と精神疾患をめぐってどのような問題系が存在したのかを明らかにしてきた。第一章で検討してきた軍事心理学、第二章で検討してきた国府台陸軍病院を中心とした軍事精神医学、第三章で検討してきた傷痍軍人援護は、いずれも欧米における総力戦の衝撃を受け、また日本が総力戦体制に突入していく中で整備されていったものである。この三者の目的・管轄・担い手・対象は表32のように整理されるが、病状が回復して原隊復帰することが見込まれない場合は、左から右へと順次移動していくシステムになっていたと考えられる。

もっとも第Ⅱ部第一章で見てきたように、戦場で精神疾患を発症しても内地へ還送され治療や療養の対象となった者は全体から見ればごくわずかであったわけだが、これら三者は発病を未然に防止し（軍事心理学）、発病した場合は病気の治療に専念して原隊復帰や「再起奉公」を目指す（軍事精神医学・傷痍軍人援護）ことで総力戦下の「人的資源」を組織的に管理することを目指すシステムであったという点では共通していた。恩給や兵役免除への願望に起因すると考えられた戦争神経症の患者たちは、こうした効率的な「人的資源」の管理システムの方

表32　軍事心理学・軍事精神医学・傷痍軍人援護の比較

	軍事心理学	軍事精神医学	傷痍軍人援護
目　　的	軍隊におけるヒューマンファクターの組織的管理	軍務を遂行できなくなった兵士の治療	傷痍軍人の優遇・精神教育・医療・職業保護
管　　轄	新兵訓練・人員配置	戦場〜内地の陸軍病院	傷痍軍人療養所ほか
主な担い手	軍隊教育を行う将校，心理学者	陸軍省医務局，軍医	軍事保護院関係者，療養所の医師
対　　象	全　兵　士	精神神経疾患患者	精神疾患により除役した者

針に反する存在だったため、称揚ではなく侮蔑・警戒の対象となり、除役後も多くは傷痍軍人援護の対象にならなかったのである。

第Ⅱ部では、戦争とトラウマを取り巻く文化・社会的構造を明らかにしてきた。第一章で見てきた通り、笠松章や細越正一といった当時戦争神経症の治療に関わった軍医たちは、戦場から内地へ、そして病院から郷里への移動と患者の病像変化に多大な関心を寄せた。彼らが注目したのは、精神神経疾患の中でも精神的体験に基づく反応である「心因反応」としての戦争神経症であり、中でもその病像の背後に「疾患の意志」があると考えられていた「ヒステリー」であった。彼らは驚愕体験後の原始的な反応と、その後に時間差を伴って現れる症状を明確に区別していた。前者は願望とは関係がなく、誰にでも生じうる生理的な反応で一過性のものであったが、後者は戦場からの逃避や恩給などの願望のもとに発現する症状であると考えられた。前線から後送されていくことは、単に兵士の身体の物理的移動だけではなく、第Ⅰ部第一章で見てきたような軍隊内の指揮・統率の問題から第Ⅰ部第二章の軍事医学の問題への移行を意味し、またその中間地点に存在する病院は「ヒステリーの温床」と捉えられていた。換言すれば、国府台陸軍病院の軍医たちにとって、患者に戦闘能力が残されているかどうかが「正常」と「病理」の境界線だったのである。

第二章では、新潟県の新発田陸軍病院を事例に、陸軍病院が持っていた「治療」以外の機能や、陸軍病院と地域社会の関係を明らかにした上で、国府台と新発田における精神神経疾患患者の比較検討を行った。戦場から郷里へと近づくに従って患者が「ヒステリー化」するという笠松や細越の提示した論理に則れば、全国から患者の集まった国府台と比べて、より患者の郷里に近い新発田陸軍病院では多くの患者が「ヒステリー化」するということになるが、実際には新発田の方が精神神経疾患患者の治癒率は高かった。この治癒率の高さは、新発田のような三等病院には、軽症患者を集めるという軍内診療のシステムが影響していただろう。ただし、精神の不調を「軽症」「重症」と機械的に分類し、病状の変化まで完全に予測することは困難である。新発田陸軍病院にも、自殺未遂や他者への危害、入退院を繰り返すような深刻なケースは存在した。

さらにここで注目しておきたいのは、陸軍病院は慰問を通じて銃後社会の人々と入院患者が交流する場でもあったことである。『新発田新聞』の分析を通じて明らかになった銃後の人々の戦傷病兵に対する眼差しとは、「戦病」よりも「戦傷」に価値を置き、究極的には「立派な死に様」を求めるものであった。もちろんこれらは「軍国美談」として仕立て上げられていた面もあったであろうし、本文中で指摘したように、狭義のアジア・太平洋戦争以降の報道は確認できなかったため、戦況の悪化によって変化した可能性もある。しかし、兵役免除を厭う除役患者の調査記録からは、入院患者自身もまたこうした価値観を内面化していたことがわかる。全快して再び原隊復帰することを後押しする「草の根のファシズム」が、軍事医学的な意味での「治癒」を促した一面もあるのではないだろうか。

補論「戦争と男の「ヒステリー」――アジア・太平洋戦争と日本軍兵士の「男らしさ」」では、「ヒステリー」が西洋の歴史において「女の病」とされてきたことに着目し、戦争神経症という「男のヒステリー」に直面した精神医学の側が、戦時及び戦後にどのような言説を編み出していったのかを明らかにした。兵役の半ばで傷病に倒れ、兵役免除となることは、患者や家族にとっては兵士＝男としてのアイデンティティを不安定化させる経験であった。兵役免除の理由がヒステリーという「女の病」と通常考えられてきたものであった場合には、患者は病に倒れたことに加えてその病名をも気に病むこととなった。「男もヒステリーになる」ということは専門家の中では半ば常識となっていたが、「生来的に感情の強い」女性に多い病であるとされ、「自己中心的」で「我儘」な患者像が流布されていたからである。このようなヒステリーという病名に対する患者側の忌避感情のために、国府台陸軍病院では「臓躁病（ぞうそう）」という病名が代わりに使われることとなった。

第三章では、戦時から戦後にかけての軍人恩給制度や戦傷病者に対する補償・援護制度における精神疾患の位置について確認してきた。戦時中の国府台陸軍病院の恩給策定方針は、戦地（「事変地」）の「甚だしく困難な環境」下で発病した精神疾患を公務起因と認める内容であった。しかし「戦時神経症」に関して言えば、公務起因の「一等症」と判定された事例も存在したが、多くは公務起因の条件を満たさなかったり、「目的反応」と疑われて傷痍疾病等差が「二等症」と判定されたため、せいぜい一時金が支払われる程度であったと考えられる。こうした病の「公務起因」を重視する方針は、戦後の恩給法や援護法にも引き継がれたと言える。国会の議論においても、精神疾患は本当に戦争が原因なのか、という疑いに当初はさらされやすかった。多くの議員らの訴えによって次第に彼らの苦境への配慮がなされたようだが、一九七〇年代に至ってもなお補償の対象外にいたであろう人々の存在も浮かび上がってきた。また、新潟県の傷痍軍人会や恩給診断書の分析によって、戦後も病に苦しんだ当事者の中で恩給の請求という行動を起こした人は恐らく少数に留まり、裁定事例も稀であったことが明らかとなった。

「戦時」から「戦後」への移行と日本帝国陸海軍の解体とともに、これまで述べてきたような国家の主導する軍事精神医療と傷痍軍人援護は終焉を迎え、精神疾患兵士への関心は消失した。第四章では、戦後、戦争とトラウマの問題を社会が忘却し続ける「潜伏期間」にあたる時期に、精神科臨床の場や、精神病院の入院記録に残された暴力の痕跡を炙り出すことを試みた。一九六〇年代に戦争神経症の予後調査を行った目黒克己へのインタビューでは、戦後日本社会における戦争トラウマの忘却を促した一因として、戦後の精神医学界におけるストレス軽視の研究潮流や社会全体に戦争・軍隊への強い忌避感が存在していたことを指摘した。一方、神奈川県の精神病院の入院記録の分析や、山形県で慢性の統合失調症患者の診療を続けた五十嵐善雄へのインタビューからは、戦後何十年経っても、経済状況や人間関係上の困難、様々な心身の不調を抱え続けた元兵士たちの姿が浮かび上がってきた。

以上の考察を踏まえて、なぜ戦争神経症が戦後長らく忘却されてきたのか、という本書全体を貫く問いに対する結論を、本書の意義にも触れながら述べていきたい。

①　患者の動態と国府台陸軍病院を中心としたトラウマの地政学

すでに指摘した通り、戦傷病者に関する体系的なデータは、敗戦直後の資料焼却のために現在のところ発見されていないが、本書ではいくつかの統計データに加えて複数の陸軍病院、民間病院などの医療アーカイブズを渉猟し、「失われた精神疾患患者」たちに光を当てながら戦時中の患者の動態について明らかにしてきた。

第Ⅱ部第二章で研究対象とした新発田陸軍病院は、戦時中には最大で三〇〇名弱入院可能な病院であり、約一三〇〇名入院可能であった国府台陸軍病院に比べるとかなり小規模な病院であった。そのような病院にも、アジア・太平洋戦争期を通じてのべ約一六〇名の精神神経疾患患者が入院していた実態を明らかにすることができた。また、精神神経疾患を発症した軍人の治療体制が曲がりなりにも整備されていた戦時中とは異なり、戦後そのような人々が辿った道を明らかにすることは困難を極めたが、第Ⅱ部第四章において神奈川県立公文書館が所蔵する神奈川県の精神病院入院患者の記録や、山形県で精神科臨床を続けてきた医師の五十嵐善雄へのインタビューを痛じて、戦時中あるいは戦後に精神疾患を発症した元軍人の事例を発見することができた。その中には、戦時中陸海軍病院のみならず民間の精神病院に入院したり、家族とともに生活したりしていた患者も存在し、先行研究で注目されてきた国府台陸軍病院以外にも、精神疾患兵士の多様なケアの場が存在していたことが明らかとなった。

新発田陸軍病院や神奈川県・山形県の民間の精神病院の事例は、全国各地から患者が集まった国府台陸軍病院とは異なり、患者の郷里と近接した医療施設であり、地域の中に存在した／存在している戦争の傷跡を浮き彫りにするものであると言えよう。

さらに本書では、国府台陸軍病院を中心としたトラウマの地政学についても明らかにしてきた。日本における戦争とトラウマの歴史に関して、国府台陸軍病院は二つの意味で中核をしめていた。もちろん一つ目は、アジア・太平洋戦争を通じて、国府台陸軍病院が傷痍軍人武蔵療養所と並んで内地における軍事精神医療の中心的存在であった事実である。もう一つは、召集された軍医たちが、戦後の精神医学界の中心的な存在となり、戦争神経症に関する知識の形成／阻害に大きな影響力を及ぼしたということである。

国府台陸軍病院の中心性と周縁性は、病院の外側の精神的犠牲者に目を向けてみることでより明確になる。第Ⅱ部第一章で見てきたように、国府台陸軍病院に移送された患者は全体のごく一部であったが、民間の精神病院に比べれば十分な食糧を提供され、全国各地から召集された将来有望な精神科医による標準化された診断と治療を受けていた。一方で、精神的犠牲者の大部分は前線に置き去りにされ、死と隣り合わせで生きなければならなかった。日本軍が無計画に戦線を拡大し、連合軍が日本への補給ルートを絶ったために、多くの部隊で食糧と医薬品が不足した。その結果、一九三七年から四五年の戦死者の総数はおよそ二三〇万人に達し、藤原彰『餓死した英霊たち』（青木書店、二〇〇一年）が指摘するように、全体の約六〇％は餓死あるいは栄養失調のための病死で命を落とした。さらに、前線には精神科医がほとんどおらず、戦争末期には医療システムはおろか軍隊そのものが崩壊していた。本書一一〇―一一一ページで引用した精神神経疾患患者の統計データには、精神医学の非専門家による誤った診断が含まれている可能性だけではなく、医療を受けることもできなかった精神的犠牲者が排除されている可能性も心に留めておくべきだろう。

終戦後、アメリカ海軍は、今後の研究の参考にするために、日本軍における精神神経疾患対策について調査を行った。この報告の中で、アメリカ海軍は、「日本軍における戦争神経症対策については、何ら参考にすべき新しい所見は見当たらない」と結論づけている。国府台陸軍病院の軍医たちの優秀さはアメリカ海軍も認めるところであったが、軍隊内における精神医学専攻の軍医の地位の低さや、国府台陸軍病院以外の陸軍病院における精神科医の不足がその理由であった(1)。

戦地から内地への患者の移動に着目すると、国府台陸軍病院は軍隊内における治療の最終地点であった。軍内診療の基本は、患者の体力・気力の回復増強に努め、速やかに再び第一線に復帰させて軍全般の人的戦力の拡充強化を図ることであったが、前線から遠くなるにつれてその目的は失敗を重ねているということになる。だからこそ、軍隊と銃後という二つの社会の境界に位置した国府台陸軍病院は、軍陣医学の最終目標とは相反するような「願望」を有し、「不当な」利得を得ようとする患者と、精神医学界のエリート集団として恩給策定や除役に関わる一定の権限を有していた軍医たちの激しい攻防の場となったのである。

以上の考察から、なぜ戦争神経症が約半世紀もの間不可視化されてきたのか、という問いに対して、まず二つの結論が導き出せる。第一に、精神的犠牲者の大部分をしめる戦地に取り残された人々の記録は、そもそも彼らが軍事精神医療システムからこぼれ落ちてしまったり、終戦時の焼却命令などによって失われたりしてしまった可能性が高いということである。また、彼らの多くは、生き残ることができなかったか、たとえ生き延びたとしても、「自分だけが生き残ってしまった」という生存者罪悪感や、記憶喪失などのために証言することが困難であったと考えられる。

第二に、軍事精神医療システムに組み込まれた少数のケースに目を転じてみると、戦争神経症の解釈の枠組みそのものが戦争神経症を不可視化する構造を有していた。第Ⅱ部第一章で検討してきたような「病院ヒステリー」論や、第Ⅱ部第三章の恩給の公務起因の論理に共通しているのは、過酷な「戦場」体験がその直後に何らかの影響を人間の心身に及ぼすということはある程度認めるものの、それがいかに長期的な影響を及ぼすかという点までは考慮しなかったことである。しかしながら、戦時から戦後を通じて、また戦場から内地への移動の中で「戦争神経症」の兵士たちの言動を観察してきた筆者には次のような疑問が浮かんでくる。「戦場」とはそのように地理的に限定された概念でよいのだろうか？　また、国家間の戦争が終わるとともに消失してしまうものなのであろうか？

トラウマを負った人はよく「二つの時計」を持っていると言われる。一つは現在その人が生きている時間であり、もう一つは時間が経っても色あせず、瞬間冷凍されたかのように保存されている過去の心的外傷体験に関わる時間である。そのような圧倒的な恐怖を核とする心的外傷後の反応として戦争神経症を捉え直してみると、病院に居るはずなのに敵襲に怯えたり、死んだ戦友の幻覚に悩まされる兵士や、明確に言語化はされないが様々な身体の機能障害（とりわけ四肢の痙攣や目・耳の機能障害など軍事行動に関連する部位の障害が多かった）を呈する兵士など、彼らの心身に刻み込まれた「戦場」の痕跡が存在した。これらの事例に加えて、第Ⅱ部第四章の神奈川県や山形県の精神病院入院患者の事例もあわせて考えると、「戦場」という空間から離れ、「戦時」という時間が終わってもなお残る傷を生み出す――そして「戦後」もしくは「新たな戦前」になるかもしれない時代を生きる私たちもまた、その傷とともに生きている――ものとして戦争を捉え直すことが必要なのではないだろうか。

②　戦争とトラウマを取り巻く文化・社会的構造

本書は、世界史的には一九世紀末以降の西洋医学におけるトラウマ「発見」の系譜に位置づけられるものであるが、本書が主に対象としたアジア・太平洋戦争期には、現在のようにトラウマやＰＴＳＤといった概念が広く社会に受容されていなかった。そのような時代において「心の傷」がどのように表出し、社会に受け止められたのか、といった点について、これまで研究の蓄積が少なかった非欧米圏の事例を本書は提供することができた。

本書では、戦時精神疾患の問題を、軍事医学のみならず軍隊教育や傷痍軍人援護にも関わる問題として考察してきた。さらに、①で述べてきたような患者の動態と多様なケアの場に着目してみると、戦争神経症の長期的な忘却の要因は、以下のように軍隊・病院だけではなく、より広範な文化・社会的構造にも規定されていたと考えられる。

第一に、補論で考察したように、「男のヒステリー」である戦争神経症は、健康な心身を持ち、死をも厭わず戦う兵士像といった、戦時下の男性に求められたジェンダー規範に反する存在であった。まず、新発田陸軍病院の除隊者調査表から、兵役免除となること自体が、患者自身にとっては兵士＝男性のアイデンティティを揺るがす経験であったことが明らかとなった。また、戦争神経症の一病名である「ヒステリー」は当時一般的に「女の病」と考えられており、患者自身の忌避感情が国府台陸軍病院の治療の場でも考慮され、「臓躁病」という病名が診断書では代用された。

第二に、患者自身や家族・地域社会もまた、戦時精神疾患に対する偏見を内面化していたと考えられる。まず前提として、心因性の神経症を軍隊の士気退廃・国民の精神堕落の象徴として捉える軍事医学の論理が存在していた。そして、「皇軍の精神的卓越」故に戦争神経症は「少ない」のだという言説が、実際には戦争神経症の治療にあたっていた国府台陸軍病院の関係者を中心に国民向けのプロパガンダとして流布された。第Ⅱ部第二章で分析した新発田陸軍病院は、病院慰問などを通じて患者と銃後社会の交流が存在する空間であったが、戦時期の『新発田新聞』には精神疾患兵士についての記述はほとんどなく、銃後の人々の戦傷病兵に対する眼差しとは「戦病」よりも「戦傷」や「立派な死に様」に価値を置くものであった。

第三に、軍医が担ったのは診療だけでなく、恩給策定もまた、陸軍病院における重要な業務の一つであった。また、戦争神経症の医学的解釈そのものが、患者の恩給に対する願望を問題化していたという点で、恩給制度の影響を強く受けていた。桜井図南男をはじめとした国府台陸軍病院の軍医たちは、医学のみならず国家財政の観点から戦争神経症を解釈していたと言ってよいだろう。第Ⅱ部第三章で明らかにした通り、戦争神経症患者のうち恩給の対象となったのは、上位階級の者や流行病・外傷に続発した精神疾患など全体の一割程度であり、基本的には警戒の対象であった。

以上のような文化・社会的構造は、「心の傷」の表出の仕方や社会の受け止め方にも影響を及ぼしたものと考えられる。戦争神経症の患者自身が言葉を残すことはほとんどなかったが、軍医が問題化した「自覚症状のみを主として他覚症状に乏しい患者」たちに見られた身体の機能障害は、恐怖を言語化することが憚られた社会において彼らが発した「言葉」だったのではないだろうか。

[注]

（1）U. S. Naval Technical Mission to Japan, Neuropsychiatry in the Japanese Armed Forces, Index No. M-D, December 1945.（米海軍対日技術調査団記録、国立国会図書館憲政資料室所蔵、NTM-1, Reel 3。原資料は米国立公文書館 RG 38）

あとがき

本書は、二〇一五年一月に一橋大学大学院社会学研究科に提出した博士論文「往還する〈戦時〉と〈現在〉―日本帝国陸軍における『戦争神経症』」を改稿し、まとめたものである。博士論文の提出から三年近くが経過してしまい、その間にも様々な同時代の変化があった。序章でも記したように、自衛隊に求められる活動は大きく変わりつつあるにもかかわらず、それに伴うリスクに対応できる社会的基盤が整っているとはいいがたい。本書を執筆したのは、日中戦争の全面化から八〇年目の年であったが、本書の出版が、多くの国民の支持のもとに戦争が始まった〈その後〉に、戦地へ送られた人々の心身や、兵士の家族、地域社会、そして医療・福祉に及ぶ長期的な影響について考えていただけるきっかけとなればと願っている。

本書をまとめるにあたって依拠した論文の初出一覧は左記の通りである。

序章　書き下ろし

第Ⅰ部

第一章　書き下ろし

第二章　「日本帝国陸軍と『戦争神経症』―戦傷病者をめぐる社会空間における『心の傷』の位置」『季刊戦争責任研究』第八一号、二〇一三年、五二―六一頁。

第三章　「十五年戦争期の傷痍軍人援護と精神神経疾患―総力戦下における保護と排除のポリティクス」『人民

の歴史学』第二〇六号、二〇一五年、二七―三八頁。

第Ⅱ部

第一章　「日本帝国陸軍と『戦争神経症』―戦傷病者をめぐる社会空間における『心の傷』の位置」『季刊戦争責任研究』第八一号、二〇一三年、五二―六一頁。

"'Invisible' War Trauma in Japan: Medicine, Society and Military Psychiatric Casualties," *Historia Scientiarum*, 25, no. 2 (2016): 140-160.

第二章　「総力戦と日本の軍事精神医療―新発田陸軍病院入院患者の事例を中心に」『年報日本現代史』第二二号、二〇一七年、一三九―一七四頁。

補論　「戦争と男の『ヒステリー』―十五年戦争と日本軍兵士の『男らしさ』」『立教大学ジェンダーフォーラム年報』第一六号、二〇一五年、三三―四八頁。

第三章　書き下ろし

第四章　「十五年戦争と元・兵士の心的外傷（トラウマ）―神奈川県の精神医療施設に入院した患者の戦後史」足羽與志子・中野聡・吉田裕編『平和と和解―思想・経験・方法（一橋大学大学院社会学研究科先端課題研究叢書六）』旬報社、二〇一五年、一七六―二〇七頁。

終章　書き下ろし

なお、博士論文や本書をまとめる際に、これらの論文は改稿し、その後の研究で得られた知見を加え、誤りを訂正した。まだ考察が不足している部分や、気づかない誤りもあるかと思うが、読者の方々からのご指摘をいただければ幸いである。

また、本書の研究の一部は、トヨタ財団二〇一三年度研究助成プログラム（個人研究B）『戦場への想像力』をひらく視座―近代日本における『戦争神経症』と軍隊・国家・社会」（二〇一三年一一月〜二〇一四年一〇月）の成果である。博士論文に本格的に取り組み始めた時期に助成をいただいたことは、資料収集をスムーズに進める原動力となっただけでなく、長く不安定な研究生活を続けてきた筆者にとっては大きな励みとなった。記して感謝申し上げる。

本書を完成させるにあたっては、数多くの方々から温かいご支援とご助言をいただいた。全ての方のお名前を挙げることはできないが、特にお世話になった方々のお名前を挙げて御礼に代えさせていただきたい。

戦争や軍隊の歴史を研究する女性は、一般的には「変わり者」と思われることがあるのだなと感じることが時折あるが、歴史学に関心を持つきっかけを作ってくださったのが女性の先生方であったことには、やはり筆者が歴史学研究者の道を歩んでいく上で大きな影響を受けたのだと思う。お茶の水女子大学附属高校で世界史を教えていただいた石出みどり先生の授業からは、常に世界の中で日本を見ることの重要性と、様々な資料を批判的に吟味して自分の主張を論理的に文章で表現するための基礎を学んだ。また、上智大学文学部史学科でご指導いただいた井上茂子先生のゼミで、ホロコーストに関する諸研究を読み、その中でプリーモ・レーヴィの著作と出会ったことは、この研究を始める重要な契機となった。

そして、遅々として進まない筆者の研究を何とか博士論文という形にできたのは、一橋大学大学院修士課程入学以来、主ゼミでお世話になった吉田裕先生と、副ゼミでお世話になった佐藤文香先生のご指導があってこそのことである。大学院入試の時に書いた研究計画書は、今から考えるとなんとも心もとないものであったが、軍事史研究を牽引してこられた研究者のお一人である吉田先生のもとで基礎から学べたことは、本当に幸運なことであったと思う。資料の少なさにも悩み続けた研究であったが、軍隊や戦争に関する膨大な資料に関して先生から細やかにアドバイスをいただき、何とか博士論文を完成することができた。また佐藤先生のゼミとフェミニスト国際関係論の授業は、軍事主義とジェンダーという大きな視点から、様々な時代や地域を事例に議論するという知的刺激に満ちた時間であり、思考の幅を大いに広げていただいた。

一橋大学大学院の社会学研究科では、授業や研究会などで様々な社会科学の研究に触れて視野を広げる機会が開かれており、多くの知見を得ることができた。宮地尚子先生の授業では、主に精神医学や心理学の領域で議論が重ねられてきたトラウマを、歴史や社会の中で考察する上での様々なヒントを得ることができた。また、中野聡先生には、イラク帰還米兵の講演会や沖縄戦とトラウマに関するシンポジウムを筆者が企画した際に、一橋大学平和と和解の研究センター（CsPR）で開催することをご快諾いただいた。講演者のアーロン・ヒューズ氏、アッシュ・キリエ・ウールソン氏、そして蟻塚亮二先生と北村毅先生にもこの場を借りて御礼申し上げたい。

ヒューズ氏やウールソン氏が関わっているアフガニスタン・イラク戦争の帰還米兵の証言やアート活動は、筆者が同時代を生きる者として改めて戦争とトラウマに関心を持つきっかけとなった。彼らも作品を寄せている *War is Trauma* という作品集は、コンバット・ペーパー・プロジェクト（combat paper project）で作られた紙が使用されている。このプロジェクトでは、かつて彼らが兵士として使用していた軍服や教練本等を細かく切り刻み、ポスター等の様々なアート作品に「再生」するのである。彼らにとっては過去の怒りと悲しみの象徴である、画一的な軍服を素材として、一人ひとり異なる作品が創造されていることに、筆者は大きな感銘を受けた。本書ではあまり踏み込めなかったが、こうしたトラウマを生き延びた人々の知恵や力についてもいずれ考察できればと考えている。*War is Trauma* については、筆者も関わっているtravelling warriorsというイラク帰還米兵等のスピーキングツアーやアート作品の展示を行うプロジェクトのウェブサイトでも紹介しているので、そちらもあわせてご参照いただきたい（http://travelling-warriors.com/exhibition/war-is-trauma/#about）。また、こうした同時代の戦争とトラウマについて考えるには、本書で考察した日本陸軍の事例を、すでに研究の蓄積がある欧米をはじめその他の近代諸国家の事例と比較しつつ、アジアにおける戦争とトラウマにも視野を広げて歴史的考察を深めていくことが重要であると考える。

研究を進めるにあたっては、さらに学外の先生方からも様々なご支援やご助言をいただいた。関東学院大学の林博史先生には、本書でも利用した米軍の資料をご提供いただき、アメリカ国立公文書館（ＮＡＲＡ）での資料調査の手法についても実地でご指導いただいた。また、慶應義塾大学の鈴木晃仁先生には、授業への参加を快くお許しいただき、医学史・精神医学史研究への扉を開けていただいた。本書で用いた新発田陸軍病院の病床日誌を収集し始め、どのように歴史研究に活かせばよいのかまだ考えあぐねていた頃、鈴木先生は症例誌を利用した歴史研究が盛んなイギリスの医学史研究をふまえた上で、王子脳病院の症例誌を用いて研究を進めておられ、本書を完成させるまでにも多くの励ましとご助言をいただいた。

資料収集の過程でも様々な方々にお力添えいただいた。まず、目黒克己氏と五十嵐善雄氏には、なかなか記録には残らない戦争のトラウマを抱えて戦後を生きた人々について、貴重なお話を聞かせていただいた。本書をお読みになった方の中にも、情報提供や聞き取りにご協力いただける方がいらっしゃれば、ご一報いただけるようお願い申し上げたい。

また、新潟県福祉保健部福祉保健課、神奈川県立公文書館、日本赤十字社コンプライアンス統括室の皆様には、資料提供にあたって個人識別情報のマスキング等で大変細やかにご対応いただいた。その他、国立国会図書館、新潟大学医歯学図書館、防衛医科大学校図書館、昭和大学図書館、慶應義塾大学メディアセンター、横浜市大医学部図書館、新潟県立図書館、新発田市立図書館、柏崎市立図書館、奈良県立図書情報館、しょうけい館、防衛省防衛研究所史料閲覧室、靖国偕行文庫にも大変お世話になった。国立精神・神経医療研究センター（NCNP）には、研究生として傷痍軍人武蔵療養所時代の病床日誌の整理及び分析に加わることをご承諾いただいた。竹島正先生（前・NCNP精神保健研究所精神保健計画研究部部長）と後藤基行氏（NCNP精神保健研究所精神保健計画研究部外来研究員）をはじめ、貴重な歴史資料保存にご尽力してこられた関係者の皆様に篤く御礼申し上げたい。

本書の完成に至るまでには、国内外の数々の研究報告の場に加えて、授業や講演で学生・市民の方々からいただいた様々なコメントからも多くの示唆を受けた。また、大学院のゼミや研究会等で院生時代を共にした方々からは、自由闊達な議論を通じて大きな刺激と励ましを受けてきた。一人一人のお名前を記すことはできないが、素晴らしい研究仲間に恵まれたことは筆者にとって大きな財産になったと思う。改めて御礼申し上げたい。

そして最後に、本書刊行にあたって、吉川弘文館の若山嘉秀氏には、大部の原稿に何度も目を通して細部まで丁寧なチェックをしていただき、折々で励ましの言葉をいただいた。また、幾度も壁にぶつかりながらも研究を続けてこられたのは、家族や友人との楽しく穏やかな日常があったおかげである。最大限の謝意を表したい。

こうして今までご支援いただいた方々の顔を思い浮かべていると、改めて自分一人だけでは到底研究を続けてこられなかったと実感する。今後一層研鑽を重ね、研究を発展させていく思いをここにお伝えし、御礼の言葉に代えさせていただきたい。

二〇一七年一〇月三一日

中村江里

索　　引

事項索引

な　行

は　行

ま　行

ら　行

人 名 索 引

あ 行

か 行

さ 行

た 行

な 行

は 行

ま 行

著者略歴
一九八二年　山梨県に生まれる
二〇一五年　一橋大学大学院社会学研究科博士後期課程修了、博士(社会学)
現在　広島大学大学院人間社会科学研究科准教授

〔主要著書・論文〕
「アジア・太平洋戦争と軍事精神医療」(『日本史研究』六九一、二〇二〇年)
Traumatic Pasts in Asia (共著、Berghahn Books、二〇二一年)
『戦争と文化的トラウマ』(共編著、日本評論社、二〇二三年)

戦争とトラウマ
不可視化された日本兵の戦争神経症

二〇一八年(平成三十)一月一日　第一刷発行
二〇二三年(令和 五)五月十日　第六刷発行

著　者　中村江里(なかむらえり)
発行者　吉川道郎
発行所　株式会社 吉川弘文館
郵便番号一一三―〇〇三三
東京都文京区本郷七丁目二番八号
電話〇三―三八一三―九一五一(代)
振替口座〇〇一〇〇―五―二四四番
http://www.yoshikawa-k.co.jp/

印刷＝株式会社 精興社
製本＝誠製本株式会社
装幀＝伊藤滋章

ISBN978-4-642-03869-0